Frank Boos, Barbara Heitger (Hrsg.)
Beratergruppe Neuwaldegg

VERÄNDERUNG – SYSTEMISCH

Management des Wandels
Praxis, Konzepte und Zukunft

Klett-Cotta

Klett-Cotta
© J. G. Cotta'sche Buchhandlung Nachfolger GmbH, gegr. 1659
Stuttgart 2004
Alle Rechte vorbehalten
Fotomechanische Wiedergabe nur mit Genehmigung des Verlags
Printed in Germany
Schutzumschlag: Dietrich Ebert, Reutlingen
Gesetzt in der 10 Punkt Sabon von Typomedia, Ostfildern
Auf säure- und holzfreiem Werkdruckpapier gedruckt und
gebunden von Kösel, Krugzell
ISBN 3-608-94386-2

Bibliographische Information Der Deutschen Bibliothek
Die Deutsche Bibliothek verzeichnet diese Publikation in der Deutschen
Nationalbibliographie; detaillierte bibliographische Daten sind im Internet
über <http://dnb.ddb.de> abrufbar.

Inhalt

Vorwort

Am Anfang dieses Buches stand die Idee, nach 20 Jahren Arbeit mit dem systemischen Ansatz unsere Erfahrungen damit zu dokumentieren. Diesen Überlegungen wollten wir nachgehen, indem wir Kollegen und Partner, mit denen wir über die Praxis unserer Beratungsprojekte oder durch die Arbeit an Theorie verbunden sind, eingeladen haben, an diesem Buch mitzuwirken und sich auf seinen besonderen Entstehungsprozeß einzulassen. Das Buch und seine Entstehung sollte etwas Einzigartiges sein, für uns, aber auch für die Leser – Führungskräfte, Berater und Trainer, die heute auf eine Vielzahl von auch systemisch geprägten Publikationen zurückgreifen können.

Der Inhalt spiegelt die Vielfalt der Gebiete wider, in denen der systemische Ansatz für die Veränderungsarbeit, das Changemanagement in Organisationen heute erfolgreich eingesetzt wird. Unser Anspruch war aber auch, daß sich das Buch in seiner Entstehung – als Sammelband mit 23 Autoren – selbst systemisch entwickeln sollte: wir hatten vor, in einer spezifischen Art und Weise den Prozeß seiner Entstehung mit den Inhalten zu verknüpfen.

Um die Vernetzung zwischen den verschieden Beiträgen zu fördern, gab es zwei intensive Treffen aller Autoren, eines zu Beginn als Startworkshop (August 2002) und eines nach Vorliegen der Rohmanuskripte (August 2003). Dieser zweite Workshop von 1,5 Tagen diente einem intensiven Austausch innerhalb der vier Bereiche Management, Beratung, Training und Coaching, aber auch der Entwicklung einer Gesamtperspektive für dieses Buch. Das Buch war auch Thema in einem Aufstellungsseminar mit Matthias Varga von Kibéd, an dem circa die Hälfte der Autoren teilnahm. Zwischen den Workshops und bis zur Abgabe der Manuskripte wurde jeder Artikel von zwei Impulsgebern begleitet, die – ebenso wie die Herausgeber – ihre Anregungen den Autoren zur Verfügung stellten. Die Impulsgeber rekrutierten sich zum größeren Teil aus der Gruppe der Autoren, es waren aber auch externe Experten mit eingebunden, die viele wertvolle Impulse eingebracht haben und denen wir dafür hier danken wollen. Die Auseinandersetzung mit den Autoren und den Inhalten des Buches war eine bewußte Intervention in unser Netzwerk und sollte auch den Zweck erfüllen, unsere eigene Theoriebildung voranzutreiben.

Der Prozeß des Buchschreibens und der Herausgabe des Buchs ist ein eigenes Kapitel. Im Fall eines Sammelbandes mit verschiedenen Autoren entsteht eine eigene Dynamik und die besondere Herausforderung, die einzelnen Beiträge miteinander zu verknüpfen. In gewisser Weise spiegelt sich darin auch eine zentrale Thematik dieses Buches und der Entwicklung von Unternehmen: Wie gelingt die Integration der Unterschiede? Wie lassen sich die unterschiedlichen Zugänge verknüpfen, ohne ihre Eigenheiten zu vernachlässigen? Wie gelingt das Neben- und Miteinander, ohne beliebig zu werden und auf qualitative Ansprüche zu verzichten? – Uns ist dies hoffentlich mit vielen der Beiträge gelungen, die man mehreren der vier Perspektiven zuordnen kann, denn es geht uns bei diesem Buch – im Hinblick sowohl aufs Ergebnis wie auch den Prozeß der Entstehung – um die Förderung des Dialogs über unsere Profession.

Literatur – auch Fachliteratur – ist Dialog, Bereitschaft, auf etwas oder jemanden einzugehen. »Literatur kann uns sagen, wie die Welt beschaffen ist. Literatur kann uns Maßstäbe geben, kann uns ein tiefes Wissen vermitteln, das in der Sprache und im Erzählen Gestalt annimmt« (Susan Sonntag, Der Standard, 13. Okt 2003 S. 23). Was ist eine Profession, wenn nicht die ständige Diskussion über die eigenen Maßstäbe, Möglichkeiten und Grenzen stattfindet? Hierzu soll dieses Buch einen Beitrag für unsere berufliche Gemeinschaft leisten und soll den Diskurs darüber fördern, wie sich Veränderungen in Organisationen aus der Perspektive von Management, Beratung, Training und Coaching vor dem Hintergrund des systemischen Ansatzes wirkungsvoll auf den Weg bringen lassen. Dabei wird Altbekanntes aufgegriffen und Neues entwickelt. »Es heißt, wir sollen uns entscheiden – zwischen dem Alten und dem Neuen. In Wirklichkeit müssen wir uns für beides entscheiden. Was ist das Leben, wenn nicht ein ständiger Austausch zwischen Altem und Neuem? (Susan Sonntag, ebd.)

Die Beiträge lassen sich drei Gruppen zuordnen: es gibt Einleitungsartikel zum Buch bzw. zu jedem Kapitel, Artikel/Beiträge und Kurzbeiträge. Dieses Buch folgt, entsprechend der Praxis des Verlags Klett-Cotta, der alten deutschen Rechtschreibung. Um die Lesbarkeit zu fördern, haben wir auf geschlechtsspezifische Unterscheidungen verzichtet und meinen – wenn es nicht anders angegeben ist – immer beide Geschlechter.

Unverzichtbare Unterstützung leistete das Büro der Beratergruppe Neuwaldegg: namentlich Nicole Rimser, Michaela Schenkermayer und Christina

Schmidt; sie hatten die vielen Fassungen der Artikel zu schreiben und zu über-arbeiten. Bei den Überarbeitungen haben uns unsere Lektoren Nora Stuhl-pfarrer und Peter Wagner – wie schon bei unseren vorangegangenen Büchern – tatkräftig geholfen, ebenso Thomas Reichert im Auftrag des Verlags. Schwer vorstellbar für uns ist, wie ohne die fürsorgliche und vorausschauende Betreu-ung der Artikel, Autoren und Herausgeber durch Cornelia Hummer dieses Buch hätte entstehen können. Bei unseren Familien und Freunden wollen wir uns für die Geduld, die Anregungen und das Verständnis bedanken, die sie uns während der Arbeit an diesem Buch geschenkt haben. Allen sei für das Engagement und die kreative Mitgestaltung gedankt.

Frank Boos und Barbara Heitger
April 2004

Teil I:
Einführung in die Themenstellung

Veränderung – systemisch

Frank Boos, Barbara Heitger, Cornelia Hummer

> »Man muß bei Veränderungen auf zwei Dinge achten:
> das Notwendige und das Unmögliche.«
>
> *Sprichwort aus dem Iran*

1. Einleitung

Auch wenn es kaum vorstellbar ist – Tempo und Umfang von Veränderungen in Organisationen nehmen weiter zu: Politik, die Eigendynamik der Märkte, die Anforderungen der Finanzmärkte, die Technologieentwicklung und das bestehende Forschungspotential, all dies sorgt für Beschleunigung. Dies führt zur weiteren Deregulierung und Liberalisierung der Märkte, zu Neudefinitionen von Branchengrenzen, und das vorhandene Potential der Forscher und Ingenieure (80 % aller jemals lebenden Wissenschaftler leben heute) wird immer neue Innovationen hervorbringen (Fink 2004, S. 230 ff.). Damit ist auch unser Verständnis von Veränderung im Umbruch: Wandel ist kein Übergangsstadium auf dem Weg zu einem (neuen oder alten) Gleichgewicht. Auf Wandel folgt Wandel. Noch ist kein Ende der Veränderungsdynamik in Sicht, und es stellt sich – auch für die Vertreter der Beschleunigung des Wandels (vgl. Buchhorn 2004) – die berechtigte Frage: Wie sollen die Menschen, die Institutionen und Organisationen das aushalten? Welche Mechanismen, Einrichtungen, Werkzeuge oder Einstellungen werden es ermöglichen, mit diesem Strom und dieser Intensität an Veränderungen fertig zu werden?

Das letzte Jahrzehnt war maßgeblich von der wachsenden Bedeutung der Finanzmärkte geprägt. Sie haben in einer völlig neuen Form Einfluß auf die Entwicklung von Unternehmen genommen und sind vor allem mit dem Konzept des Shareholder-Value besonders bei börsennotierten Unternehmen wirksam geworden. Damit ist eine neue, für das Topmanagement relevante Gruppierung ins Spiel gekommen, die ihre Einflüsse geltend zu machen weiß: Erfolgreiches Management muß sich nun neben den Anforderungen des Marktes und den Erwartungen der Mitarbeiter auch mit den Ansprüchen der Finanzinvestoren auseinandersetzen und diese unterschiedlichen Interessen, auch was die jeweiligen Zeithorizonte betrifft, unter einen Hut bringen.

Unter diesen Bedingungen verändert sich die Situation auch für erfolgreiche Organisationen: Sie sind gefährdet, wenn sie – gerade aufgrund ihrer Erfolge – nicht rechtzeitig genug erkennen, daß sie sich verändern müssen. Eine rein betriebswirtschaftliche Ausrichtung greift hier zu kurz, denn es gilt, »die Umwelt auf Veränderungen ab[zu]tasten und zugleich [zu] erkennen, was in der Organisation daraufhin geändert werden müßte« (Luhmann 2000, S. 360). Gerade das letzte Jahrzehnt hat gezeigt, daß die externe und die interne Veränderungsgeschwindigkeit zunehmend auseinanderlaufen und der »Fit« der Organisation mit ihrer Umwelt leicht mißlingen kann.

Während der externe Druck stetig wächst, haben in den Unternehmen in den letzten Jahren drei Entwicklungen stattgefunden:

1. *Glaubwürdigkeits- und Legitimationsdefizite von Veränderungen:* Es ist zunehmend schwieriger geworden, Changevorhaben glaubwürdig zu kommunizieren. Zu widersprüchlich sind die Anforderungen an die Organisationen, zu paradox ist die Ausgangslage, wenn Unternehmen, die Gewinne machen, gleichzeitig rationalisieren und in Wachstum investieren. Wie kann in einer solchen Situation das »Wozu« vermittelt werden? Die Bereitschaft, Veränderungen mitzutragen, nimmt ab, wenn dem Topmanagement eigennützige Ziele unterstellt werden, der Sinn der Veränderungsmaßnahmen nicht nachvollzogen werden kann. Letztlich führt dies auch zum Verlust von Autorität und erhöht die Kommunikationsnotwendigkeit.

2. *Die Machbarkeitsillusion:* Andererseits scheint der Glaube an die Veränderungsfähigkeit und -ressourcen von Organisationen, Teams und Personen ungebrochen (Boos u. Doujak 1998). Wir beobachten in vielen Unternehmen illusionäre Vorstellungen über die Machbarkeit, sowohl was die Anzahl als auch die Intensität der vorangetriebenen Veränderungsvorhaben betrifft. Das führt zu Veränderungsmüdigkeit. Die entscheidenden Fragen sind hier: Wie priorisieren und steuern

Unternehmen das Portfolio von Veränderung? Wird mit ins Kalkül gezogen, was Organisationen, Teams und Personen an Zeit und Dynamik brauchen, um Veränderungen zu verarbeiten und diese zu verankern?

3. *Die Krise des Changemanagements:* Die professionellen Gestalter von Changeprozessen, vor allem aber die Berater, haben in den letzten Jahren Ergebnisse versprochen, die nicht erreicht wurden. Studien über die Wirksamkeit von Veränderungsprojekten zeigen ein ernüchterndes Bild. Dies hat zu Enttäuschungen und zum Autoritätsverlust von Beratern und Changemanagern geführt. Es stellt sich heraus, daß schon der Begriff »Changemanagement« irreführend ist, da eine Form der direktiven Steuerung der Veränderung suggeriert wird, die in der Praxis kaum durchzuhalten ist.

Doch der Druck steigt, und die Notwendigkeit, sich zu verändern, wächst. Für die professionellen Gestalter von Veränderungen in Organisationen, an welche sich dieses Buch richtet, hat dies vor allem folgende Implikationen:

1. *Die Veränderungsfähigkeit von Organisationen* ist längst zum Wettbewerbsfaktor geworden. Dabei geht es sowohl um die Innovationsfähigkeit als auch um die Integrationsfähigkeit. Veränderung kann nicht ohne ihren Gegenspieler, das Bewahren, verstanden werden. Erfolgreich ist eine Veränderung erst dann, wenn sie vom Bestehenden akzeptiert und integriert wird. Nicht das Neue an sich, die Integration des Neuen in das Bestehende ist die Herausforderung und das Kennzeichen gelungener Innovation. Dies erfordert die Veränderungsfähigkeit von Personen und von Organisationen. Mit anderen Worten, es gilt, das Neue so zu entwickeln und einzuführen, daß das Alte zustimmen kann. Damit verlagert sich der Schwerpunkt vom Anfang der Changevorhaben (»auftauen«, »visionieren«) auf das Ende, die Einführung und Umsetzung. Diese Phase liegt traditionellerweise primär in der Verantwortung des Managements und verlangt ein anderes Verständnis und Zusammenspiel, wenn hier Berater, Coaches und Trainer verstärkt mitwirken sollen.

2. *Die Veränderungsdynamik* bringt es mit sich, daß nicht mehr so sehr die eine »richtige« Lösung – d. h. die richtige Strategie, das richtige Pro-

dukt, die richtige Organisation usw. – ausschlaggebend ist, sondern wie Veränderungsprozesse gestaltet werden, um zu zukunftsfähigen Lösungen zu kommen. Dies erfordert, wie Weick und Sutcliffe anhand des Konzepts der sogenannten *High Reliability Organizations* (Organisationen wie Flugzeugträger, Feuerwehr oder Atomkraftwerke) zeigen konnten, ein hohes Maß an Achtsamkeit:»Kennzeichnend für diese Haltung ist, daß man die Deutung von Zusammenhängen ständig aktualisiert und sich immer wieder bemüht, die plausibelsten Erklärungen für eine Situation zu finden« (Weick u. Sutcliffe 2003, S. 15). Das Ringen um konsequente Achtsamkeit bedeutet, daß die vielen toten Winkel der Wahrnehmung ständig gesucht und korrigiert werden müssen, die u. a. durch zu intensive Planung, andauernden Erfolg, mangelndes Vertrauen, Vernachlässigung der Aufmerksamkeit für Abweichungen oder durch die Tendenz zu Vereinfachungen entstehen.

3. Veränderungen sind schlußendlich immer auch persönliche Vorgänge. Dies erfordert, sich von bestehenden Bildern über sich und andere, über mögliche Zukünfte und über Zugehörigkeiten zu lösen und neue zu entwickeln. Die Intensität aktueller Veränderungen führt gesellschaftlich ebenso wie im Unternehmen zugleich zu mehr Chancen und mehr Risiken, jedenfalls aber sind mehr als früher Handlungen nötig, die »Identitätsbrücken« schaffen können. Berufliche Identität ist nicht mehr »lebenslänglich« zu haben, sondern erfordert im Kontext beschleunigter Veränderung emotionale, inhaltliche und kommunikative Entwicklungsarbeit. Woran macht sich Identität heute fest, wenn die Zugehörigkeit zu einer bestimmten Gruppe oder Institution nicht mehr ausreicht? Die Gestaltung von Veränderung ist, wenn sie nachhaltig sein will, immer auch Arbeit an der eigenen Identität. Die Arbeit an der eigenen Identität wird somit auf Dauer gestellt, sowohl für die Mitarbeiter einer Organisation wie auch für die Organisation selbst.

Für die professionellen Veränderer von Organisationen eröffnet sich hiermit ein weites Betätigungsfeld. Aber das neue Szenario wirkt auch auf die »Veränderer« selbst zurück, stellt alle diese Fragen auch an sie und läßt es ratsam erscheinen, sich mit der eigenen Profession intensiver auseinanderzusetzen. Dazu soll dieses Buch einen Beitrag leisten, in dem die Perspektiven der vier wichtigsten Gruppen, die sich heute mit der Veränderungsfähigkeit von Organisationen beschäftigen, zum Thema gemacht werden: Manager, Berater, Trainer und Coaches sind mehr als früher gefragt, wirksame Beiträge zur Veränderung von Organisationen zu leisten. Für jeden dieser vier berufsspezifischen Zugänge zu Veränderung gibt es eine Vielzahl von Konzepten und Instrumenten. Man kann sich vorwiegend auf die Logik der Zahlen, auf die von Strukturen und Prozessen, auf die Logik des Geschäfts, auf individuelle Kompetenzen oder auf die Personen in ihrer Relation zum Unternehmen konzentrieren. Bisher stehen diese Zugänge in der Praxis oft unverknüpft nebeneinander. Dies führt oft zu Orientierungslosigkeit, fehlendem Verständnis und Wettbewerb bis hin zu wechselseitiger Abwertung dieser vier beruflichen Perspektiven. Damit gehen Chancen für wirksame Veränderungen verloren.

Die neuen Herausforderungen in Veränderungsvorhaben können vor allem dann erfolgreich in Angriff genommen werden, wenn Manager, Berater, Trainer und Coaches, ohne ihrer Profession dabei untreu zu werden, ihre »Landkarten« um die Perspektiven der jeweils anderen erweitern. Die jeweils sinnvolle Kombination dieser vier Perspektiven hängt von der spezifischen Situation und Veränderung ab.

Wir wollen zunächst die geschichtliche Entwicklung der vier Funktionen (Management, Beratung, Coaching und Training) im Überblick darstellen und dann einen näheren Blick auf die Konzepte werfen, die ihre Entwicklung beeinflußt und vorangetrieben haben. Unser Blickwinkel ist dabei ein systemischer. Dem systemischen Ansatz selbst ist in diesem Artikel ein eigener Abschnitt gewidmet, in dem wir auch die Unterschiede zu anderen Ansätzen aufzeigen und die Zukunftsfähigkeit dieses Ansatzes diskutieren.

2. Management

Das Management ist, wenn es um Veränderung geht, Auftraggeber, Initiator, Entscheider, Gestalter und Gestalteter zugleich. Daher lohnt es sich, die Frage zu stellen, woran Management sich orientiert. Welches sind und waren die Konzepte, die eingesetzt wurden, und welches Veränderungsverständnis läßt sich daraus ableiten? Natürlich geben die Konzepte nicht schon die tatsächliche Managementpraxis wieder. Wir folgen hier der Managementforschung (vgl. u. a. Kasper u. Mayrhofer 1996, Staehle 1999, Steinmann u. Schreyögg 2000), die aber davon ausgeht, daß sich in dem Aufkommen von Managementmethoden und -konzepten zu einem bestimmten Zeitpunkt auch eine bestimmte Praxis ausdrückt.

Ordnet man die wichtigsten vom Management verwendeten Konzepte nach der Zeit ihres Aufkommens, so ergibt sich im Sinne von »Modewellen« folgendes Bild (vgl. Abb. 1):

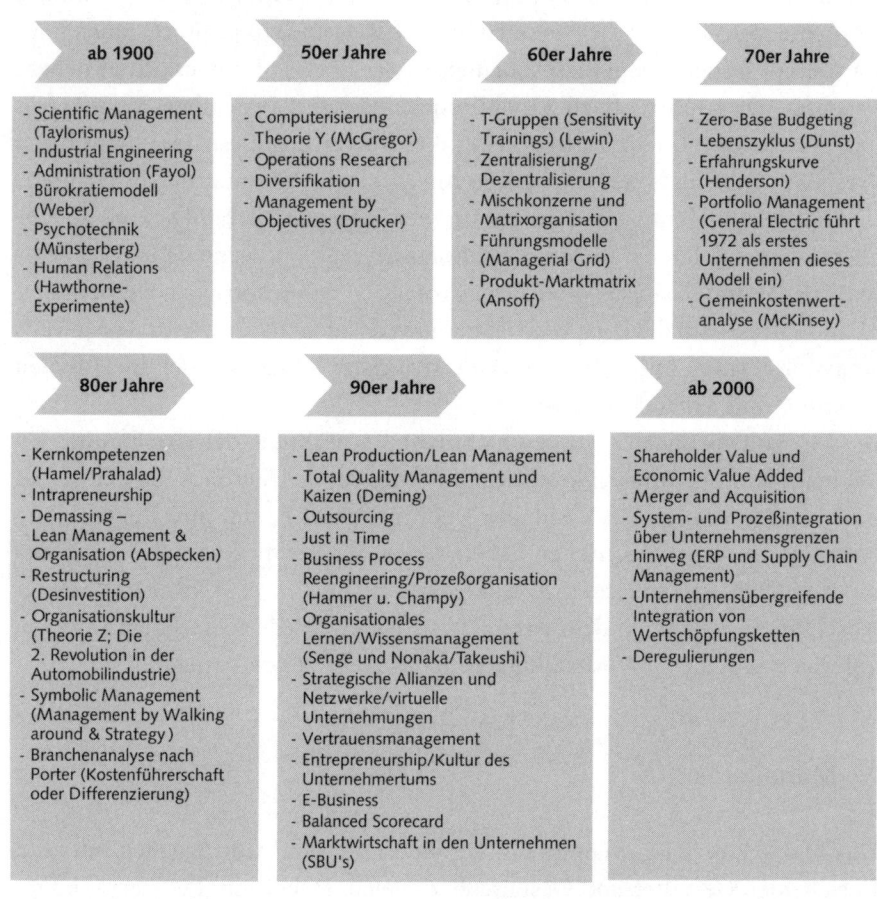

Abbildung 1: Modewellen im Management (vgl. auch Staehle 1999, S. 79)

Diese Konzepte sind die Antwort auf neuartige Fragestellungen der Märkte und die Reaktion auf tieferliegende Veränderungsimpulse, die wir als *Treiber* bezeichnen (vgl. Abb. 2).

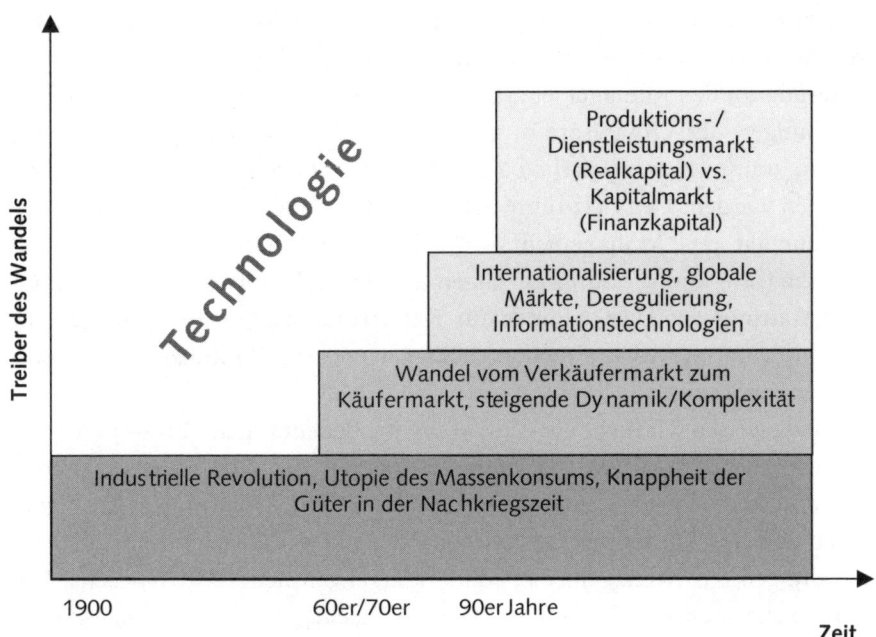

Abbildung 2: Treiber des Wandels

Bei den Konzepten wie bei den Treibern läßt sich die Entwicklung der Managementorientierung als eine Orientierung *von innen nach außen* beschreiben. Die industrielle Revolution, die Utopie des Massenkonsums sowie die Knappheit der Güter in der Nachkriegszeit lenkten die Aufmerksamkeit des Managements auf Produktion, Führung und Organisation, also sehr stark nach innen. Mit dem Wandel vom Verkäufermarkt zum Käufermarkt, der steigenden Dynamik und Komplexität der Märkte, der Internationalisierung und Globalisierung richtete sich der Fokus des Managements stärker nach außen, Marketing und Strategie wurden wichtige Voraussetzungen für den Unternehmenserfolg.

Während sich die ersten Treiber noch im Management oder in seinem näheren Einflußbereich befanden (Betrieb und Branche), unterlagen spätere Treiber wie Deregulierung, vermehrter Einfluß des Kapitalmarkts nicht seinem Zugriff (Politik, Eigentümer und Finanzanalysten) und wirkten, ohne unmittelbar vom Management gesteuert zu werden. Vor allem die Relation zwischen Finanzkapital und Realkapital prägte die Entwicklungen der letzten Jahre maßgeblich. Durch das veränderte Verhältnis des Kapitalmarkts und der Shareholder zu den Unternehmen entstand eine neue Art von Anforderung an das Management: statt sich allein auf die Innen- und Außenbeziehungen der Organisation, also auf den Geschäftszweck, zu konzentrieren, mußte nun zusätzlich der Logik des Kapitalmarktes Rechnung getragen werden. Der vielzitierte »Shareholder Value« begann viele der Entscheidungen des Managements zu leiten. Analysten, Börsenkurse und Aktienmärkte und die Anforderungen aus Basel II (notwendige Eigenkapitalausstattung der Unternehmen für Kreditvergaben), niedrige Zinsen für nicht börsennotierte Unternehmen bekamen enormen Einfluß auf die Unternehmenssteuerung.

Heute wissen wir mehr als je zuvor um die Bedeutung der Eigentümer und Finanzanalysten und wie sie ihren Einfluß auf das Management geltend machen, für die Entwicklung von Unternehmen. Die Erwartungen der Eigentümer und des Kapitalmarktes wirken oft nicht stabilisierend auf die Entscheidungen des Managements, sondern erzeugen neue Widersprüche. Um erfolgreich zu sein, genügt es längst nicht mehr, ein gut geführtes und im Wettbewerb richtig positioniertes Unternehmen zu leiten. Das Ergebnis in Relation zum eingesetzten Kapital oder ähnliche Kennzahlen kommen als weitere Orientierungsgrößen hinzu. Das führt nicht selten zu Legitimations- und Glaubwürdigkeitskrisen zwischen Top- und Mittelmanagement: dann nämlich, wenn das Topmanagement sich primär am Shareholder Value orientiert und entsprechende Veränderungsimpulse setzt (Merger, Rationalisierung, Mitarbeiterabbau, Outsourcing...) – während das Mittelmanagement stärker den unmittelbaren Geschäftsbezug im Blick hat.

Ein anderer Treiber für Veränderungen war und ist die *Technologie*, insbesondere die Informationstechnologie (IT). Unser Verständnis der Organisation von Arbeit hat sich durch die Möglichkeiten der IT grundlegend geändert. Arbeitsabläufe, Dokumentation, Kommunikation, das Verfügbarmachen von Wissen, all dies läßt sich heute anders gestalten. Die Entwicklung der IT seit 1950 läßt sich auch als Prozeß der Demokratisierung beschreiben. Die »Demokratisierung der IT« führte von den Großrechnern, den sogenannten Mainframes, über Abteilungsrechner zu Personal Computern und dem Internet. Immer mehr Mitarbeitern wurde der Zugang zu dieser Technologie ermöglicht. Viele Veränderungsvorhaben sind mit den Rationalisierungseffekten und Integrations- bzw. Standardisierungszielen der Informationstechnologie begründet worden (vgl. auch den Beitrag von Doujak et al. in diesem Buch über »IT & Change mit Wirkung«).

Keiner dieser Treiber des Wandels hat seine Kraft verloren und hat aufgehört zu wirken; neue sind dazugekommen, haben sich »daraufgesetzt« und die Komplexität weiter erhöht. Dies ist auch für die nächste Zukunft nicht anders zu erwarten. Der inhaltlichen und sozialen Komplexität von Veränderung stehen Zeitdruck und Ressourcenknappheit gegenüber. Managementkompetenz und die notwendigen sozialen Fähigkeiten sind für das Gelingen von Veränderungen erfolgsentscheidend geworden.

3. Beratung

Der Beruf des Beraters kann heute auf gut 100 Jahre Erfahrung zurückblicken. Dabei haben sich drei große Traditionen herausgebildet: die klassische Managementberatung, die Organisationsentwicklungsberatung (OE) und die systemische Unternehmensberatung. Auffallend ist, daß Beratung erst seit wenigen Jahren im deutschen wie im angelsächsischen Raum intensiver erforscht wird, wobei sich das wissenschaftliche Interesse weitgehend auf die Unterscheidung zwischen Managementberatung und OE konzentriert.

3.1 Managementberatung

Die Geschichte der Managementberatung läßt sich als Abfolge von drei Generationen von Beratern mit unterschiedlichen Konzepten beschreiben (vgl. ausführlicher Kipping 2002a, 2002b sowie Fink 2004). Mit dem Aufkommen der industriellen Massenproduktion, des Taylorismus und der Rationalisierungen um 1900 haben sich Ingenieure als Berater mit der Verbesserung der Arbeitsproduktivität und der Einführung von leistungsbezogenen Löhnen beschäftigt. Berater waren damals als »Efficiency Experts« oder »Industrial Engineers« bekannt. Es galt, Produktionsabläufe zu messen, zu standardisieren, zu optimieren und dafür entsprechende Entlohnungsmodelle zu entwickeln.

Diese Generation der Berater-Ingenieure wurde nach dem Zweiten Weltkrieg abgelöst von heute noch bekannten und nachgefragten Management- und Strategieberatern wie McKinsey (1926), A. T. Kearny (1926) oder Booz, Allen, Hamilton (1914), später auch der Boston Consulting Group. Unternehmen verfügten damals bereits über produktionsbezogenes Wissen, und die sich verschärfende Wettbewerbssituation auf den Absatzmärkten erforderte neue Strategie- und Organisationsmodelle. Die Unternehmen mußten sich stärker im Wettbewerb bewähren, Zielgruppen wurden definiert, Marktanteile berechnet und Strategien entwickelt. *Kostenführerschaft* oder *Differenzierung* war die Devise. Viele der noch heute gebräuchlichen Techniken wie Produktlebenszyklus, Portfolio-Modell, Bildung von strategischen Geschäftseinheiten, Gemeinkosten-Wertanalyse etc. stammen aus dieser Zeit.

Von dem großen Boom der Beratung in den 90er Jahren profitierte vor allem die dritte Generation von Managementberatern, die einen starken Bezug zur Informations- und Kommunikationstechnologie hatte; Namen wie Accenture, Cap Gemini, PriceWaterhouseCoopers oder CSC sind hier zu nennen. Ihr Zugang zur Organisation bestand in der Analyse von Geschäftsprozessen und der Nutzung der neuen Möglichkeiten der Informationsverarbeitung. Durchlaufzeiten, Prozeßanalysen, »Supply Chain Management« oder »Time to market« und die damit verbundene Optimierung des gebundenen Kapitals standen im Vordergrund.

Trotz optimistischer Expertenprognosen (z.B. Alpha Publications 2000) fand dieses extrem schnelle Wachstum der Beraterbranche 2000/2001 ein jähes Ende. Statt zweistelliger Wachstumsraten schrumpfte der Markt um ca. 5 Prozent p.a. (BDU 2003) und befand sich Ende 2003 wieder auf dem Niveau des Jahres 2000. Der Boom der 90er Jahre war Folge eines außerordentlichen Zusammenwirkens verschiedener konjunktureller Entwicklungen, wie sie in dieser Kombination nur selten vorkommen. Die Krise danach hat manche Beratungsfirma schwer getroffen, dem Beratungsmarkt aber insgesamt gut getan. Der Markt befindet sich jetzt im Umbruch, für eine pessimistische Zukunftseinschätzung sehen wir jedoch keinen Anlaß (vgl. dazu den Beitrag von Boos, Heitger, Hummer über die »Zukunft der Beratung«).

Dietmar Fink (2004) hat in einer umfassenden Darstellung die verschiedenen Ansätze der Managementberatung beschrieben. Vergleicht man diese Ansätze vor allem im Hinblick auf das ihnen zugrundeliegende Veränderungsverständnis – nämlich theoretische Überlegungen, wie Veränderungen gelingen können und auf welche Schwierigkeiten sie dabei stoßen –, so fällt auf, daß eine solche theoretische Grundlegung (bis auf wenige Ausnahmen) nicht geleistet wird. Studiert man die Ansätze unter diesem Gesichtspunkt, läßt sich das implizite Veränderungsverständnis der in dieser Tradition stehenden Berater durch folgende Elemente skizzieren:

- Es gibt ein ideales Modell für jede Organisation, das die Berater nach entsprechender Analyse definieren können;
- für die Analyse haben die Berater eigene Instrumente entwickelt, ein eigenes Wissen, über das die Organisation nicht verfügt und das hilft, die Dysfunktionalitäten sichtbar zu machen;
- durch die konsequente Umsetzung der von den Beratern vorgeschlagenen Maßnahmen kann jedes Unternehmen den dem Modell entsprechenden Idealzustand erreichen;
- für eine solche Veränderung bedarf es nur der Entscheidung des Topmanagements und eines effizienten Projektmanagements in der Umsetzung;
- Veränderung ist damit im Grunde ein Willensakt, eine Korrekturmaßnahme, die auf der Basis von objektivierbaren Analysen durchgeführt werden kann.

Die bereits erwähnten Ausnahmen (vgl. Fink 2004, S. 230 ff., 276 ff. und 298 ff.), bei denen die Schritte der Veränderung ausdrücklich zum Thema gemacht werden, zeigen ein vielschichtigeres Bild. Diese als *Change-Management* beschriebene Herangehensweise ist differenziert, gliedert sich in ein Vorgehensmodell, das auch Formen des aktiven Einbindens von Mitarbeitern vorsieht, und läßt auf der deskriptiven Ebene der Modellbeschreibung auf den ersten Blick nur wenige Unterschiede zur OE oder der Arbeitsweise von systemischen Beratern erkennen. Viel Know-how zur Gestaltung von Beratungsprozessen ist hier eingeflossen, allerdings »schimmert« das oben beschriebene technisch und rationalanalytisch orientierte Grundverständnis noch durch: Veränderungsprozesse sind vorhersehbar und sind zu managen, man muß sich nur ausreichend Zeit für die detaillierte Planung nehmen und genügend kommunizieren. Der Veränderer steht – wie ein Ingenieur – außerhalb des Systems und ist von der Veränderung nicht betroffen, er muß diese nur ähnlich gut strukturieren wie einen technischen Prozeß. Und die Umsetzung, das Change-Management, beginnt erst mit der Implementierung (nicht schon wie im systemischen Ansatz beim Start des Vorhabens). Insofern bleibt die klassische Managementberatung dem linear kausalen Paradigma

(»Organisation als Maschine«) treu: Nach der Analyse und der Konzeption kommt das Teilprojekt »Umsetzung und Change«. Die Grenzen dieses Modells werden inzwischen vielfach sichtbar.

3.2 Organisationsentwicklung

Die Organisationsentwicklung (OE) läßt sich im wesentlichen auf zwei Quellen zurückführen: Kurt Lewin, der mit seinem *Research Center of Group Dynamics* und den *National Training Laboratories* in den 40er Jahren einer der Pioniere der Aktionsforschung war und die klassische Trennung von Wissenschaft und Praxis aufheben wollte. Sein Interesse und das seiner vielen Nachfolger (vgl. Lippit 1979) galt der Erforschung von Gruppen und von Verhaltens- bzw. Einstellungsveränderungen. Über die Veränderung von Verhaltensmustern glaubte man, die Abläufe und Strukturen in Organisationen verändern zu können. Noch in den 50er Jahren begann man mit Gruppentrainings in großen Unternehmen und entwickelte daraus einen eigenen Beratungsansatz, die Prozeßberatung (Schein 1969). Durch intensive Beteiligung der betroffenen Mitarbeiter am Veränderungsprozeß (Stichwort: Betroffene zu Beteiligten machen) sollten die Effizienzziele der Organisation und die Zufriedenheit der Mitarbeiter optimiert werden.

Eine zweite wichtige Quelle ist das *Tavistock Institute of Human Relations* in London, das sich Ende der 40er Jahre um A. Bion ebenfalls mit den Wirkungsmechanismen von Gruppen in Arbeitsorganisationen beschäftigte, dabei aber nicht den Einfluß der Technologie auf die Formen der Zusammenarbeit außer acht lassen wollte und immer den Aufgabenbezug von Teams betonte. Der von den Tavistock-Forschern entwickelte soziotechnische Ansatz ist im deutschsprachigen Raum wenig rezipiert worden, obwohl er, im Gegensatz zu den anderen OE-Traditionen, schon frühzeitig die notwendige Außenorientierung von Gruppen und Systemen berücksichtigte.

In einer Vielzahl von Studien (vgl. Herbst 1975; Bradford, Gibb u. Benne 1972; Bennis et al. 1975) und kreativen Forschungssettings entwickelten die Forscher beider Traditionen ein umfangreiches Interventionsrepertoire, das Eingang in die Praxis der OE gefunden hat, wobei folgende Merkmale bis heute für die OE charakteristisch sind (vgl. Wimmer 2003):

■ Organisationen werden als bürokratisch und hierarchisch determiniert gesehen. Die Bedürfnisse der Individuen kommen prinzipiell zu kurz, weil Sachthemen ständig von persönlichen Machtkämpfen überlagert werden und zu viele Entscheidungen an der Spitze konzentriert sind, das Know-how im Feld zu wenig genutzt und die Motiv- und Bedürfnislagen dort zu wenig wahrgenommen werden.

■ Diesem eher negativ konnotierten Verständnis von Organisationen und Hierarchie, das von der Zeit der Entstehung des OE-Ansatzes geprägt war (68er-Bewegung, Human-Relations-Ansatz), steht ein normatives Menschenbild gegenüber.

■ Die Beseitigung von Kommunikationsblockaden und die Reflexion über stattfindende Kommunikationsprozesse sind ein zentraler Ansatzpunkt. Kommunikation wird nicht als Manko einer schlecht strukturierten oder geführten Organisation gesehen, sondern als notwendiger Bestandteil des menschlichen Miteinander.

■ Eng mit diesem Kommunikationsverständnis verbunden ist die große Bedeutung von Teams und Feedback. Wie Teams arbeitsfähig werden und welche Kräfte und Wirkung sie entfalten können, ist in einer Vielzahl von Studien belegt worden. Feedback wird einerseits als Lernimpuls gesehen, dient aber auch dazu, tabuisierte Themen wieder ins Gespräch zu bringen und Entwicklungshemmnisse zu beseitigen.

Dieser Ansatz der OE war sehr erfolgreich und wird auch heute noch in vielen Bereichen angewendet, ohne daß seine Wurzeln explizit genannt werden. So ist der gesamte Trainings- und Personalentwicklungsbereich ohne die Vorarbeiten der OE-Pioniere kaum vorstellbar. Man denke nur an das 360-Grad-Feedback, strukturierte Mitarbeitergespräche, Assessment-Center oder Gruppentrainings. Aber auch die moderne Führungspraxis, also die Gestaltung der Beziehung von Führungskräften und Mitarbeitern und Führungskräften untereinander, wäre heute völlig anders, wenn Forschungsergebnisse der OE dem Management nicht zur Verfügung gestanden hätten. Beim Veränderungskonzept der OE sind folgende Punkte hervorzuheben (vgl. dazu Schein 2002 und Doppler u. Lauterburg 2002):

■ Der Veränderungsimpuls der Berater richtet sich immer auch auf Verhaltens- und Bewußtseinsveränderungen, da Organisationsabläufe und -strukturen primär über diese verändert und wirkungsvoll, d. h. akzeptiert, implementiert werden können. Es gilt die Faustregel: Frühzeitiges und möglichst umfassendes Einbeziehen der Betroffenen erhöht die Treffsicherheit und die Akzeptanz der erarbeiteten Lösung.

■ Dabei bedient man sich des Lewinschen 3-Phasenmodells »Auftauen – verändern – wieder einfrieren« und geht davon aus, das jede Veränderung notwendigerweise mit Widerstand rechnen muß.

■ Das Etablieren von Teams und das systematische Bereitstellen von Feedback – d. h. das Schaffen von Lernsituationen, in denen die Teilnehmer über die Zustände in ihrer eigenen Organisation nachdenken können – sind wesentliche Designelemente, um die Veränderung zu bewirken.

Mit der deutlichen Betonung der Kommunikation in Organisationen und dem hohen, normativ besetzten Partizipationsanspruch bezieht die OE eine eindeutige Gegenposition zur Managementberatung, die Kommunikation nur dann für notwendig erachtet, wenn Technologie oder Hierarchie versagen. »Die Wiedereinführung der Kommunikation in die Organisation« (Baecker 2003) ist das Erfolgsrezept der OE, dem sie (noch) ihre Akzeptanz auf dem Markt verdankt. Die starke Innenorientierung, das normative Menschenbild und die hierarchiekritische Haltung hingegen haben nicht nur viele Projekte scheitern lassen – man denke nur an die vielen Kultur- und Werteprojekte –, sondern stellen auch unter den aktuellen Gegebenheiten der Unternehmen einen großen »Hemmschuh« dar. Dieser Ansatz geht im Grunde davon aus, daß durch die Arbeit am Individuum mit Feedback, Sensitivity-Trainings und anderen Interventionen eine Veränderung in der Organisation erzielt werden kann, und vermischt dadurch zwei Ebenen: die der Personen und die der Organisation. Damit werden auch die Schattenseiten der OE deutlich:

■ Der Fokus auf Strategie, Ziele, Geschäft (Markt, Kunden, Ergebnis) ist in Gefahr, in konsensorientierter Partizipation verlorenzugehen.

■ Als Gegenmodell zu hierarchiegetriebener Veränderung führt die OE zu versteckter oder offener wechselseitiger Abwertung bzw. zum Machtkampf zwischen Management und Mitarbeitern.

■ Für Veränderungsvorhaben, die auch Top-down-Entscheidungen erfordern (Krisen, Sanierungen, Mergerprozesse, Strategieerneuerung ...), ist kein Platz, weil Hierarchie negativ besetzt ist und eine möglichst breite Partizipation für solche Prozesse nicht zielführend ist.

Rückblickend war die hierarchiekritische Haltung der OE gleichzeitig ihr Entwicklungsmotor. Wahrgenommene oder angenommene (menschliche) Defizite in Organisationen wurden aufgegriffen und kreativ an die Organisation zurückgespielt (man denke nur an die vielen Übungen, Spiele und Feedbackforen). Dadurch hat die OE eine wichtige Funktion erfüllt, indem Blockaden aufgehoben und Potentiale freigesetzt wurden, die der Organisation sonst nicht zur Verfügung gestanden hätten. Zum Teil können die Führungskräfte dies heute aufgrund ihrer Lernerfahrung oder mit Hilfe interner OE und der Personalentwicklung selbst leisten und brauchen weniger Unterstützung. Der OE kommt zunehmend ihr Gegenpol abhanden: die klassische, entmenschlichende Hierarchie. Moderne Organisationen »ticken« heute ganz anders und können sich diese langsame und aufwendige Form der Steuerung gar nicht mehr leisten. Ohne die Nähe zum jeweiligen Geschäft und ohne konsequente und simultane Verknüpfung von Außen- und Innenorientierung ist Veränderungsarbeit heute nicht mehr denkbar. OE-Konzepten dieser normativen Ausprägung stehen schwere Zeiten bevor.

4. Training

4.1 Was ist Training?

Training ist nicht Erziehung, Training ist zunächst ein elementarer Teil jeder Arbeit: wenn wir arbeiten, lernen wir. »Training« – dieses ursprünglich aus dem englischen Pferdesport des 19. Jahrhunderts entlehnte Wort – als eigene Funktion umfaßt die Gebiete der Aus-, Fort- und Weiterbildung für Berufstätige im Sinne einer planmäßigen Stärkung des eigenen Könnens. Auch wenn nicht genau festzustellen ist, wann der Begriff ins Management übernommen wurde, hat diese »Dienstleistung« doch schon eine längere Geschichte und erfreut sich trotz konjunktureller Einbrüche wachsender Bedeutung. Von den in diesem Buch beschriebenen vier Disziplinen ist das Training wohl die ökonomisch bedeutsamste – man denke nur an all die IT-, Sprach-, Produkt- und Fachtrainings. Aber obwohl es das größte Marktvolumen hat, spielt das Training im Vergleich zu den anderen drei Disziplinen in der öffentlichen Wahrnehmung eine untergeordnete Rolle. Erstaunlich ist auch, daß es nur relativ wenig wissenschaftliche Untersuchungen über den Trainingsmarkt gibt (vgl. Sturdy 2002).

Seit der Etablierung als eigenständige Dienstleistung hat sich Training immer weiter professionalisiert und ausdifferenziert. Es gibt verschiedene Möglichkeiten, Trainings zu unterscheiden und zu systematisieren (vgl. Warharnek 1997). Für unsere Zwecke wollen wir sie danach unterscheiden, welche Wirkung, aber auch Irritation durch das Training für die Organisation entstehen soll, wie seine Koppelung mit der Organisation oder einem Beratungsprozeß erfolgen soll. Wir unterscheiden Trainings also hinsichtlich ihrer Relation zur Organisation; Trainings sind immer auch eine Auseinandersetzung mit der eigenen Arbeit. Damit kann man sie auch als eine berufliche Aktivität verstehen, bei der mehr oder minder ausgewiesen über den Sinn der beruflichen Tätigkeit und die Bindung an die eigene Organisation nachgedacht wird. Wir unterscheiden vier Formen von Trainings: 1. Training individueller Qualifikationen, 2. interaktive Gruppentrainings, 3. organisations- bzw. strategieorientierte Trainings und 4. netzwerk- und businessorientierte Trainings.

4.2 Individuelle Trainings

Bei individuellen Trainings liegt der Fokus auf der einzelnen Person und ihren Qualifikationen bzw. deren Steigerung. Vermittelt wird Wissen – wie z.B. Arbeitsrecht, EDV-Programme, Zeitmanagement oder Sprachen. Der Adressat ist die Person. Der Transfer in die Organisation ist kein Thema und bleibt in der Regel der Person selbst überlassen. Ziel dieser Trainings kann nicht die Änderung der Organisation sein. Ein konkretes Beispiel: Ein Manager sollte nicht hoffen, daß seine Organisation insgesamt pünktlicher wird, wenn er alle Mitarbeiter zu einem Zeitmanagement-Seminar schickt. Andererseits ist das Risiko der Organisation (im Sinne des Schutzes ihrer eigenen Strukturen) gering, wenn sie Teilnehmer zu dieser Art von Trainings schickt. Gewinn und Irritationen, die damit entstehen können, sind abschätzbar. Gelernt werden Fähigkeiten, die in der bestehenden Organisation gebraucht werden, was dann gelingt, wenn die Lerninhalte zu den bestehenden Routinen im Alltag der Organisation gut passen.

4.3 Interaktive Gruppentrainings

Das Lernen erfolgt bei diesem Typus nicht nur kognitiv, sondern auch in der Auseinandersetzung mit sich und den anderen Gruppenteilnehmern, oft auch mit dem Trainer. Beobachtung und Feedback sind wichtige Lernelemente, das soziale Geschehen und das eigene Erleben in der Gruppe werden besprochen und sind ein wichtiges Lernfeld. Solche Lernimpulse leisten viel für die individuelle Persönlichkeitsentwicklung, vor allem in Bereichen sozialer Kompetenz.

Ihre Blütezeit hatte diese Trainingsform in den 70er und 80er Jahren, als viele Großunternehmen alle Führungskräfte durch Verhaltenstrainings schleusten, um dadurch eine andere »Kultur« zu entwickeln und zu stärken. Die Hoffnung, mit solchen Trainings nicht nur Impulse zur Persönlichkeitsentwicklung (soziale Kompetenzen, »emotionale Intelligenz«) zu geben, sondern auch eine Kulturveränderung des Unternehmens zu bewirken, wurde allerdings häufig enttäuscht. Auch die breit angelegten Qualifizierungskaskaden im Zuge von Total-Quality-Management-Programmen waren nur zum Teil erfolgreich. Der Grund liegt in der Verwechslung der Lernebenen von Person und Organisation bzw. in fehlender Kopplung zwischen den beiden. Gruppen können in Veränderungsprozessen eine wichtige Rolle spielen, z. B. indem sie Personen stabilisieren und Anliegen konkretisieren und vergemeinschaften. Sie bleiben jedoch – weil sie als Gruppe von der Interaktion zwischen Personen leben – außerhalb der Organisation, wenn der Brückenschlag dorthin nicht »organisiert« wird. Darum kann diese Trainingsform Organisationen zwar kurzfristig irritieren, langfristig hat sie jedoch viel Wirkung für die Person und wenig Wirkung für die Organisation, es sei denn, der Transfer wird nicht nur dem Lernenden überlassen, sondern durch zusätzliche Initiativen unterstützt (Evaluation, Coaching, Vorgesetztensupport etc.).

4.4 Organisations- bzw. strategieorientierte Trainings

Im Fall von organisations- bzw. strategieorientierten Trainings wird ein von der Strategie ausgehender Top-down-Ansatz verfolgt. Das Training ist in die vom Unternehmen festgelegte Strategie eingebettet bzw. wird aus dieser abgeleitet (vgl. Pawlowsky 1999, S. 93ff.). Außer auf den Inhalt wird hier allerdings auch auf den Prozeß des »Wiedereintritts« des Trainings in die Organisation geachtet. Typische Beispiele hierfür sind etwa Projektmanagementtrainings, in denen reale Projekte der eigenen Organisation behandelt werden. Da die Organisation oder das Unternehmen unabhängig vom Training Interesse an den Projekten hat, steigt die Wahrscheinlichkeit, daß ein Transfer des Wissens aus dem Lernkontext in den Arbeitsalltag erfolgt.

Die nächsten Schritte z. B. die Präsentation oder Weiterbearbeitung dieser Projekte in der Organisation erfordern dann auch ein Verständnis für die

Gestaltung des Transferprozesses, der nicht mehr dem einzelnen überlassen bleibt, sondern selbst als solcher gestaltet werden muß. Um diesen Transfer zu unterstützen, ist eine Lernarchitektur nötig, d. h. das Vorbereiten und Schaffen von Räumen, wo Lernen, Auseinandersetzung und Reflexion stattfinden können. Die Organisation organisiert den Rahmen für das Vorher und das Nachher, den Transfer des Trainings.

Diese Trainingsform eignet sich nicht für jeden Inhalt oder Zweck und stellt höhere Ansprüche an die Organisation und die Einbeziehung des Managements, das sich dann auch selbst aktiv einbringen muß. Die Trainer brauchen hier, auch wenn sie keine ausgebildeten Berater sein müssen, Beratungs-Know-how und sollten über den Unterschied von Training und Beratung Bescheid wissen, weil es darum geht, individuelles Lernen mit organisationalem Lernen im Sinn der Unternehmensentwicklung zu verknüpfen. Theoretisch fundiert sind diese Lernformen im »Action Learning«-Konzept.

4.5 Netzwerk- und businessorientierte Trainings

Auch bei dieser Form des Trainings geht es darum, Inhalte zu vermitteln. Vor allem aber werden Anreize und Kontexte dafür geschaffen, Lernen zu ermöglichen, Wissen zu entwickeln und netzwerkartig sowohl innerhalb als auch außerhalb der Organisation zu verknüpfen. Die Elemente können auch hier curriculumförmig angelegt sein und beinhalten z. B. Module wie Learning Journeys zu anderen Organisationen, Selbststudium, Feedback-Sequenzen, Wissensmärkte, Communities of Practice, Best-Practice-Aktivitäten mit einem Mix von Kooperation und Wettbewerb. Bei netzwerk- und businessorientierten Trainings öffnen sich die Grenzen der Organisation: Inhalte und Prozeß des »Trainings« sind sehr offen. Die Trainings entsprechen in Form und Inhalt der Forderung, Mitarbeiter zum Unternehmer – in diesem Fall auch seiner eigenen Lernprozesse – zu machen. Indem sie selbst mitgestalten können, arbeiten sie an eigenen relevanten Themen und damit auch an ihrer eigenen Employability (vgl. dazu den Beitrag von Boos, Hummer in diesem Buch).

Diese Trainingsform stellt die höchsten Ansprüche an die Trainer und die Trainingsorganisation, denn es geht darum, viele Schnittstellen und Ambivalenzen zu managen. Der Aufbau einer derartigen Trainingsarchitektur verlangt einerseits Orte, an denen die auftretenden Irritationen verarbeitet werden können (Verantwortliche, Zeit, Ressourcen, Kommunikation), andererseits muß dem Sicherheitsbedürfnis der Teilnehmer und der Organisation

Rechnung getragen werden. Zudem sollten gezielt »Firewalls« installiert werden, die einerseits den Teilnehmern freie Lernräume mit Experimentiercharakter sichern und andererseits die Organisation vor zuviel trainingsinduzierter Veränderung schützen.

In der folgenden Übersicht werden die verschiedenen Trainingstypen abschließend noch einmal gegenübergestellt:

	Individuelle Trainings	Interaktive Gruppentrainings	Organisations- bzw. strategie- orientierte Trainings	Netzwerk- und business- orientierte Trainings
Lernziel	Wissens- vermittlung	Erweiterung des Verhaltens- repertoires, soziale Kompetenzen	Lernen mit Bezug zur/im Kontext der eigenen Organisation	Selbstgesteuertes Lernen mit Bezug zur eigenen Organisation
Fokus	Individuum	Individuum <–> Gruppe	Individuum (Gruppe) <-> Organisation	Individuum (Gruppe, Organisation) <-> Netzwerk
Rolle des Trainers	Fachexperte, Vortragender	Zusätzlich: Prozeßexperte, Feedbackgeber, aufgeklärte Autorität	Zusätzlich: Organisations- und Interven- tionsexperte	Zusätzlich: Kontextexperte, Impulsgeber, Architekt für Lernprozesse
Theorie	Kognitive Lerntheorien	Verhaltenswissen- schaftliche Ansätze, Behaviorismus und Gruppendynamik (Lewin)	OE, Systemtheorie (Luhmann, Willke, Baecker, Argyris), Organisationales Lernen (Senge), »Action Learning«- Ansatz	Systemtheorie, Netzwerktheorie (Latour, White), Wissensmanage- ment (Nonaka, Takeuchi)
Beispiele	Fachliche Weiter- bildung, Verkaufs- trainings, Sprachkurse	Verhaltenstrainings, Curricula	Lernen in Projekten, 360°-Feedback, Sounding-Boards, Steuerungs- gruppen, Strategie- umsetzungs- trainings	Communities of Practice, Lern- architekturen, strategische Experimente, Werkstätten zu aktuellen Lern- themen

5. Coaching

Gerade in turbulenten Zeiten haben es die Gestalter des Wandels oft mit nur diffus definierten Problemen und mit irritierten Betroffenen und deren Emotionen zu tun. Die Bewertungskriterien für Erfolg und Leistung sind noch sehr unklar und wechseln mit der jeweiligen Perspektive. Daher nimmt die Orientierung ab, das Normensystem im Unternehmen ist vieldeutig und sendet widersprüchliche Botschaften, die Gestalteten und auch die Gestalter selbst befinden sich in einem Orientierungs- und Wertedilemma (vgl. Looss 2002, S. 41 f.). In Zeiten des Wandels wird der materiell-psychologische Kontrakt zwischen Unternehmen und Mitarbeitern umfassend erneuert. Vielfach wird dieser »Kontrakt« durch die Veränderung überhaupt erst wieder zum Thema, und es wird neu bilanziert: Welche Optionen, Möglichkeiten und Perspektiven, aber auch Nachteile und Risiken gibt es für jeden persönlich in der Relation zum Unternehmen? Insbesondere die Gestalter des Wandels sind sehr intensiv mit dieser Dynamik konfrontiert.

Der Begriff »Coaching« kommt ursprünglich von »Coachman« oder »Coach«, also Kutscher. In den 60er Jahren wurde der Begriff dann auch im Sport verwendet. Seit den 80er Jahren wird *Coaching* auch im Business-Bereich gebraucht (vgl. Rauen 1999, S. 20; Weßling et al. 1999, S. 30 ff., sowie König u. Volmer 2002, S. 9 f.). Die Analogie zum Sport bietet sich insofern an, als es auch im Sport um Leistung bzw. Leistungssteigerung geht. Jedoch ist, verglichen mit dem Sport, das Bedingungsgefüge, innerhalb dessen sich insbesondere Schlüsselpersonen in Veränderungsprozessen bewegen müssen, ungleich komplexer.

Wie dieser Darstellung zu entnehmen ist, wurde und wird der Begriff *Coaching* auf immer mehr Tätigkeiten angewendet. Er ist zu einem »Dachbegriff« geworden. Wir bezeichnen Coaching hier als berufsbezogene Beratung von Einzelpersonen. Damit wird es – anders als im angelsächsischen Bereich – von allgemeinen Führungsaufgaben abgegrenzt und ist auch keine therapeutische Handlung (vgl. auch König u. Volmer 2002).

Die weite Auslegung des Begriffs Coaching läßt sich auf den wachsenden Bedarf nach Orientierung zurückführen, was bedeutet, die eigene Haltung und Bindung an das Unternehmen und wie man dort »interveniert« (handelt/entscheidet) zu reflektieren. Aus Sicht der Organisation dient Coaching dazu, Mitarbeitern Ressourcen abseits des Tagesgeschäfts anzubieten, ihre

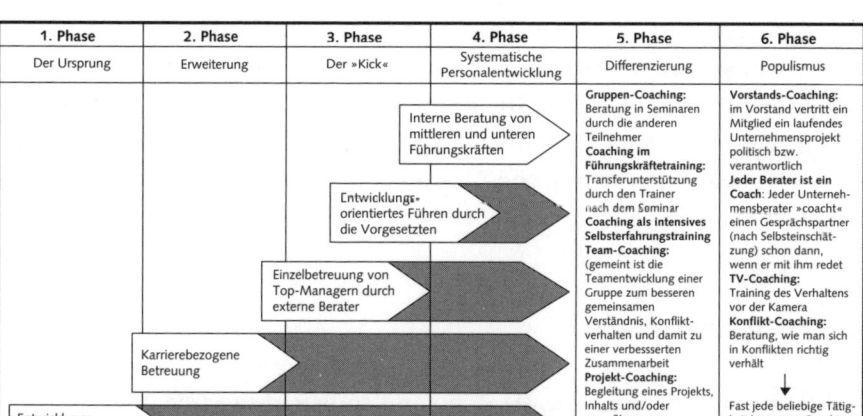

1. Phase	2. Phase	3. Phase	4. Phase	5. Phase	6. Phase
Der Ursprung	Erweiterung	Der »Kick«	Systematische Personalentwicklung	Differenzierung	Populismus

5. Phase (Differenzierung):

Gruppen-Coaching: Beratung in Seminaren durch die anderen Teilnehmer **Coaching im Führungskräftetraining:** Transferunterstützung durch den Trainer nach dem Seminar **Coaching als intensives Selbsterfahrungstraining Team-Coaching:** (gemeint ist die Teamentwicklung einer Gruppe zum besseren Verständnis, Konfliktverhalten und damit zu einer verbessserten Zusammenarbeit **Projekt-Coaching:** Begleitung eines Projekts, Inhalts und/oder prozeßbezogen **EDV-Coaching:** Beratung bezüglich verschiedener IT-Fragestellungen

6. Phase (Populismus):

Vorstands-Coaching: im Vorstand vertritt ein Mitglied ein laufendes Unternehmensprojekt politisch bzw. verantwortlich **Jeder Berater ist ein Coach:** Jeder Unternehmensberater »coacht« einen Gesprächspartner (nach Selbsteinschätzung) schon dann, wenn er mit ihm redet **TV-Coaching:** Training des Verhaltens vor der Kamera **Konflikt-Coaching:** Beratung, wie man sich in Konflikten richtig verhält ↓ Fast jede beliebige Tätigkeit kann zum Coaching gemacht werden, wenn sie eine anspruchsvollere Form des Gesprächs oder der Beratung umfaßt.

Interne Beratung von mittleren und unteren Führungskräften

Entwicklungsorientiertes Führen durch die Vorgesetzten

Einzelbetreuung von Top-Managern durch externe Berater

Karrierebezogene Betreuung

Entwicklungsorientiertes Führen durch die Vorgesetzten

| 70er bis Mitte der 80er Jahre in den USA | Mitte der 80er Jahre in den USA | Mitte der 80er Jahre in Deutschland | Ende der 80er Jahre | Mitte der 90er Jahre | Mitte/Ende der 80er Jahre |

Abbildung 3: Die Entwicklung des Coaching-Begriffs (vgl. Backhausen u. Thommen 2003, S. 205)

Entscheidungs- und Handlungsoptionen sowie ihre Perspektiven für sich im Unternehmen lösungsorientiert zu entwickeln bzw. zu erweitern, was besonders in Umbruchsituationen Orientierung und Sicherheit gibt. Dazu wird ein geschützter Raum von seiten der Organisation zur Verfügung gestellt. Wie Heitger, Krizanits und Hummer in ihrem Beitrag »Coaching in Veränderungsprozessen« zeigen, führt es zu einer wachsenden Nachfrage nach Coaching, daß einerseits die Bindung von Person und Organisation lockerer wird und andererseits zugleich Person und Organisation stärker aufeinander verwiesen sind. Coaching kann, so gesehen, auch als eine Bindungsstrategie verstanden werden, mit deren Hilfe sich Organisationen Loyalität, Einsatzbereitschaft und Leistungsfähigkeit von Schlüsselpersonen sichern wollen.

Auf diese sich verändernde Relation von Person und Organisation ist das wachsende Interesse am *systemischen Coaching* zurückzuführen, da hier eine Theorie, Vorgehensmodelle und Techniken zur Verfügung gestellt werden, die diese Dynamik ressourcen- und lösungsorientiert bearbeiten. Coaching hat sich in den letzten zehn Jahren stark verändert. Soweit wir beobachten, sind Coachingprozesse kürzer (es gibt selten Vereinbarungen, die über zehn Termine hinausgehen) und stärker ergebnisorientiert geworden. Der Fokus hat sich verlagert: Nicht allein die Person und ihre Grundsatzfragen stehen heute im Mittelpunkt, sondern es geht um konkretere Themen und den Organisationsbezug, um Abläufe in Organisationen wie auch ein klares Verständnis der eigenen Rolle: ein Coach ist ein Coach und nicht ein Berater der Organisation (vgl. dazu den Beitrag von Alexander und Hella Exner über das »PUB-Gespräch«).

6. Der Systemansatz

Der Systemansatz unterscheidet sich von den betriebswirtschaftlich geprägten Ansätzen der Managementberatung und von der OE durch eine eigene Theorie (nicht das Technik-Paradigma und die rational analytische Zahlenorientierung oder der Mensch sind der zentrale Bezugspunkt). Der Systemansatz hat ein eigenes Organisationsverständnis (Organisationen sind nicht offene, sondern operativ geschlossene, soziale Systeme) und einen anderen Interventionsbegriff (direktive Beeinflussungsversuche scheitern an der Selbstorganisation der Systeme). So ist eine eigene Veränderungsphilosophie entstanden, die heute in Organisationen auf gut 20 Jahre Praxis zurückblicken kann.

6.1 Wie verstehen wir den Systemansatz heute?

Ähnlich wie die Betriebswirtschaftslehre verfügt der Systemansatz nicht über ein geschlossenes, einheitliches Theoriegebäude, sondern ist offen und hat vielfältige Wurzeln (vgl. dazu Bateson 1985; Boscolo et al. 1988; Glasersfeld 1997; Luhmann 1981, 1996; Maturana u. Varela 1991; Simon u. Stierlin 1984; von Foerster 1981). Die Systemtheorie ist hilfreich, wenn man sie als Denkansatz versteht. Die Essenz des Systemdenkens liegt in einer Verschiebung des Fokus: Beziehungen statt lineare Kausalketten, der Prozeß der Veränderung anstelle von Momentaufnahmen (vgl. Senge 1990, S. 73). Damit eröffnet es neue Sichtweisen und Handlungsoptionen, und darin liegt seine Stärke.

Als es Anfang der 80er Jahre erste Anzeichen dafür gab, daß der OE-Ansatz an seine Grenzen gekommen war, bot die systemische Familientherapie (vgl. Boscolo et al. 1988; Simon u. Stierlin 1984) eine neue Perspektive, wobei die Transferarbeit vom Familienkontext auf die Organisation als auf-

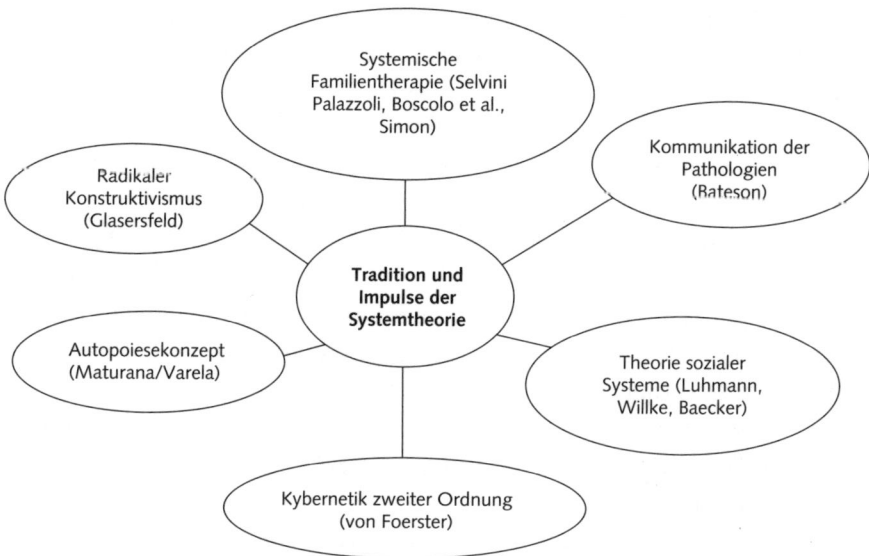

Abbildung 4: Wurzeln des Systemansatzes

gabenorientiertes, soziales System noch zu leisten war. Diese Entwicklung wurde in den Anfängen im deutschen Sprachraum maßgeblich von Beratungsfirmen aus Wien vorangetrieben: der Beratergruppe Neuwaldegg, Conecta und OSB. Zur theoretischen und praktischen Auseinandersetzung mit Fragen der Veränderung von Organisationen sind seitdem zahlreiche Publikationen erschienen (vgl. etwa: Exner, Königswieser u. Titscher 1987; Boos 1991; Janes u. Schulte-Derne 2002; Heitger u. Doujak 2002; Wimmer 2003). Warum dieser Ansatz gerade in Wien auf fruchtbaren Boden fiel und zur sogenannten »Wiener Schule der Unternehmensberatung« geführt hat, hat viele Gründe (vgl. Forsthuber 1997). Vor allem das Zusammenwirken von Sozialwissenschaftlern, Betriebswirten, Gruppendynamikern und Psychoanalytikern – gemeinsame Netzwerke, die sich aus der österreichischen Gesellschaft für Gruppendynamik und Organisationsberatung gebildet hatten – und die Kooperation mit Familientherapeuten (Boscolo, Simon, Weber) und Wissenschaftlern schufen einen fruchtbaren Boden für diese Entwicklung. In diesem Netzwerk entstanden Supervisions- und Ausbildungsgruppen, in denen die Beratungspraxis reflektiert und neue Konzepte entwickelt wurden. Vor allem aber sind die Unternehmensberatungen – wie Conecta und OSB – als

Partnerschaften in Gruppengröße organisiert und haben als solche quasi »am eigenen Leib« Gruppen- und Organisationsprinzipien zu verarbeiten. Auch dies war und ist wichtig für die Nutzung und Entwicklung des Systemansatzes.

Die Systemtheorie im Organisationskontext läßt sich in drei Phasen gliedern (Heitger u. Doujak 2002, S. 323). Die erste Phase war gekennzeichnet durch Einzelinterventionen, den Einsatz von Diagnose- und Fragetechniken und die Gestaltung von Workshopdesigns. Ab Mitte der 90er Jahre hat sich der Schwerpunkt auf die Gestaltung von komplexen Veränderungsvorhaben verlagert. Zugleich haben sich die Veränderungsvorhaben radikalisiert, und traditionelle Trennungen wurden aufgehoben – etwa die zwischen Konzept- oder Umsetzungsprojekt bzw. zwischen Entwicklungs- oder Sanierungsprojekt. Harte Schnitte und die Gestaltung von neuem Wachstum sind gleichzeitige, integrierte Veränderungsziele: Diese Entwicklung stellt dadurch völlig neue Anforderungen an die Beteiligten, was auch für die Steuerung solcher Prozesse durch die systemische Beratung gilt. Die Ansätze der klassischen Managementberatung kamen mit der Umsetzung nicht zurecht, während die OE-Konzepte vor allem an Rationalisierungsvorhaben und an radikalen Changezielen scheiterten. Für solche Veränderungskonstellationen hat der systemische Ansatz tragfähigere Lösungsmodelle anzubieten. Die verschiedenen Formen der Changeprozesse jedenfalls begannen sich zu differenzieren, und es wurden, um sie zu unterscheiden, »Landkarten« entwickelt und der Begriff Veränderungsarchitektur eingeführt.

Wir vermuten, daß wir heute wieder am Beginn einer neuen – der dritten – Phase stehen. Nach der »Sturm- und Drangzeit« der 90er Jahre ist Ernüchterung eingetreten, auch weil viele Changeversprechen der groß angekündigten radikalen Reengineering- und Redesignprojekte nicht eingelöst wurden. Veränderungsprojekte und die an diesen Beteiligten werden kritischer denn je beobachtet, und es wird mehr denn je auf erfolgreiche Umsetzung und nachhaltige Integration von Veränderungen geachtet. Um dies zu erreichen, bietet der Systemansatz als Rahmen gute Voraussetzungen.

Für Veränderungsprozesse erscheinen uns vor allem folgende fünf Merkmale der Systemtheorie bedeutsam: die Wirklichkeitskonstruktion, das Bild von Organisationen, die Autopoesis, die System-Umwelt-Differenz und der Interventionsbegriff.

1. Der Begriff *Wirklichkeitskonstruktion* hat seine Herkunft im radikalen Konstruktivismus (Glasersfeld 1994), der mit der Annahme arbeitet, daß die soziale Wirklichkeit nicht objektiv erfaßt werden kann, sondern vom jeweiligen Beobachter konstruiert wird. An die Stelle einer objektiv erfaßbaren Wahrheit tritt die Perspektive des Beobachters. Der Beobachter erschafft sich seine Wirklichkeit, und die jeweils gewählte Perspektive des Beobachters macht den Unterschied (Bateson 1985). Beobachter beobachten, indem sie unterscheiden, und es ist daher wesentlich zu fragen, welchen Unterschied (Leitdifferenz) ein Beobachter gewählt hat, um die »Welt« zu strukturieren. Es ist eben etwas anderes, ob ein Unternehmen durch die Brille eines Finanzinvestors, mit der Erfahrung eines Ingenieurs oder mit dem Blick eines Familienunternehmers analysiert wird. Einen solchen Unterschied des Blickwinkels haben sowohl Personen als auch soziale Systeme: Unterschiedliche soziale Systeme haben unterschiedliche Logiken oder Leitdifferenzen. Die Wissenschaft z. B. unterscheidet nach dem Kriterium »richtig/falsch«, die Justiz nach »Recht/Unrecht«. Im Fall von Unternehmen ist die Leitdifferenz ihre Zahlungsfähigkeit: Wenn Unternehmen nicht liquide sind, verschwinden sie vom Markt. Kennt man die Leitdifferenz eines Beobachters, weiß man, was er sehen wird, und vermutlich auch, was sein »blinder Fleck« ist. Jede Perspektive ist berechtigt, und jede Perspektive kann hinterfragt werden, da kein Beobachtungsstandpunkt von vornherein gesetzt ist. Dies ist angesichts der oben beschriebenen Vielfalt der Interessenslagen wichtig, da nachhaltige Veränderungsprozesse mehr denn je das Aushandeln der unterschiedlichen Standpunkte erforderlich machen und kein Ansatz von vornherein einen Anspruch auf Alleingültigkeit erheben kann.

Der Beobachter ist in der Wahl seiner Perspektive frei, d. h. er kann sich für eine oder mehrere Perspektiven entscheiden. Dies ist gerade bei Veränderungsprozessen sehr wichtig, da der Manager, Berater, Trainer oder Coach verschiedene Perspektiven einnehmen kann, um somit ein vielfältigeres Bild der Situation zu bekommen. Mit der Systemtheorie erhält man mehr Möglichkeiten, die beim betriebswirtschaftlichen Ansatz (der im Grunde empfiehlt, Außenkontakte zu standardisieren und interne Beziehungen in eine klare, hierarchische Ordnung zu bringen) oder bei der OE (die die Gruppen- und Mitarbeiterperspektive einnimmt) außen vor bleiben. Systemisch gesehen wird man allerdings auch für die Wahl der jeweiligen Perspektive verantwortlich gemacht, da dies ja ein Akt ist, für den man sich entscheidet.

2. Das *Organisationsbild* der Systemtheorie: Organisationen sind für die Systemtheorie geschlossene, dynamische Gebilde, die sich ständig selbst reproduzieren (Baecker 2003). Nicht Personen und Gruppen (wie in der OE) oder Strukturen und Kosten (wie bei der Betriebswirtschaft) stehen im Vordergrund, sondern der fortlaufende Prozeß der Entscheidungen in Organisationen. Organisationen sind soziale Systeme, deren wesentliche kommunikative Handlungen aus Entscheidungen bestehen, die aneinander anknüpfen. Mit Hilfe von Entscheidungen reproduziert sich eine Organisation, und in der Art und Weise, wie sie das tut, ist sie unverwechselbar. Da »spielt« jede Organisation ihre »eigene Melodie« (Boos 1991, S. 120). Jede Organisation muß dafür sorgen, daß Entscheidung auf Entscheidung folgt. Wenn sie aufhört zu entscheiden, hört sie auf zu existieren. Diese Muster von Entscheidungen können auch darin bestehen, immer wieder zu entscheiden, daß man sich nicht entscheidet. Organisationen gleichen damit weniger Maschinen und eher Organismen, die nicht statisch sind, sondern sich in einem ständigen Prozeß von Rückkoppelungen befinden (von Foerster 1993). Die Kunst der Veränderungsarbeit besteht darin, sich in diesen Prozeß so »einzuklinken«, daß Veränderungsimpulse angenommen werden und Wirkung zeigen.

3. Die *Autopoiesis*: Dieses Konzept wurde von den Biologen Maturana und Varela (1991) entwickelt und von Luhmann in die Sozialwissenschaften übernommen. *Autopoiese* bedeutet »selber machen«; das heißt in unserem Zusammenhang, daß sich soziale Systeme ständig selbst reproduzieren, und indem sie dies tun, koppeln sie sich in gewissem Sinne von der Umwelt ab (operative Geschlossenheit). So gesehen sind soziale Systeme viel geschlossener, als dies von der OE oder von der Betriebswirtschaft, die in der Regel von einem einfachen Sender-Empfänger-Modell ausgeht, impliziert wird. Im autopoietischen Prozeß achtet das System vor allem auf die interne Anschlußfähigkeit und ist relativ immun gegen Anregungen von außen. Soziale Systeme sind zwar mit ihren Umwelten verkoppelt, sind aber selektiv in der Aufnahme von Information von außen.

4. Die *System-Umwelt-Differenz*: Für die neuere Systemtheorie ist dies eine wichtige Unterscheidung (Luhmann 1984). Jedes soziale System ist Beobachter seiner Umwelt. Es trifft also eine Unterscheidung zwischen sich und seiner Umwelt, und da die Umwelt immer komplexer ist als das System selbst, kommt es zu einem Komplexitätsgefälle und einer Unterscheidung zwischen der für das System relevanten und der nicht relevanten Umwelt. Soziale Systeme müssen sich vor zuviel Komplexität schützen. Sie sind deswegen nicht offen und benötigen »Sinn«, um zu überleben und sich fortzuentwickeln: Kein soziales System funktioniert, ohne sich einen Sinn zu geben; das bedeutet: auch Veränderung ist nicht ohne Arbeit am Sinn möglich. Sinn entsteht durch Kommunikation. Der Sinn hilft, sich von der Umwelt zu unterscheiden und sich zu ihr erfolgreich in Beziehung zu setzen, er steuert das System auf allgemeiner Ebene und ist deswegen von zentraler Bedeutung.

Die Beachtung der System-Umwelt-Differenz ist für Veränderungsprozesse sehr hilfreich: Was ist das Veränderungssystem und was seine Umwelt? Welche Systemgrenzen werden wie gezogen, und was bewirken sie? Veränderung braucht selbst ein Veränderungssystem – wie einen Rahmen, in dem sich das Neue entwickeln kann. Ein solches Veränderungssystem kann z. B. eine Steuergruppe aus Mitabeitern und Externen sein, die an einer neuen Veränderungsstrategie arbeitet; wie muß das Veränderungssystem aufgebaut sein, und welcher Unterscheidungen sollte es sich bedienen, um erfolgreich zu werden? Was ist sein »blinder Fleck«? Fragestellungen dieser Art sind in Veränderungsprozessen sehr produktiv, da sie zu mehr für die Gestaltung von Veränderungen relevanten Informationen führen. Die OE vernachlässigt durch die Überbetonung der Integration Unterschiede und Ausschlüsse; die betriebswirtschaftliche Perspektive kann eine andere als ihre rationale Herangehensweise nur als irrational begreifen.

5. Das jeweilige Organisationsbild bestimmt die *Interventionen*, also die Handlungen, die gesetzt werden, um Organisationen zu verändern. Aus einem Maschinenbild (wie in der Betriebswirtschaft) leiten sich Anweisungen und Regeln ab, einer kalten Hierarchie (wie in der OE) muß mehr Kommunikation und Menschlichkeit zugeführt werden. Aus systemischer Sicht können Organisationen sich nur selbst verändern, indem sich ihr autopoietischer Prozeß ändert. Die Kunst der Interven-

tion besteht darin, jene Lücken oder »Druckstellen« zu finden, durch die sich das System anregen läßt, sich zu verändern (Willke 1994).

Dazu kann es einmal hilfreich sein, mit Interventionen das System zu öffnen, ein anderes Mal eher, es zu schließen. Aufgrund der Systemtheorie weiß man, wie anspruchsvoll es ist, den jeweils richtigen Zugang zu finden. Hilfreich dabei ist es, Hypothesen zu bilden – also Annahmen auszuarbeiten, die die Veränderungsfähigkeit der jeweiligen Organisation betreffen –, gemäß diesen zu handeln und dann die Wirkung zu beobachten. Diese wird mit der Ausgangshypothese verglichen, um dann neue, bessere Hypothesen zu entwickeln usw. Veränderung wird damit als ein Prozeß verstanden, der schon in der Diagnose beginnt. Da das Risiko des Scheiterns von Interventionen vorausgesetzt wird, müssen diese besonders sorgsam gesetzt werden; dabei steht eine breite Palette von Alternativen wie das Verändern des Kontextes, paradoxes Vorgehen, das Organisieren von Rückkoppelung und Impulsen von innen und außen (vgl. Königswieser u. Exner 2002; Heitger u. Doujak 2002) und vieles mehr zur Verfügung. Im Gegensatz zur Betriebswirtschaft oder zur OE werden die ständigen Rückkoppelungen und Abweichungen als Bestandteil jedes Veränderungsprozesses gesehen und nicht als Fehlleistung, Widerstand oder Irrationalität. Der Manager oder Berater steht nicht neutral außerhalb des Veränderungsprozesses, sondern ist ein Involvierter, der von Rückkoppelungen betroffen ist. Aus systemischer Perspektive ist es daher notwendig, die Auftraggeber von Changeprojekten miteinzubeziehen, denn ohne ihre Mitwirkung und gegebenenfalls Veränderung kann kein Wandel stattfinden. Um Veränderungen zu bewirken, gilt es, einen Prozeß zu organisieren, der ständig zwischen der beabsichtigten Veränderung und der erlebten Veränderung oszilliert. Dies erfordert Klarheit über den eigenen Standpunkt, Selbstbeobachtung und Reflexion über die eigenen Handlungen.

Im folgenden wollen wir OE, BWL und Systemansatz in einer Tabelle im Überblick zusammenstellen und vergleichen:

Ebenen	Organisations-entwicklung	BWL	Systemansatz
Objekt von Veränderungen	▪ Personen und Gruppen	▪ Aufbau- und Ablauforganisation	▪ Kommunikation und Entscheidungs-prozesse
Ziel von Veränderungen	▪ Erhöhung der Produktivität durch zufriedene Mitarbeiter	▪ Verbesserung der Wirtschaftlichkeit und der Produk-tivität ▪ Verwandlung der Organisationen in Betriebe	▪ Lebensfähigkeit des Systems insgesamt (Strategie/Ziele – Struktur/Prozesse/ Systeme – Personen, Potentiale, Relationen)
Verständnis von Organisationen	▪ Organisationen sind offen ▪ Organisationen bestehen aus Personen und Hierarchien ▪ Organisation als hierarchisches Gebilde, in das mehr Demokratie und Humanität eingebracht werden muß	▪ Organisationen sind offen und orientieren sich am Markt ▪ Organisationen sind hierarchisch und formal strukturiert ▪ Personen bringen Abweichungen, die korrigiert werden müssen ▪ Hoher Kommuni-kationsaufwand ist ein Zeichen schlechter Struktur	▪ Organisationen sind geschlossene Systeme, die ständig Selektionsent-scheidungen treffen ▪ Organisationen orientieren sich an interner Kommuni-kation (Entscheidun-gen) ▪ Organisationen schützen sich vor externen Eingriffen ▪ Der Eigenzustand sozialer Systeme verändert sich permanent
Prozeß-Verständnis	▪ Möglichst breite Einbeziehung aller ▪ Ausschlüsse werden nicht benannt	▪ Analyse, Konzept, Entscheidung, Umsetzung ▪ Top-down-Vorgehensweise	▪ Nicht notwendig (und auch praktisch unmöglich), immer alle miteinzu-beziehen ▪ Unterscheidungen – auch Ausschlüsse – sind wichtig und soll-ten benannt werden ▪ Wechseln im Bezug Strategie – Struktur – Personen

Ebenen	Organisations-entwicklung	BWL	Systemansatz
Interventions-verständnis	■ Feedback an Personen ■ Breite, demokratische Beteiligungsprozesse ■ Arbeit in Gruppen ■ Eingriffe können von außen (Management, Berater) geplant werden ■ Veränderung erfolgt nach dem Muster »auftauen – verändern – einfrieren«	■ Eingriffe erfolgen von oben und sind Anweisungen ■ Direkte Beeinflussung möglich – mit Restrisiko ■ Veränderungen sind planbar und beherrschbar ■ Die Veränderer brauchen ein objektives Bild	■ Direkte Beeinflussung nicht möglich, erfolgt über Bereitstellung von Rahmenbedingungen ■ Veränderung ist ein Prozeß in Schleifen, bei dem »Druckstellen« des Systems angereizt werden ■ Eingriffe können nur von innen erfolgen ■ Veränderer haben nur ein partielles Bild
Grund-orientierung, Funktionsbezug	■ Politik	■ Wirtschaft	■ Offen

6.2 Hat der Systemansatz Zukunft?

Wir haben versucht zu zeigen, daß der Systemansatz ein wesentlich differenzierteres Repertoire als die anderen bekannten Ansätze zur Verfügung stellt, das hilft, mit komplexen Fragen zurechtzukommen. Dennoch ist die Frage zu stellen, ob der Systemansatz von anderen Ansätzen abgelöst werden wird oder was ihn für die Zukunft tauglich macht.

Hinter der Frage, was nach den Systemansatz kommen kann, steckt die Annahme, der Systemansatz sei eine Methode wie Qualitätszirkel, Reengineering oder die Balanced Scorecard; Methoden werden von anderen Methoden abgelöst. Statt den Systemansatz als Methode zu betrachten, verstehen wir ihn als eine Art *Sprache*. Eine Sprache ist keine Methode: Bei Sprachen fragt man nicht nach Grenzen oder Möglichkeiten der Anwendung. Wenn wir den Systemansatz als Sprache verstehen, entdecken wir, daß man die Systemtheorie wie auch Sprachen gerade durch ihre Anwendung lernt. In der Praxis entwickeln sie sich weiter. Wie kann man eine Sprache lernen? Wie entwickelt sich eine Sprache? Welche Grammatik hat eine Sprache? Wieviel muß ich lernen, um eine Sprache zu beherrschen? Statt nach den Begrenzungen zu fragen, beobachten wir Möglichkeiten genutzter und ungenutzter Anwendungen und werden eingeladen, Neues zu entwickeln.

Nun kann man einwenden, trotz jahrzehntelanger erfolgreicher Praxis führe der systemische Beratungsansatz noch immer ein Nischendasein; wenn dieser Ansatz so gut ist – was hindert dann seine Verbreitung?

- Der systemische Ansatz ist theoretisch anspruchsvoll. Viele seiner Denker und Forscher benützen eine schwierig zu verstehende, abstrakte Sprache, zu der man sich den Zugang erst erarbeiten muß.
- Wichtiger ist jedoch, daß er eine andere Haltung erfordert und nicht nur kognitiv gelernt werden kann. Man muß an seinen eigenen Einstellungen und Verhaltensweisen arbeiten, sich selbst als »Resonanzkörper« nutzen, wechseln können zwischen der Personenebene, der Gruppen-, System- und der Businessmodell/Markt-Ebene.
- Das ständige Reflexionsbemühen ist anstrengend und fordert andere, die auch interessiert sind, die eigene Theorie und Praxis zu überdenken.
- Der konstruktivistische Zugang hebt tradierte Sicherheiten wie »gut und böse«, »richtig und falsch« auf, es bedarf einiger Praxis, um damit Sicherheit zu gewinnen.
- Systemisches Management, Beratung, Training oder Coaching erfordern langjährige interdisziplinäre Ausbildung und Praxislernen. Dieser Ansatz eignet sich nicht für schnelle Multiplizierbarkeit – wie das Einstudieren einer Methode – und kann deswegen auch für große, an »Menge« orientierte Beratungsunternehmen nicht von Interesse sein.

Unter den in diesem Buch behandelten vier Kompetenzen – Management, Beratung, Training und Coaching – ist der Systemansatz *als Ansatz unter diesem Begriff* am stärksten beim Coaching, etwas weniger bei Beratung und Training und am wenigsten im Management verbreitet, wobei sich viele Praktiker in Organisationen systemische Erkenntnisse (Systemiker, so könnte man zusammenfassen, unterstellen keine direkten Kausalitäten bzw. Wenn-dann-Beziehungen, sondern denken in Schleifen und Rückkoppelungsmustern) durch eigene praktische Erfahrungen erworben haben, ohne sie »systemisch« zu nennen.

Erfolgreiche (systemische) Veränderungsarbeit wird in Zukunft ein weites, aber auch anspruchsvolles Betätigungsfeld haben und sich an folgenden

Spannungsfeldern orientieren müssen, die wir hier zum Abschluß zusammenfassend anführen wollen:

- *Fach- und Prozeßorientierung:* Die verstärkte Implementierungsnot-
wendigkeit erfordert, daß andere Fragen gestellt werden. Es geht
darum, die Dynamik der jeweiligen Organisation bzw. der jeweiligen
Kompetenzen zu kennen, um wirksame Fragen zu stellen und Vorschläge machen zu können. Dies wiederum macht es notwendig, daß
die Brauchbarkeit der verwendeten Unterscheidungen in der Organisation bzw. dem jeweiligen Fach eingeschätzt werden muß: es muß eingeschätzt werden, ob die Unterscheidungen weiterhelfen oder nicht.
Dies kann ohne Kenntnis des jeweiligen Geschäftsmodells der betroffenen Organisation oder ohne Grundkenntnisse des Fachgebiets eben-
sowenig geleistet werden wie ohne Kenntnisse der Dynamik von Veränderungsprozessen.

- *Umsetzung und Lernen:* Die zunehmende Fokussierung auf den Prozeß der Wertschöpfung macht es erforderlich herauszufinden, wo Wertschöpfung stattfindet und welchen Beitrag das Veränderungsprojekt als
Prozeß und als Ergebnis der Organisation zur Verfügung stellt. Wertschöpfung und Wandlungsfähigkeit werden mehr aufeinander Bezug
nehmen; mit anderen Worten: Handeln und Reflexion brauchen eine
engere zeitliche, inhaltliche und soziale Verzahnung.

- *Wissen und Macht:* Je komplexer Changeprozesse sind und je mehr
Wissensentwicklung in den Geschäftsprozessen liegt, desto mehr erfordern diese Prozesse ein anderes Zusammenspiel der am Veränderungsvorhaben Beteiligten. Diese können davon ausgehen, daß niemand den Überblick über alle relevanten Aspekte hat. Es muß
gehandelt werden, obwohl niemand alles weiß bzw. obwohl niemand,
selbst nach bester Vorbereitung, alles wissen kann. Das gemeinsame
Ziel der Beteiligten und die Akzeptanz der anderen Kompetenzen sind
nun die Voraussetzung dafür, daß die auftretenden Probleme Schritt
für Schritt gelöst werden können. Diese Art von Kooperation basiert
auf der Ergänzung von Fähigkeiten und kann als Komplementaritäts-
management bezeichnet werden; denn es geht darum, Gleichwertigkeit
und Unterschiede laufend neu zu bestimmen.
  Die Notwendigkeit, externe und interne Dynamiken zu synchroni-

sieren, läßt den Druck steigen. Der Wunsch, sich zu entlasten und die Veränderungsarbeit zu delegieren, ist nachvollziehbar. Jedoch müssen Veränderungen, um erfolgreich – d. h. wirkungsvoll und nachhaltig – zu sein, von den Organisationen und Personen selbst geleistet werden. Die Hoffnung, daß Veränderung, Autorität, Qualifikation oder Führung einfach »zugekauft« werden können, ist illusorisch. Veränderung bedeutet Aufwand und Arbeit. Diese Arbeit kann effizienter und wirkungsvoller geleistet werden, wenn Veränderungsarbeit als Zusammenspiel unterschiedlicher, kooperierender Kompetenzträger verstanden wird.

Die Form der Veränderung ist der Streit, moderiert durch die Beratung

Dirk Baecker

1. Die Form der Veränderung ist der Streit. Die Funktion der Beratung besteht darin, den Streit durch die Variation der Form zu moderieren. Moderation soll hierbei heißen, Verhältnisse so zum Tragen zu bringen, daß die Streitenden Chancen erkennen, ihre Position zu variieren.
2. Auf der Innenseite der Form finden wir die beabsichtigte Veränderung, auf der Außenseite die Verhältnisse, die von der Veränderung vorausgesetzt, aber nicht mitthematisiert werden, sowie all das, was der Veränderung zu Hilfe kommen oder aber sie vereiteln kann. Die Beratung macht die Grenzziehung zwischen der Veränderung und den Verhältnissen in den Verhältnissen, die verändert werden sollen, verfügbar. Mit Hilfe der Notation des Kalküls von G. Spencer-Brown (1997), die es ermöglicht, Unterscheidungen mit Blick auf ihre Innenseite und ihre Außenseite anzuschreiben, können wir wie folgt schreiben:

$$
\begin{array}{rl}
\text{Veränderung} = & \overline{\text{Veränderung}\,|} \\[4pt]
\text{Streit} = & \overline{\text{Veränderung}\,|}\ \text{Verhältnisse}\,| \\[4pt]
\text{Beratung} = & \overline{\underline{\text{Veränderung}\,|}\ \text{Verhältnisse}\,|}
\end{array}
$$

Mit anderen Worten: Während die Veränderung als solche sich damit begnügt, ihren Unterschied zu markieren, und der Streit daraus resultiert, daß die Verhältnisse dies nicht mit sich machen lassen, liegt die Chance der Beratung darin, genau dies sichtbar zu machen und sowohl die Veränderung als auch die Verhältnisse im Hinblick darauf zu variieren, wie sie unterschieden werden und wie sie als Teil derselben Form aufeinander bezogen werden.

Wir greifen hier und im folgenden auf das Spencer-Brownsche Form-
kalkül zurück, weil es wie kein anderes Theorieinstrument in der Lage
ist, Bestimmtheit im Kontext von Unbestimmtheit zu beobachten und
damit das zentrale Problem zu beleuchten, mit dem man es bei jeder Form
von Wissensgenerierung zu tun bekommt und das daher auch jeder Kommunikation, die immer Wissen im Kontext von Nichtwissen eruiert (Luhmann 1997, S. 39f.), zugrunde liegt.

3. Man sieht an der Form der Beratung, daß sie den Streit nur moderieren
kann, indem sie ihrerseits eine Grenzziehung anbietet zwischen den Verhältnissen, die in ein Verhältnis zur beabsichtigten Veränderung gebracht
werden, auf der einen Seite und all dem, was damit ausgeblendet wird,
auf der anderen Seite. Die Beratung muß in der Lage sein, die Verhältnisse so zur Sprache zu bringen, daß sowohl die intendierten als auch
mögliche nicht-intendierte Folgen der Veränderung – inklusive Folgen
der Absicht der Veränderung – den Streitenden so vor Augen gebracht
werden können, daß sie die eigenen Abgrenzungen voneinander und von
anderen als Teil des Problems, nicht unbedingt aber bereits als Teil der
Lösung des Problems erkennen können. Dazu braucht die Beratung ein
erhebliches Maß an eigener Attributionsflexibilität, das heißt an Flexibilität der Zurechnung von Problemen auf Personen, Situationen oder
Kontexten, weil sie nur so den Streitenden eine wesentliche Ressource
der Problemlösung, die Attributionsambivalenz, zur Verfügung stellen
kann. Wer schon entschieden ist, braucht nicht beraten zu werden, und
wer schon entschieden ist, streitet sich so, daß sein Streit nicht moderiert
werden kann. Deswegen muß jede Beratung eine Entscheidung, je nach
Bedarf dosiert, mit ihrer eigenen Unmöglichkeit konfrontieren. Anders
kommen die Dinge nicht in Bewegung.

4. Die Form der Veränderung ist der Streit. Dies gilt in allen drei uns
bekannten Sinndimensionen (Luhmann 1984, S. 111 ff.; vgl. Weick 1995,
2000): In der *Sachdimension* behandelt die Veränderung bestimmte
Themen und läßt damit andere Themen außen vor. In der *Zeitdimension*
zieht die Veränderung einen Trennstrich zwischen einer Vergangenheit,
die so ist, wie sie ist, und einer Zukunft, die erst noch werden soll. Und
in der *Sozialdimension* muß die Veränderung damit rechnen, daß ihre
Absicht sowohl Konsens als auch Dissens auslöst, und dies im Hinblick
auf ihre Themen, im Hinblick auf ihre Vergangenheitssetzung und

Zukunftserwartung und im Hinblick auf die Person oder Personen, die mit der Intention einer Veränderung oder auch mit ihrem Widerstand gegen die Veränderung auffällig werden.

5. Wer verändern will, führt Differenzen in die Verhältnisse ein, die darauf nicht unbedingt gewartet haben, sich jedoch sofort darauf einstellen.

6. Alles Weitere ist unprognostizierbar, das heißt in jedem Fall eine Veränderung.

7. Alles Weitere ist nicht etwa deswegen unprognostizierbar, weil es unübersichtlich ist, sondern weil es differenziert ist. Erst die Intention der Veränderung macht mit den Verhältnissen bekannt, die der Kontext der Verhältnisse sind, um deren Veränderung es geht. Wir entfalten die erste Unterscheidung daher wie folgt:

$$\text{Veränderung} = \overline{\text{Veränderung}\,|}$$

$$= \overline{\overline{\text{Thema}\,|\,\text{Zeithorizont}\,|\,\text{Person}\,|\,|}}$$

Das heißt, jede Veränderung markiert ihr Thema, ihren Zeithorizont und die Personen, die sie beabsichtigen: Was soll verändert werden? Welche Erwartungen gehen mit der Veränderung einher – und welche Vergangenheiten, unerwünschte, die man hinter sich lassen will, und beispielgebende, die man heraufbeschwört, werden damit ins Spiel gebracht? Und wer ist es, der etwas will?

Zugleich konstruiert die Intention der Veränderung jedoch einen Zusammenhang zwischen ihrem Thema, ihrem Zeithorizont und ihren Personen, der als dieser Zusammenhang eine eigene Unterscheidung ist, die also so, aber auch anders getroffen werden kann. Dies wird durch die Unterscheidung, die die drei Unterscheidungen des Themas, des Zeithorizonts und der Person übergreift und damit als zusammengehörig bezeichnet, markiert.

Damit ist gesagt, daß ein erstes Veränderungsmanagement, pardon: *change management*, darin bestehen wird, Thema, Zeithorizont und Person im Hinblick auf die Koexistenz dieser drei Sinndimensionen aufeinander abzustimmen.

Die zusätzliche Beweglichkeit, auf die man damit aufmerksam wird, wird allerdings wieder eingeschränkt, weil man sofort sieht, daß nichtbeliebige Zusammenhänge zwischen Themen, Zeithorizonten und Personen bestehen. Personen können nur für bestimmte Themen Kompetenz beanspruchen und können nur aus bestimmten Vergangenheiten Glaubwürdigkeit beziehen. Themen können nur mit ganz bestimmten Zukunftserwartungen gekoppelt werden und haben auf andere keinerlei Zugriff. Und Vergangenheit und Zukunft können nur anhand bestimmter Themen und durch bestimmte Personen auseinandergehalten werden, weil andere Themen und andere Personen nur die Kraft haben, auf die Gegenwart zu verweisen, die so ist, wie sie ist.

8. Beweglichkeit gewinnt die Intention der Veränderung nicht aus dieser Intention selbst, sondern aus deren Form, das heißt aus der Variation der Intention. Damit wird ausgenutzt, daß jedes einzelne Thema, jede Erwartung und Erinnerung, jeder Held der Veränderung eine Selektion ist, die sich gegenüber anderen, ebenfalls möglichen Selektionen bewähren muß, sobald man beginnt, die Selektion als Selektion zu beobachten:

$$\text{Veränderung} = \boxed{\text{Thema} \mid \text{Zeithorizont} \mid \text{Person} \mid\mid \text{Themen} \mid \text{Zeithorizonte} \mid \text{Personen}}$$

Sobald man auf diese Art und Weise beobachtet, das heißt aus Fakten Informationen macht im strengen Sinne der kommunikativen Konstruktion von Fakten (Shannon u. Weaver 1963), kann auffallen, daß die Nichtbeliebigkeit der Kombination von Thema, Zeithorizont und Person durch den Austausch jeder einzelnen Stelle der Gleichung variiert werden kann.

9. Dieser Austausch geschieht jedoch nicht von selbst, sondern setzt den Streit voraus, der seinerseits entweder intentional oder evolutionär ausgetragen werden kann. In jedem Fall setzt er voraus, daß eine Unterscheidung getroffen wird, die die Veränderung auf ihre Form hin beobachtet und ausgeschlossene Themen, Zeithorizonte und Personen als Kontext der eingeschlossenen Themen, Zeithorizonte und Personen mitbeobachtet und damit, kürzer gesagt, Ausschlüsse als Ausschlüsse thematisiert. Im Anschluß an die oben getroffene Unterscheidung des Streits können wir schreiben:

$$\text{Streit} = \boxed{\text{Veränderung} \mid \text{Verhältnisse}}$$

$$= \boxed{\text{Thema} \mid \text{Zeithorizont} \mid \text{Person} \mid\mid \text{Themen} \mid \text{Zeithorizonte} \mid \text{Personen}}$$

Der Streit ist damit, gleichgültig was man sonst noch über ihn sagen kann, eine Form des Wiedereinschlusses des Ausgeschlossenen, die allerdings als diese – auch das sieht man der Form, sobald sie mathematisch angeschrieben wird, sofort an – auf einem weiteren Ausschluß beruht. Denn auf das Ausgeschlossene kann als Ausgeschlossenes nur aufmerksam gemacht werden, indem es markiert, bezeichnet wird. Und dazu braucht man eine weitere Unterscheidung, die alles andere, was auch markiert und bezeichnet werden könnte, außen vor läßt. In unserem Fall haben wir es mit dem Risiko zu tun, daß die Verhältnisse in denselben Begriffen bestimmt werden wie die beabsichtigte Veränderung. Alles andere, das nicht in diesen Begriffen bestimmt wird, verschwindet auf der Außenseite der Form und, das ist allerdings nicht unwesentlich, in den Unterscheidungen, die Themen auf Zeithorizonte, Zeithorizonte auf Personen und Personen wieder zurück auf Themen beziehen.

10. Die Eigenschaft der Wiederholung eines Ausschlusses durch die Operation, die das Ausgeschlossene wiedereinschließt, dient ihrerseits dem Streit, weil sie darauf aufmerksam macht, daß Einwand, Widerstand und Alternativvorschlag logisch dieselben Begrenzungen und Beschränkungen aufweisen wie die Intentionen, gegen die sie opponieren.

11. Die Intention des Streits arbeitet mit bewußten Vergleichen, Kontrastierungen, Gegenüberstellungen, Widerständen und Ersetzungsoperationen. Sie bringt andere Themen ins Spiel, die von den Veränderungsintentionen übersehen werden, aber nicht übersehen werden dürfen. Sie bringt Vergangenheiten und Zukünfte ins Spiel, gegen die nicht auf die intendierte Art und Weise verstoßen bzw. die nicht auf die intendierte Art und Weise verbaut werden dürfen. Und sie bringt Personen ins Spiel, die den Verlust ihrer Macht befürchten, wenn bestimmte Intentionen durchgesetzt werden können, die eine Verletzung ihrer Eitelkeit beobachten, weil nicht sie es sind, denen die Intention der Veränderung gutgeschrieben werden würde, die mit ihren Veränderungsabsichten in den Schatten gestellt sind, weil es den anderen gelungen ist, alle Aufmerksamkeit auf sich zu ziehen, oder die schlicht und ergreifend zu wissen glauben, daß die beabsichtigte Veränderung ein Fehler ist. Die Logik, der die Austragung dieses Streits gehorcht, ist die Logik der »garbage can« (Cohen, March u. Olsen 1972; Warglien u. Masuch 1996). Der Streit dient danach nicht nur der Sache, der Zukunft und bestimmten Perso-

nen, sondern ist zugleich ein Gelegenheitsfeld, das von Absichten, Erwartungen und Interessen besetzt wird, die mit der Sache nichts zu tun haben, jedoch gleichwohl über den Kontext informieren, in dem »die Sache«, wenn überhaupt, durchgesetzt werden kann.

12. Die Evolution des Streits arbeitet mit Verschiebungen, Ausblendungen, Vergessen und dem Dominantwerden von Alternativen, die nicht als Alternativen auftreten, sondern als reinterpretierte Wirklichkeit, als überzeugende Neukonstruktionen. Der Streit hat hier die Form, zur Leerstelle werden zu lassen, was anschließend neu besetzt werden kann, inklusive der Möglichkeit, eine Unterscheidung als solche diffus werden zu lassen, um eine andere an ihre Stelle treten lassen zu können. So unauffällig, subversiv und quasi-natürlich (das heißt: nicht intendiert) diese Evolution auch auftreten mag, als leise Kraft der Vernunft, als Verführung zu neuen Beschreibungen oder auch nur als Einsicht in die Verhältnisse, so ist es doch sinnvoll, sie als Form des Streits zu bezeichnen, weil nicht ausgeschlossen werden kann, daß Beobachter auftreten, denen auffällt, daß hier jemand mit Absichten zugange ist. Man mag denen, die hier üble Absichten befürchten, Paranoia vorwerfen, doch ist auch dies nur wieder ein Argument, das Bezeichnungen vornimmt, um Unterscheidungen zu treffen und zu schützen.

13. Damit ist der Einsatz der Beratung bestimmt. Sie beobachtet den intendierten und den evolutionären Streit und re-arrangiert die Konflikte (Luhmann 1997, S. 469, Anm. 111), in denen er ausgetragen wird. Die Unterscheidung zwischen Intention und Evolution mag ihr dazu dienen, gegenüber dem Streit jenen »Abstand« (Schmitt 2002, S. 64) zu gewinnen, der es ermöglicht, Unterscheidungen auf ihre Form hin zu beobachten und auf Unterscheidungen aufmerksam zu werden, die zu treffen bestimmte Anschlußmöglichkeiten verspricht. Wenn der Streit zugleich intendiert werden kann und ein Ergebnis von Evolution ist, fällt es leichter, jene erste Unterscheidung zu treffen, die die Beratung gegenüber den Akteuren überhaupt ins Spiel bringt, die Unterscheidung von Personen (die etwas wollen oder verhindern) und Situationen (die so sind, wie sie sind):

Das heißt, man spalte den Streit in seine Absicht und seine Evolution,

Streit = Intention | Evolution

halte die Möglichkeit in Reserve, auch die Evolution des Streits auf Absichten zurückzurechnen,

Streit = ‾Intention‾ | Evolution |

und gewinne daraus die strategische Option, zwecks Einmischung in den Streit – sei es um ihn beizulegen, sei es um ihn zu entscheiden, sei es um von ihm mitstreitend zu profitieren – zwischen den Veränderungen zu unterscheiden, um die es geht, und den Verhältnissen, die bei deren Realisierung eine Rolle spielen.

14. Wir können jetzt jedoch die zusätzliche These formulieren, daß die Beratung eine Form der Ausbeutung des strategischen Potentials des Streits ist. Denn es ist, wenn man sich von der semantischen Differenz nicht täuschen läßt, nur eine Operation des Wiedereintritts (»re-entry«), die die Form des Streits von der Form der Beratung unterscheidet:

Streit = ‾Intention‾ | Evolution |

Beratung = |‾Veränderung‾ | Verhältnisse |

So wie es der Streit mit einer nicht intendierten Evolution zu tun bekommt – das heißt mit dem Umstand, daß er Selektionsmechanismen reizt und Restabilisierungsbemühungen auf den Plan ruft, von denen zuvor niemand etwas wußte –, so ist auch die Beratung darauf angewiesen, sich entlang der Veränderung, die sie betreuen soll, erst einmal ein zureichendes Verständnis der Verhältnisse zu erarbeiten, die verändert werden sollen und in denen die Veränderung stattfinden soll. Ihr Vorteil liegt allein darin, daß sie jederzeit thematisieren kann, worum es ihr geht und von welchen Prämissen sie ausgeht. Dazu dient der »Wiedereintritt«. Allerdings definiert auch dieser Wiedereintritt wieder nur eine Form, die sich von einer unmarkierten Außenseite unterscheiden läßt. Das heißt, was die Beratung mit ihrer Thematisierung dessen, womit sie gerechnet und womit sie nicht gerechnet hat, auslöst, muß sie wiederum abwarten.

15. Und wir können den »systemisch« gängigen Auftakt der Beratung, die Unterscheidung zwischen Personen und Situationen zu nutzen und zu thematisieren (Lewin 1982),

Beratung = ⌐Person │ Situation⌐

dahingehend erweitern, daß wir vorschlagen, auch die Markierung von Themen und Zeithorizonten im Unterschied zu den Situationen und Verhältnissen, in denen sie vorgefunden werden, als Einsatz und Material der Beratung zu begreifen, so daß

Beratung = ⌐Thema │ Situation⌐

und

Beratung = ⌐Zeithorizont │ Situation⌐

Dies ergibt zusammengefaßt die Form (Freud 1991; Simon 1993; Wimmer 1992):

Beratung = ⌐Thema │ Zeithorizont │ Person │ Situation⌐

so daß wir wieder bei unserer Form der Veränderung angelangt sind.

Dank der Explikation der Form der Veränderung als Form des Streits können wir jetzt jedoch auch schreiben:

Beratung = ⌐Thema │ Zeithorizont │ Person ‖ Themen │ Zeithorizonte │ Personen ‖⌐

Mit anderen Worten, Beratung besteht darin, Themen, Zeithorizonte und Personen mit Blick auf andere Themen, Zeithorizonte und Personen zu thematisieren und auszuprobieren, welche Unterscheidungen in diesem Arrangement geeignet sind, den Streit sowohl zu nutzen als auch beizulegen, um eine Veränderung, die als solche interpretiert wird, herbeizuführen.

16. Da die Beratung darin besteht, die Unterscheidung zwischen einer Veränderung und ihren Verhältnissen in diese Unterscheidung wiedereinzuführen, können wir auch schreiben:

Veränderung = ⌐Thema │ Zeithorizont │ Person ‖ Themen │ Zeithorizonte │ Personen ‖ Beratung⌐

Die Beratung ist selbst Teil der Form der Veränderung. Sie mischt sich ein, indem sie ihre Unterscheidungen trifft. Und sie muß dabei riskieren, auszuschließen, was sie ausschließt. Allerdings ist sie als Operation der Wiedereinführung einer (und anderer) Unterscheidung(en) immer auch in der Lage, sich selbst als ein Thema mit einem bestimmten Zeithorizont und vertreten durch bestimmte Personen im Arrangement der Veränderung wiederzuentdecken, in dem sie ihre Variationen vornimmt. Beratung tendiert daher immer schon zur Supervision – ihrer selbst. Das ist nicht unwichtig, weil auch auf diese Art und Weise intendierte Veränderungen mit den Verhältnissen bekannt gemacht werden, in denen sie stattfinden.

Literatur

Alpha Publications (Hrsg.) (2000): *Management Consultancy Services in Europe*. Beaconsfield (Alpha Publications).

Backhausen, W. u. J.-P. Thommen (2003): *Coaching. Durch systemisches Denken zu innovativer Personalentwicklung*. Wiesbaden (Gabler).

Baecker, D. (2003): *Organisation und Management*. Frankfurt a. M. (Suhrkamp).

Bateson, G. (1985): Ökologie des Geistes. *Anthropologische, psychologische, biologische und epistemologische Perspektiven*. Frankfurt a. M. (Suhrkamp).

BDU (2003): Facts & Figures zum Beratermarkt 2002, http://www.bdu.de/downloads/UB/Pub/Brosch/Facts_und_Figures_2002.pdf, Stand 3.2.2004.

Bennis, W. G., K. D. Benne u. R. Chin (Hrsg.) (1975): *Änderung des Sozialverhaltens*. Stuttgart (Klett).

Berger, R. (2003): Perspektiven zur Branchenentwicklung in der Unternehmensberatung. *ZOE* 3/2003, S. 65–67.

Boos, F. (1991): Zum Machen des Unmachbaren. Unternehmensberatung aus systemischer Sicht. In: H. Balck u. R. Kreibich (Hrsg.): *Evolutionäre Wege in die Zukunft*. Weinheim (Beltz).

– (1992): Projektmanagement. In: R. Königswieser u. C. Lutz (Hrsg.): *Das systemisch-evolutionäre Management. Der neue Horizont für Unternehmer*. Wien (Orac), S. 69–77.

– u. A. Doujak (1998): Komplexe Projekte. In: H. W. Ahlemeyer u. R. Königswieser (Hrsg.): *Komplexität managen. Strategien, Konzepte und Fallbeispiele*. Wiesbaden (Gabler), S. 133–146.

Boscolo, L., G. Cecchin, L. Hoffman u. P. Penn (1988): *Familientherapie – Systemtherapie. Das Mailänder Modell*. Dortmund: Modernes Lernen

Bradford, L. P., J. R. Gibb u. K. D. Benne (Hrsg.) (1972): *Gruppen-Training. T-Gruppentheorie und Laboratoriumsmethode*. Stuttgart (Klett).

Buchhorn, E. (2004): Haltlos im Chaos. *ManagerMagazin* 1/2004, S. 130–136.

Clark, T. u. R. Fincham (Hrsg.) (2002): *Critical Consulting. New Perspectives on the Management Advise Industry*. Oxford (Blackwell).

Cohen, M. D., J. G. March u. J. P. Olsen (1972): A Garbage Can Model of Organizational Choice. *Administrative Science Quarterly* 17, S. 1–25.

The Creation of European Management Practice (CEMP): http://www.fek.uu.se/cemp, Stand 31.03.2004.

Doppler, K. u. C. Lauterburg (2002): *Change Management. Den Unternehmenswandel gestalten*. Frankfurt a. M. u. a. (Campus).

Exner, A., R. Königswieser u. S. Titscher (1987): Unternehmensberatung – systemisch. Theoretische Annahmen und Interventionen im Vergleich zu anderen Ansätzen. *Die Betriebswirtschaft* 3/47, S. 265–284.

Fallner, H. u. M. Pohl (2001): *Coaching mit System. Die Kunst nachhaltiger Beratung.* Opladen (Leske + Budrich).

Fink, D. (Hrsg.) (2. Aufl. 2004): *Management Consulting Fieldbook. Die Ansätze der großen Unternehmensberater.* München (Vahlen).

Foerster, H. von (1981): *Observing Systems: Selected Papers of Heinz von Foerster.* Seaside, CA (Intersystems).

– (1993): *KybernEthik.* Berlin (Merve) 1993.

Forsthuber, M. (1997): Wiener Blut. *Trend* 10/1997, S. 154–157.

French, W. L. u. C. H. Bell (1977): *Organisationsentwicklung. Sozialwissenschaftliche Strategien zur Organisationsveränderung.* Bern u. a. (Haupt).

Freud, S. (1991): *Die Traumdeutung.* Frankfurt a. M. (Fischer Taschenbuch Verlag).

Gaitanides, M. u. I. Ackermann (2002): Die größte Konkurrenz sind immer die Kunden! Interview mit Prof. Dr. Roland Berger. *Zeitschrift Führung und Organisation* (ZFO), 71. Jg., Heft 2, S. 300–305.

Glasersfeld, E. von (1994): Einführung in den radikalen Konstruktivismus. In: P. Watzlawick: *Die erfundene Wirklichkeit.* München (Piper), S. 16–38.

– (1997): *Radikaler Konstruktivismus: Ideen, Ergebnisse, Probleme.* Frankfurt a. M. (Suhrkamp).

Heitger, B. u. A. Doujak (2002): *Harte Schnitte, neues Wachstum. Die Logik der Gefühle und die Macht der Zahlen im Changemanagement.* Frankfurt a. M. u. Wien (Redline Wirtschaft bei Ueberreuter).

Herbst, P. G. (1975): Die Entwicklung soziotechnischer Forschung. *Gruppendynamik* 6, S. 22–29.

Jäger, R. (2001): *Praxisbuch Coaching. Erfolg durch Business Coaching.* Offenbach (Gabal).

Janes, A., K. Prammer u. M. Schulte-Derne (2001): *Transformations-Management. Organisationen von innen verändern.* Wien u. a. (Springer).

Kasper, H. u. W. Mayrhofer (Hrsg.) (2. Aufl. 1996): *Personalmanagement, Führung, Organisation.* Wien (Wirtschaftsverlag Ueberreuter).

Kieser, A. (1996): Moden und Mythen des Organisierens. *Die Betriebswirtschaft*, 1/56, S. 21–39.

Kipping, M. (2002a): Jenseits von Krise und Wachstum. Der Wandel im Markt für Unternehmensberatung. *ZFO*, 71. Jg., Heft 5, S. 269–276.

– (2002b): Trapped in Their Wave. The Evolution of Management Consultancies. In: T. Clark u. R. Fincham (Hrsg.): *Critical Consulting. New Perspectives on the Management Advise Industry.* Oxford (Blackwell), S. 28–49.

– u. L. Engwall (Hrsg.) (2002): *Management Consulting. Emergence and Dynamics of a Knowledge Industry.* Oxford u. a. (Oxford University Press).

Kolbeck, C. (2002): Die systemische Beratung. Was denken Klienten? In: M. Mohe, H.-J. Heinecke u. R. Pfriem (Hrsg.): *Consulting. Problemlösung als Geschäftsmodell. Theorie, Praxis, Markt.* Stuttgart (Klett-Cotta), S. 41–57.

König, E. u. G. Volmer (2002): *Systemisches Coaching. Handbuch für Führungskräfte, Berater und Trainer*. Weinheim u. Basel (Beltz).

Königswieser, R. u. A. Exner (Hrsg.) (1998; 8. Aufl. 2004): *Systemische Intervention. Architekturen und Designs für Berater und Veränderungsmanager*. Stuttgart (Klett-Cotta).

–   u. C. Lutz (1990): *Das systemisch-evolutionäre Management*. Wien (Orac).

Latour, B. (2001): *Das Parlament der Dinge*. Frankfurt a. M. (Suhrkamp).

Lewin, K. (1982): *Feldtheorie*. Werkausgabe, Bd. 4. Hrsg. von C.-F. Graumann. Bern (Huber).

Lippit, R. (1979): Kurt Lewin und die Aktionsforschung. In: A. Heigl-Evers (Hrsg.): *Lewin und die Folgen. Sozialpsychologie, Gruppendynamik, Gruppentherapie* (Psychologie des 20. Jahrhunderts, Bd. VIII). Zürich (Kindler), S. 106–109.

Looss, W. (2002): *Unter vier Augen. Coaching für Manager*. München (Moderne Industrie).

Luhmann, N. (1981): Organisation und Entscheidung. In: *Soziologische Aufklärung 3*. Opladen (Westdeutscher Verlag), S. 335–389.

–   (1984; 6. Aufl. 1996): *Soziale Systeme. Grundriß einer allgemeinen Theorie*. Frankfurt a. M. (Suhrkamp).

–   (1997): *Die Gesellschaft der Gesellschaft*. Frankfurt a. M. (Suhrkamp).

–   (2000): *Organisation und Entscheidung*. Opladen (Westdeutscher Verlag).

Maturana, H. R. u. F. J. Varela (1984; 3. Aufl. 1991): *Der Baum der Erkenntnis. Die biologischen Wurzeln menschlichen Erkennens*. Bern/München (Goldmann).

Nonaka, I. u. H. Takeuchi (1997): *Die Organisation des Wissens. Wie japanische Unternehmen eine brachliegende Ressource nutzbar machen*. Frankfurt a. M. u. a. (Campus).

Pawlowsky, P. (1999): Strategieerfüllung und Strategiegestaltung als Funktionen der betrieblichen Bildungsarbeit. In: A. Martin, W. Nienhüser u. W. Mayrhofer (Hrsg.): *Die Bildungsgesellschaft im Unternehmen?* Festschrift für Wolfgang Weber. München (Hampp), S. 91–115.

Rauen, C. (1999): *Coaching. Innovative Konzepte im Vergleich*. Göttingen (Verlag für Angewandte Psychologie).

Schein, E. H. (1969): *Process Consultation. Its Role in Organizational Development*. Reading, Mass. (Addison-Wesley).

–   (2000): *Prozessberatung für die Organisation der Zukunft. Der Aufbau einer helfenden Beziehung*. Köln (Edition Humanistische Psychologie).

–   (2002): Consulting. What Should It Mean. In: T. Clark u. R. Fincham (Hrsg.): *Critical Consulting. New Perspectives on the Management Advice Industry*. Oxford (Blackwell), S. 21–27.

Schmitt, C. (7. Aufl. 2002): *Der Begriff des Politischen*. Text von 1932 mit einem Vorwort und drei Corollarien. Berlin (Duncker & Humblot).

Selvini Palazzoli, M., L. Boscolo, G. Cecchin u. G. Prata (1977): *Paradoxon und Gegenparadoxon. Ein neues Therapiemodell für die Familie mit schizophrener Störung.* Stuttgart (Klett).

Senge, P. M. (1990): *The Fifth Discipline. The Art and Practice of the Learning Organization.* New York (Doubleday).

– (8. Aufl. 2001): *Die fünfte Disziplin. Kunst und Praxis der lernenden Organisation.* Stuttgart (Klett-Cotta).

Shannon, C. E. u. W. Weaver (1963): *The Mathematical Theory of Communication.* Urbana, Ill. (Illinois UP).

Simon, F. B. (1993): *Unterschiede, die Unterschiede machen. Klinische Epistemologie: Grundlagen einer systemischen Psychiatrie und Psychosomatik.* (stw 1096) Frankfurt a. M. (Suhrkamp).

– u. H. Stierlin (1984): *Die Sprache der Familientherapie.* Stuttgart (Klett-Cotta) (2. Aufl. 1992, 3. Aufl. 1994, 4. Aufl. 1996).

Spencer-Brown, G. (1979): *Laws of Form. Gesetze der Form.* Lübeck (Bohmeier Verlag).

Staehle, W. (8. Aufl. 1999): *Management.* München (Vahlen Verlag).

Steinmann, H. u. G. Schreyögg (5. Aufl. 2000): *Management. Grundlagen der Unternehmensführung. Konzepte – Funktionen – Fallstudien.* Wiesbaden (Gabler).

Sturdy, A. (2002): Frontline Diffusion. The Production and Negotiation of Knowledge through Training Interactions. In: T. Clark u. R. Fincham (Hrsg.): *Critical Consulting. New Perspectives on the Management Advice Industry.* Oxford (Blackwell), S. 130–151.

Warglien, M. u. M. Masuch (Hrsg.) (1996): *The Logic of Organizational Disorder.* Berlin (de Gruyter).

Warhanek, C. (1997): *Trainings.* Wien (Wirtschaftsverlag Ueberreuter).

Weick, K. E. (1995): *Sensemaking in Organizations.* Thousand Oaks (Sage).

– (2000): *Making Sense of the Organization.* Oxford (Blackwell Business).

– u. K. Sutcliffe (2003): *Das Unerwartete managen. Wie Unternehmen aus Extremsituationen lernen.* Stuttgart (Klett-Cotta).

Weßling, M., O. Barthe u. B. Lubbers (1999): *Coaching von Managern. Konzepte – Praxiseinsatz – Erfahrungsberichte.* Berlin (Berlin Verlag A. Spitz).

White, H. C. (1992): *Identity and Control. A Structural Theory of Social Action.* Princeton (Princeton University Press).

Willke, H. (1994): *Systemtheorie II. Interventionslehre.* Stuttgart (Gustav Fischer).

Wimmer, R. (Hrsg.) (1992): *Organisationsberatung. Neue Wege und Konzepte.* Wiesbaden (Gabler).

– (2003): Hat die Organisationsentwicklung ihre Zukunft bereits hinter sich? http://www.osb-i.de/ADMIN/ASSETS/files/HatdieOEIhre%20Zukunftbereitshintersich_RW.pdf, Stand 31.03.2004.

–, C. Kolbeck, M. Mohe (2003): Beratung: Quo Vadis? Thesen zur Entwicklung der Unternehmensberatung und Kommentare dazu. *Zeitschrift für Organisationsentwicklung* 3, S. 60–64.

Teil II:
Beratung

Zukunft der Beratung

Frank Boos, Barbara Heitger, Cornelia Hummer

1. Beratung in der Krise?

Beratungsunternehmen verzeichneten jahrelang einzigartige Erfolge. Heute hat Beratung als Dienstleistung den Nimbus des Besonderen verloren und befindet sich als Branche in einem Differenzierungs- und Professionalisierungsprozeß. Noch im Jahr 2000 wurde dem Beratungsmarkt für die nächsten fünf Jahre ein Mindestwachstum (!) von 17 bis 20 Prozent prophezeit. Man ging damals davon aus, daß wichtige Wachstumstreiber wie die Wirtschaftsentwicklung (BIP-Wachstum), der Wettbewerb zwischen den Firmen und eine lebhafte Börse den Beratungsmarkt weiter vorantreiben würden (Alpha Publications 2000). Zwei dieser drei Faktoren – die Wirtschaftsentwicklung und die Börse – haben sich nachweislich anders entwickelt als vorhergesagt, so daß alle Prognosen auf den Kopf gestellt waren.

Nach der »Beratungsexplosion« der letzten Jahre stellt sich aber nicht nur in bezug auf die Quantität Ernüchterung ein: Immer mehr gescheiterte Beratungsprojekte werden der Öffentlichkeit bekannt (Wimmer et al. 2003). Spektakuläre Mißerfolge wie bei Worldcom, Enron oder Swissair haben auch das Vertrauen in die Beratungsbranche erschüttert. »Literatur und Klienten scheinen einen sich selbst verstärkenden ›Circulus vitiosus‹ der Kritik in Gang zu setzen, dem die Consultants nicht mehr entrinnen können.« (Mohe 2003, S. 17) Der Unmut auf seiten der Klienten über mangelnde Unterstützung in der Implementierungsphase steigt (vgl. Fink 2003); insgesamt macht sich eine »Beratermüdigkeit« breit.

Der Beratungsmarkt zeigt Merkmale eines gesättigten Marktes: Überkapazitäten bei den Anbietern, Mangel an grundlegenden Produktinnovationen im Beratungsangebot, Marktbereinigungen durch Fusionen von Beratungsunternehmen, Probleme der Differenzierung zwischen den Anbietern, Ausweitung des Angebots durch die Erschließung neuer Kundensegmente und Eintritt neuer Mitbewerber (IT-Anbieter und Finanzdienstleister, die Beratung in ihr Portfolio aufnehmen) sowie schließlich verschärfter Preiskampf. Praktisch alle Beratungsunternehmen haben bzw. hatten Überkapazitäten. Es werden deutlich weniger Mitarbeiter rekrutiert, wenn ihre Zahl nicht sogar im großen Umfang abgebaut wird oder »Sabbaticals« eingeräumt werden. Die Dienstleistung »Beratung« gerät selbst unter Rationalisierungsdruck und muß verstärkt den Nachweis des von ihr geschaffenen Mehrwerts erbringen.

2. Struktur des Beratungsmarktes

Der Beratungsmarkt insgesamt ist intransparent, und die Eintrittsbarrieren in den Markt sind niedrig. De facto reicht eine Visitenkarte aus, um sich *Berater* zu nennen. Die schwierige Abgrenzung der Marktsegmente in der Beratung hängt mit dem Wesen von Beratung zusammen: Beratung handelt von Veränderung, genauer vom Neugestalten der Relation zwischen Verändern und Bewahren, und die Konzepte und Modelle dazu sind selbst in permanenter Veränderung. Auch das Bild, das Berater von ihrer Tätigkeit haben, und die Frage, was Beratung eigentlich ausmacht – was ihr »Kern« ist –, sind unter den Beratern selbst umstritten. Bedeutet Beratung, Ratschläge zu erteilen, zu helfen, Fragen zu stellen, Konzepte umzusetzen, oder ist sie Management auf Zeit? Für die Beratungsbranche sind also heute Vielfalt und Differenzierung kennzeichnend – die Bilder und Herangehensweisen der Berater sind so vielfältig wie die Beratung selber.

Diese Vielfalt und Widersprüchlichkeit machen es schwer, von *einem* Beratungsmarkt zu sprechen, auch wenn das, was als »Beratung« angeboten wird, in Teilbereichen Überlappungen aufweist. Es gibt heute eine Polarisierung des Beratungsmarktes: einerseits große, weltweit aktive Firmen – der Marktanteil der in Europa führenden 20 Beratungsunternehmen liegt über 50 Prozent –, die einer eigenen Wettbewerbsdynamik und einem weiteren Fusionierungsprozeß unterliegen (vgl. Murmann 2002). Andererseits weitgehend lokal oder regional tätige mittlere Beratungsunternehmen, die vorwiegend in Netzwerken organisiert sind (vgl. Kipping u. Engwall 2002; Kipping 2002), sowie eine wachsende Anzahl von Einzelberatern mit guten Chancen gegenüber den globalen Anbietern (Wohlgemuth 2002).

Die Struktur des Marktes ist aber noch vielfältiger, als hier schon deutlich wird:

- Inhouse-Consultants großer Konzerne wie Siemens, Daimler Chrysler oder BMW konkurrieren mit externen Beratern im eigenen Unternehmen, aber auch darüber hinaus: Porsche Consulting macht z. B. bereits zwei Drittel des Umsatzes mit der Beratung externer Kunden.
- Viele ehemalige Manager und Psychologen, Psychotherapeuten und Coaches mit Zusatzausbildungen bieten ihre Dienste als Einzelberater an. Im Zuge der Krise des Beratungsmarktes sind allerdings viele Einzelberater wieder vom Markt verschwunden, wenn sie noch nicht etabliert waren.
- IT-Unternehmen integrieren Beratung in ihr Angebot, da standardisierte IT-Pakete immer weniger den Anforderungen der Kunden hinsichtlich des Bedarfs an maßgeschneiderten Lösungen und Umsetzungsorientierung entsprechen (vgl. IBM, SAP und viele mehr). Ebenso erweitern auch Finanzdienstleister ihr Portfolio um Beratungsleistungen.
- Und nicht zuletzt werden die Kunden selbst eine immer größere Konkurrenz für Beratungsunternehmen, da sie ihre Kompetenzen, den Wandel selbst voranzutreiben, weiterentwickelt haben. Insbesondere in Krisenzeiten gibt man sich lieber mit nicht ganz so ausgefeilten Lösungen zufrieden und lastet dafür interne Kapazitäten aus (vgl. Berger in Wimmer et al. 2003).

3. Trends und aktuelle Entwicklungen

Auffallend ist, daß es zur Zeit keine dominanten neuen »Moden« in der Beratung gibt – die aktuellen Themen sind breit gestreut. Die Bandbreite reicht von Reorganisation, Merger- und De-Mergerprozessen, Risk Management über Customer Relationship Management, Supply Chain Management bis hin zu Business Process Reengineering und Capability Based Restructuring. Rolf Balling (zit. in Pichler 2003) findet dafür deutliche Worte: »Inzwischen hängen den Managern die unterschiedlichen Beratungsmethoden zum Halse raus«.

Laut einer Studie zur klassischen Unternehmensberatung in der Schweiz sind u. a. folgende Entwicklungen im Beratungsmarkt zu beobachten (Wohlgemuth 2002, S. 26 ff.):

■ Bei den *Beratungsinhalten* dominieren – vor allem bei schlechter Wirtschaftslage – Konsolidierungsthemen wie kurzfristige Kostenoptimierung, Reorganisation, Konzentration auf das Kerngeschäft oder Risk Management.

■ *Fokus auf Lösungen*, d. h. der Markt verlangt von der Unternehmensberatung in erster Linie eine rasche Problemlösung. Es genügt nicht, kluge Konzepte zu liefern, Berater werden sehr gezielt ausgewählt und vermehrt auch als Unterstützung für die Umsetzung gebraucht. Damit verstärkt sich in manchen Bereichen der Druck auf die Berater, das Honorar mit »Garantieverpflichtungen« oder Erfolgskomponenten zu verbinden.

■ In bezug aufs *Berater-Klientensystem* gibt es vermehrt die Forderung nach einem partnerschaftlichen Ansatz. Kunden bestehen immer mehr darauf, ihre eigenen Mitarbeiter in den Beratungsprozeß miteinzubeziehen und so den Wissenstransfer ins Unternehmen sicherzustellen.

■ Der Kunde hat in der aktuellen Marktsituation eine stärkere Position, das *Preis-Leistungs-Verhältnis* wird härter getestet. Unternehmensberatung wird sorgfältiger und gezielter eingesetzt und auf Qualität und Wertschöpfung für das eingesetzte Geld wird mehr geachtet. Laut einer Umfrage unter deutschen Geschäftsführern von Unternehmen sind rund 40 Prozent der Befragten der Meinung, daß bei ihren bisherigen Beratungsprojekten die Beratungskosten der Beratungsleistung nicht angemessen waren (vgl. Pohlmann 2002, S. 296).

Aus diesen Ergebnissen lassen sich erste Schlüsse ziehen. Kunden fordern vermehrt integrierte Unternehmensberatung, bei der die Umsetzung eine zentrale Rolle spielt (Boos 2002; Kronfellner 2002). Ein wichtiger Maßstab für die Zukunft liegt daher in der Lösungs- und Ergebnisorientierung von Beratung – mit meßbaren Resultaten. Im Zusammenhang mit der Meßbarkeit stellt sich damit die Frage: Was beurteilen die Klienten? Studien zeigen, daß sie häufig nicht das Beratungsergebnis beurteilen, sondern den Prozeß der Beratung und die Beziehungsqualität zu den Beratern (Mohe u. von Jouanne-Diedrich 2003).

Immer wichtiger wird damit auch die Frage, wie sich Unternehmen im Umgang mit Beratern professionalisieren können. Eine reine Konsumentenhaltung der Klienten zur Beratung fördert zum einen nicht den Beratungserfolg, zum anderen holen die Kunden in dieser eher passiven Rolle nicht das aus der Beratung heraus, was sie von ihr haben können. Kunden sehen sich, wie gesagt, zunehmend als aktive Akteure in der Beratung und legen Wert auf Wissenstransfer und gezielte Wertschöpfung ins eigene Unternehmen – aus unserer Sicht eine wichtige Entwicklung, die Beratung von falscher Idealisierung befreit und eine ungerechtfertigte Verurteilung bei Nichterreichen der übersteigerten Hoffnung vermeidet und die den Aspekt der Koproduktion von Klienten und Beratern in einer Entwicklungspartnerschaft in den Vordergrund stellt. Die theoretische Thematisierung des Prozesses der *Klientenprofessionalisierung* steht praktisch noch am Anfang (Mohe 2003, S. 17). Zusammenfassend gesagt, beobachten wir einen grundsätzlichen Wandel, eine »Musterunterbrechung«, die letztlich zu einem anderen, neuen Verhältnis zwischen Kunden und Berater führen wird. Beratung wird sich auf dem Markt der Professionen neu positionieren müssen. Wachstumsphasen wie in den 90er Jahren sind bis auf weiteres nicht zu erwarten, allerdings hat sich die Branche nach den Krisenjahren bereits auf die instabilen Verhältnisse eingestellt.

4. Perspektive der Organisationen (Klienten)

Berater, die heute für Organisationen arbeiten, engagieren sich für andere Kunden als noch vor etwa zehn Jahren. Vor allem bei Unternehmen, teilweise aber auch bei Non-Profitorganisationen haben sich Umfeld und »Innenleben« der Organisationen radikal gewandelt, mit weitreichenden Folgen auch für die Beratung. Wir wollen hier kurz die für die Relation Organisation–Berater wichtigen Entwicklungen skizzieren, um dann deren Folgen zu beschreiben:

- Die oft beschriebene Deregulierung und Internationalisierung der Märkte hat vielfältige Auswirkungen. Die Neudefinition von Branchengrenzen hat zu einer Welle von Fusionen von Unternehmen, die Konzentration auf Kernkompetenzen zum Verkauf ganzer Unternehmensteile (Outsourcing) geführt.

- Dem Kosten- und Effizienzdruck zu entsprechen ist eine permanente Anforderung in praktisch allen Branchen. Doch in denselben Unternehmen, die Rationalisierungsinitiativen durchführen, werden gleichzeitig Entwicklungs- und Innovationsprojekte gestartet. Während auf einem Gebiet gespart oder Mitarbeiter abgebaut werden, wird zugleich auf anderen Gebieten investiert und werden neue Mitarbeiter aufgenommen (Heitger u. Doujak 2002a, S. 20). Aus der Perspektive des Unternehmens mag dies notwendig erscheinen, aus Sicht der Betroffenen ist es oft schwer nachzuvollziehen.

- Darüber hinaus wächst die Anzahl der für die Unternehmen relevanten Gruppierungen (Stakeholder): Die Vielfalt der Stakeholder (Shareholder, Kunden, Lieferanten, Mitarbeiter, Betriebsrat ...), die (sichtbar oder unsichtbar) »mit am Tisch sitzen«, wenn es um Veränderung geht, nimmt zu. Veränderungsziele und -bedarfe sind dann im Blickpunkt vieler unterschiedlicher Stakeholder und in ihrer Ausrichtung mehrdeutig und daher auszuhandeln – »sense making« als Changemanagementaufgabe ist dann ein konsequent zu gestaltender Entwicklungsprozeß. Klare Orientierung für unternehmerische Entscheidungen ist nicht *von vornherein* gegeben, sondern integraler Bestandteil der Veränderung (Weick 1995).

- Die Zersplitterung der Wertschöpfungskette und die Internationalisierung (multilokale Unternehmen) erfordern einen gelungenen Mix von Differenzierung und Integration im Unternehmen einerseits und von Flexibilisierung und Standardisierung andererseits. Das Balancieren dieser Spannungsfelder erfordert in vielen Unternehmen Veränderung.

- In immer mehr Geschäftsprozessen sind Wissensentwicklung, -transfer und -vernetzung der entscheidende Wertschöpfungsfaktor. Changeprozesse in diesem Kontext brauchen eine viel stärker wissensmanagementorientierte Steuerung als klassische Veränderungsvorhaben der 80er und 90er Jahre.

- Schließlich hat die Autorität des Topmanagements stark gelitten, vor allem durch die Dominanz der Shareholder-Value-Orientierung, die primär Sache des Topmanagements und in ihrer Logik oft gegenläufig zu der der Businessorientierung ist, auf die das mittlere Management abzielt. Berater werden herangezogen, um das produktive Zusammenwirken von Top- und Mittelmanagement zu erneuern.

Was sind die Konsequenzen dieser Entwicklungen?

1. Die Vielfalt der Veränderungsthemen steigt. Anstelle weniger Change-vorhaben wie in Zeiten, als Reengineering das vorherrschende Konzept war, gibt es jetzt oft unzählige. Kaum ein Unternehmen hat mehr den Überblick. Statt Change zu managen, gilt es, die Vielfalt von Veränderungen zu steuern, z.B. durch Changeportfolios. Sowohl die Unternehmen und ihre Changeprojekte wie auch die beteiligten Berater befinden sich in einer dauernden Wettbewerbssituation um knappe Ressourcen für Veränderung.

2. Fast alle Organisationen arbeiten mit Beratern. Nachdem anfängliche Skepsis oft in Euphorie in der Zusammenarbeit übergegangen war, ist heute Ernüchterung eingetreten. Die Kunden sind erfahrener geworden im Umgang mit Beratern, viele haben selbst ehemalige Berater als Manager im Unternehmen. Beratung ist nicht mehr ein »Faszinosum«, sondern eine von vielen zugekauften Dienstleistungen, wenn auch mit besonderen Merkmalen. Dies erfordert auf beiden Seiten weitere Professionalisierung.

3. Jedes System (Organisation oder Person) hat eine Grenze in seiner Belastbarkeit. Der Grad der Veränderung, die – zwischen den Anforderungen aus dem Umfeld und den eigenen internen Möglichkeiten – angemessen ist, läßt sich zwar nicht »messen«, Symptome wie mangelnde Nachhaltigkeit, Veränderungsmüdigkeit und Resignation zeigen jedoch, daß die Zumutungen an Organisationen und Personen, sich zu verändern, oft zu groß sind und die Möglichkeiten unrealistisch und zu optimistisch eingeschätzt werden. Management und Berater müssen »mehr Sensorium« entwickeln, um möglichst früh diagnostizieren zu können, wie es um Veränderungsfähigkeit und -bereitschaft steht. Berater können dann in die für sie paradoxe Rolle geraten, gegen ein Changeprojekt zu argumentieren und für das Bewahren einzutreten.

5. Funktionen der Beratung

Was kann Beratung leisten, und welche Funktion kann sie erfüllen?

- *Wissenstransfer*: Beratung hat hier zum Ziel, anderswo Bewährtes zu »implantieren«. Der Berater gewinnt seine Autorität durch seine inhaltliche Kompetenz und Expertise. Der Steuerung des Transfer- und Integrationsprozesses muß dabei entscheidende Bedeutung zukommen, wenn die Konzepte nicht in der Schublade liegenbleiben sollen.

- *Kapazitätserweiterung*: Das Know-how des Beraters (worin immer es jeweils bestehen mag) wird »zugekauft«, weil dies betriebswirtschaftlich günstiger ist, als es im Unternehmen selbst bereitzustellen.

- *Legitimationsfunktion* (Politikfunktion): Berater werden eingesetzt, um Vorhaben durchzusetzen und zu rechtfertigen. Diese meist latente Funktion betrifft vor allem die Beziehung zwischen Auftraggeber und Berater. Die Tragfähigkeit dieser Arbeitsbeziehung ist zentral für das Gelingen von Beratung. Wird die Legitimationsfunktion aber dominant und bleibt sie latent, dann geraten Beratung und Auftraggeber in Gefahr, ihre Glaubwürdigkeit zu verlieren, und beide werden geschwächt.

- *Außensicht und Objektivierungsfunktion*: In dieser Funktion hilft Beratung den Involvierten, Distanz zu gewinnen, den eigenen »blinden Fleck« in Wahrnehmung und Managementrepertoire, der beim täglichen Involviertsein nur natürlich ist, durch Außenimpulse zu verkleinern und damit Raum für neue Optionen zu gewinnen.

- *Entwicklungs- und Innovationsfunktion*: Berater organisieren Lern- und Entwicklungsprozesse des Systems. Ihre Kompetenz liegt in der unternehmensgerechten Konzeption von Architekturen und Steuerungsprozessen organisationalen Wandels.

In all diesen Funktionen geht es letztlich um die Absorption von Unsicherheit, die mit jeder Veränderung einhergeht, und es geht um die Reduktion der damit wachsenden Komplexität – eben durch Expertise, Kapazitätszuwachs, Legitimation, Objektivierung oder stabile Architekturen und Prozesse des Wandels. Wie diese Funktionen vor dem Hintergrund der oben beschriebenen Veränderungen in den Organisationen konkret umgesetzt werden, hängt vom jeweiligen Ansatz der Berater ab. Im folgenden skizzieren wir in tabellarischer Form drei aktuelle Zugänge, die (expertenorientierte) Managementberatung, die Organisationsentwicklung und die systemische Beratung (zum Systemansatz siehe auch den Beitrag »Veränderung – systemisch« von Frank Boos, Barbara Heitger und Cornelia Hummer in diesem Buch):

	Management-beratung	Organisations-entwicklung	Systemische Beratung
Autorität des Beraters	Fachlicher Problem-lösungsexperte	Experte für direkte Kommunikation Person – Gruppe – Organisation und für Beteiligungsprozesse	Experte für Ge-staltung von Verän-derung – Aushandeln zwischen Fremd- und Selbststeuerung
Annahmen zu Organisation und Veränderung	Organisation als Maschine: Rational-analytisches Vor-gehen (BWL) be-wirkt Veränderung	Organisation als Summe von Men-schen und Gruppen: Veränderung durch Feedback und Partizi-pation (Gruppen-dynamik, Sozial-psychologie – »Sozial-ingenieure«)	Unternehmen als soziales System mit relevanten Umwelten und Eigenlogik: Selbstorganisation (Systemtheorie)
Relation mit Kunden	■ Kunde verantwort-lich für Integration und Umsetzung ■ Topmanagement muß sich nicht ändern	■ Kunde verantwort-lich für Zielfokus	■ Kunde primär verantwortlich für inhaltliche Expertise und für Entscheidung ■ Manager aktiv involviert ■ Koevolution und selbstreferentielle, komplementäre Partnerschaft zwischen Kunde und Berater ■ Berater verant-wortlich für Außensicht und ressourcenorien-tierte Interven-tionen (inhaltliche, soziale, zeitliche)

	Managementberatung	Organisationsentwicklung	Systemische Beratung
Spezifika in der Steuerung	Top-down und sequentiell: ■ Analyse – Konzept – Umsetzungs- und Changeplan ■ Geschlossener Prozeß ■ »Push-Prinzip« ■ Topmanagementfokus, inhaltlicher Fokus	Bottom-up: ■ Personen- und Gruppenfokus ■ »Betroffene zu Beteiligten machen« ■ Offener Prozeß ■ »Pull-Prinzip« ■ Mitarbeiterfokus ■ Prozeßfokus	Koevolution: ■ Steuerung des Wandels im Zusammenwirken von Berater und Klient als »Work in Progress« ■ Hypothesen/Diagnose und Interventionen nach Maß planen: »Push & pull-Prinzip« ■ Stakeholderfokus und Wechsel zwischen Fokus auf Strategie – Strukturen/Prozesse – Personen/Potentiale
Definitionsmacht auf seiten von	Berater	Klient	Berater und Klient
Kompetenz und Anforderung an Berater	■ Fachexpertise in Analyse und Konzeption ■ Richtige Lösung liefern	■ Gruppendynamik ■ Organisationspsychologie ■ Neutralität	■ Systemtheorie ■ Staffarbeit; Diagnose und Interventionsexpertise ■ Allparteilichkeit ■ Grundkenntnisse in involvierten Fachdisziplinen
Chancen	■ Sich vergleichen durch Benchmarkwissen ■ Abgesichertes Fachwissen	■ Motivation und Akzeptanzgewinn durch Partizipation ■ Fokus auf Unternehmenskultur	■ Umsetzungsorientierung von Anfang an – stabile Steuerung als »on going« Prozeß, reagiert ad hoc auf Störungen und Rückkopplungen ■ Unternehmen lernt mit und stärkt seine Wandlungsfähigkeit ■ Geeignet für komplexe Veränderungsvorhaben

	Management-beratung	Organisations-entwicklung	Systemische Beratung
Risiken	Externes Wissen wird ohne die Integration des organisations-internen Wissens nicht fruchtbar – Risiko der Umset-zungsschwäche und Polarisierung	Hierarchiekritische Haltung gefährdet Zielorientierung – symmetrische Eskalation zwischen Management und »Beteiligten« als Gefahr – Langsamkeit und Verlust der Ergebnisorientierung als Risiko	Komplexität und Offenheit des Ver-änderungsprozesses können irritieren. Fehlende Bereitschaft und Zeit im Manage-ment, sich zu involvieren, als Risiko

6. Schlußfolgerungen für die systemische Beratung

Vor dem Hintergrund der beschriebenen Trends, der Entwicklungen auf sei-ten der Organisationen und der Funktionen, die Beratung erfüllen kann, erge-ben sich mit Blick auf die systemische Beratung die Schlußfolgerungen:

- Hat systemische Beratung früher vor allem auf Irritation gesetzt (Dia-gnose aus der Außenperspektive, Reframing, zirkuläres Fragen, para-doxe Interventionen ...), um zu »öffnen« und damit auch die Kom-plexität für den Kunden zu erhöhen, so werden in Zukunft aufgrund der Vielfalt und Gleichzeitigkeit von Changethemen Interventionen an Bedeutung gewinnen, die »schließen«, Orientierung geben und Inte-gration schaffen. Statt den Kunden dabei zu helfen, neue Optionen zu entwickeln, wird es tendenziell notwendiger werden, sie bei der Aus-wahl und Umsetzung von Optionen zu unterstützen.
- Systemische Beratung gründet mit dem Klienten »ein Unternehmen auf Zeit«, um in einem gelungenen Mix von Zielfokus und Offenheit Veränderung voranzubringen. Die Architekturelemente dieses »Unter-nehmens auf Zeit« sorgen für Steuerung und Entscheidung, inhaltliche Arbeit, Kommunikation, bzw. sie organisieren Resonanz, Aushandeln und Lernen, Erproben des Wandels. Der Anteil am Arbeitsaufwand des Beraters verschiebt sich von der Staffarbeit – d. h. Arbeit im Berater-system ohne den Kunden – in das Unternehmen auf Zeit und zur Arbeit

mit dem Kunden. Projektteams, Steuergruppen u.a. werden zu »Probebühnen« der Veränderung, wo der Berater sein Wissen zur Steuerung von Gruppen einbringen kann.

■ Beratung wird zunehmend eine »normale« Arbeitsbeziehung, in der Klienten als Prosument (*Pro*duzent und Kon*sument*) agieren. Damit werden die Auswahl, Steuerung und Evaluation von Beratern und die Kooperation mit ihnen professioneller werden. Indem die Kunden aktiver werden, verliert das Spiel von Auf- und Abwertung der Berater immer mehr seine Bedeutung. Damit werden systemische Berater immer stärker zum »Sparringspartner« für den Klienten und rücken ihm damit näher. Trotz der größeren Nähe gilt es, die Differenz Kunde – Berater weiter aufrechtzuerhalten und die Letztentscheidung des Managements zu Veränderungsthemen ernst zu nehmen (vgl. Dirk Baecker, »Die Form der Veränderung ist der Streit ...«, S. 46 ff. in diesem Band). Systemische Beratung ist kein Ersatz für Management.

■ Die Rollenvielfalt und die Know-how-Anforderungen an den Berater wachsen. Als »Sparringspartner« der Kunden wechselt der Berater zwischen persönlichen Coachingphasen der Klienten (Personenfokus), der Fach- und Systemperspektive und dem Prozeßfokus. Diese Rolle erfordert auch Wissen über das Management, dessen Perspektiven und über fachliche Themen des Vorhabens, d.h. eine Beschäftigung mit Teilaspekten der Betriebswirtschaft.

■ Für diese anspruchsvolle Tätigkeit brauchen Berater die Rückbindung an einen gemeinsamen Bezugsrahmen (Theorie, »Landkarten«) und Klarheit darüber, wer der Klient ist (welches System). Sie brauchen Ich-Stärke, um sich auf die unsicheren, offenen Prozesse wirksam einzulassen, und – wenn sie in Beraterstaffs arbeiten – stabile Kooperationsbeziehungen. Ihr Interventionsrepertoire konkretisiert sich in Staffarbeit im Beratersystem, in kontinuierlicher Diagnosearbeit und in Interventionen, die mit dem Klienten (z.B. in einem Steuerteam) entwickelt werden. Damit ist systemische Beratung sehr voraussetzungsreich, was die Erfahrung und Kompetenz des einzelnen Beraters anbelangt, aber auch, was die Kooperation im Beratungssystem selber betrifft (Teamwork »peer to peer« – statt Einzelkämpfertum).

■ Die Weiterentwicklung der systemischen Beratung braucht teamorientierte, partnerschaftliche Strukturen in den Beratungsunternehmen um diese Vielfalt zu verarbeiten. Diese Teams müssen in die eigene Entwicklung investieren und haben dabei folgende Herausforderungen zu bewältigen:

– Selektion des für sie relevanten Fachwissens (z. B. Strategie, HR, IT …) managen und sich immer auf den letzten Stand bringen. Dazu bedarf es individueller wie kollektiver Lernprozesse (Wissensmanagement).

– Angesichts der Komplexität erwarten Kunden häufig erfahrene Senior-Berater. Doch gerade die Pionierunternehmen der systemischen Beratung stehen vor dem Prozeß des Generationenwechsels und müssen junge Berater integrieren sowie neue Modelle der Kooperation entwickeln, wenn sie auch in Zukunft das Geschäft mitgestalten wollen. Der Grundstein dafür wird in den nächsten Jahren gelegt. Es ist heute bereits erkennbar, daß die Modelle eher unterschiedlicher werden und die Gemeinsamkeiten abnehmen. Dies wird wohl auch seinen Niederschlag in einem vielfältiger werdenden Systemansatz finden.

– Die Teamstruktur der systemischen Beratung muß angesichts der zu erwartenden Entwicklung (Großprojekte mit umfangreichen Beraterstaffs) durch ein Netzwerk von Experten und Kooperationspartnern ergänzt bzw. zu diesem geöffnet werden. Dazu stellen sich theoretisch (Netzwerktheorie) wie auch praktisch (Einbeziehung und Abgrenzung) eine Vielzahl von Fragen. Nur durch eine geschickte Handhabung von angemessener Öffnung und Irritation wird die kontinuierliche Weiterentwicklung dieses Beratungsansatzes sicherzustellen sein (Innovation).

– Um den eigenen Annahmen treu zu bleiben, müssen innerhalb des Beratungssystems jene relevanten Entwicklungen abgebildet werden, die in und mit dem Kundensystem von Bedeutung sind. Das heißt: neben der Team- und Netzwerkstruktur braucht systemische Beratung mehr General-Management-Know-how als bisher.

7. Ausblick auf die Beiträge zur Beratungsperspektive

■ *Michael Moeller, Joana Krizanits: Systemische Strategieberatung*
Moeller und Krizanits beleuchten in ihrem Beitrag den Status quo der Strategieberatung und stellen die Frage, welche Funktionen unterschiedliche Strategieberatungsansätze erfüllen und welche Folgen sie für den »Return on Strategy« von Unternehmen haben. Sie zeigen verschiedene Grundformen von Strategiearbeit (Strategieexperimente, Strategieimpulse, Strategieausbau und die klassische Strategieentwicklung). Sie entwickeln Anforderungen an Strategieberatung aus systemischer Sicht und beantworten damit die Frage, wie Strategieberatung betrieben werden muß, damit Unternehmen stärker als bisher von ihr profitieren.

■ *Alexander Exner: Der ungenutzte Raum*
Der Raum und dessen Ausgestaltung ist eine häufig vernachlässigtes Element in der Beratung. Alexander Exner beleuchtet daher in seinem Beitrag die räumliche Dimension von Interventionen.

■ *Michael Patak, Ruth Simsa: Flops oder Mißerfolge in der systemischen Beratung*
Patak und Simsa diskutieren zunächst, was die Erfolgskriterien von Beratern sind, wie Mißerfolge in der Beratung vor dem Hintergrund eines systemtheoretischen Zugangs überhaupt festgestellt werden können, wie unterschiedliche Perspektiven dabei jeweils wirksam werden und welche Schwierigkeiten (und Vorteile) dies für Berater bringen kann. Im nächsten Schritt erarbeiten die Autoren ihre Perspektive zum Scheitern in der Beratung.

■ *Eva-Maria Preier: Staffarbeit*
Die Autorin beschreibt, was Staffarbeit als wesentlicher Erfolgsfaktor für die Beratung – abgesehen von der Vor- und Nachbereitung von Beratungsprojekten bzw. Workshops – bedeutet.

■ *Robert Bautzmann, Wolfgang Fürnkranz, Torsten Jung: Projektmanager als Katalysatoren von Changeprozessen*
Die Autoren zeigen die Zusammenhänge zwischen verschiedenen Projektformen und der jeweiligen Ordnung der durch das Projekt initiierten Veränderung, den damit notwendig verbundenen und zu gestaltenden Wissensflüssen sowie der Rolle des Projektmanagements auf. Bei den Projektformen unterscheiden sie zwischen Projekten mit Ergebnisfokus und Projekten mit Lösungsfokus. Anknüpfend an diese Unterscheidung untersuchen sie die Dimension der Wissensgenerierung und die Rolle des Projektmanagements.

■ *Joachim Schwendenwein: »Schlagzeilen aus der Vergangenheit«*
Joachim Schwendenwein beschreibt in seinem Beitrag eine nützliche Intervention, die verwendet werden kann, wenn sich die personelle Zusammensetzung einer Organisationseinheit rasch verändert hat.

■ *Manfred Polzer: Betriebsräte als Ressource in Changeprojekten?!*
Unter welchen Rahmenbedingungen kann man in Changeprozessen die vorhandenen Ressourcen von Betriebsräten sowohl für die Mitarbeiter als auch für das Management nutzbar machen, ohne dadurch die Betriebsräte in ihrer Rolle als legitimierte betriebliche Interessenvertretung der Arbeitnehmer zu blockieren? Darum geht es im Beitrag von Polzer; ausgehend von den handlungsleitenden Wertorientierungen sowie den sozialen Qualifikationsprofilen von Betriebsräten entwickelt der Autor Thesen zu Rolle und Beratung von Betriebsräten in Changeprozessen.

Systemische Strategieberatung

Michael Moeller, Joana Krizanits

1. Status quo der Strategieberatung

Wenn Strategie die Königsdisziplin des Managements ist, ist dann Strategieberatung die Königsdisziplin der Beratung? Wenn man den Beratungsmarkt betrachtet, könnte man dies glauben: Obwohl nach den Ergebnissen einer von uns durchgeführten Practice Studie zum Thema »Strategiearbeit« nur ein kleiner Teil der Unternehmen sich überhaupt in Strategiefragen beraten läßt – und wenn, dann nur sehr unregelmäßig und kurzzeitig –, beträgt der Anteil der Strategieberatung am gesamten Beratungsmarkt fast ein Viertel (BDU 2003, S. 10). Am Strategieberatungsmarkt tummeln sich sehr unterschiedliche Anbieter: große, global operierende Managementberatungen (z. B. McKinsey, Boston Consulting Group, Bain, Booz Allen Hamilton und AT Kearney), kleine bis mittelgroße Beratungsboutiquen und ein Heer von selbständigen Einzelberatern, die zuvor meist bei einem der großen Anbieter »gelernt« haben.

In den vergangenen Jahren haben wir uns im »Neuwaldegger Innovationscenter Strategie« intensiv mit der Praxis der derzeitigen Strategiearbeit und -beratung auseinandergesetzt und Ansätze und Formen der Strategiearbeit herausgearbeitet, die den Return on Strategy, d. h. die Wirksamkeit und Impulskraft der Strategiearbeit, steigern. Im Rahmen dieses Artikels geben wir einen Überblick über unseren Diskussionsstand zum Thema »Strategieberatung«, wobei uns bewußt ist, daß es uns nur zum Teil gelingen wird, die vielfältigen Thesen und Aspekte an dieser Stelle ausreichend differenziert und umfassend darzustellen. Dies wird einer umfangreicheren Publikation vorbehalten sein. Wir konzentrieren uns im folgenden auf methodische Empfehlungen für die Praxis der Strategieberatung.

Die innere Logik der heute dominierenden Strategieberatungsansätze scheint die folgende zu sein: Die Strategieentwicklung erfolgt durch den Strategieberater bzw. durch das Top-Management mit Hilfe des Experteninputs des Strategieberaters. Ihr Output ist ein Strategiekonzept in Form eines Strategiepapiers. Anschließend erfolgt top-down die Kommunikation der neuen Strategie und – zumindest wird das beabsichtigt – ihre Implementierung durch das mittlere Management. Uns beschäftigten in diesem Zusammenhang zwei Fragen, die uns zu diesem Artikel veranlaßten:

- Welche Folgen haben diese Strategieberatungsansätze für den Return on Strategy von Unternehmen?
- Wie müßte Strategieberatung betrieben werden, damit Unternehmen stärker als bisher von ihr profitieren?

Die Aufgabe von Strategiearbeit ist es, für die Organisation eine angemessene Strategie zu schaffen und diese mit Leben zu erfüllen. Da es bei Strategie darum geht, über den Aufbau und die Pflege strategischer Erfolgspotentiale den operativen Erfolg der Organisation vorzusteuern und diese somit nachhaltig erfolgreich zu machen, ist es klar, daß gute Strategiearbeit ein Bündel von Wirkungen erzielen muß: Gelingt es, die Richtung der Organisation vorzugeben und für Orientierung und Ausrichtung zu sorgen? Werden die Anstrengungen und Ressourcen im Sinne der Strategie gebündelt? Sind die Organisation und ihr Auftrag klar definiert, und werden ihr so Sinn und Selbstverständnis vermittelt? Sorgt die Strategie für ein mentales Modell für das Handeln und Entscheiden und damit für Konsistenz?

Wo diese Wirkungen entstehen, ist Strategie vorhanden, wird Strategie gelebt und liefert Strategiearbeit einen positiven Return on Strategy. Wenn diese Wirkungen fehlen, werden Kunden, Mitarbeiter oder Mitbewerber sagen: dieser Organisation fehlt die Strategie. Strategieberatung, sei es durch externe Berater oder durch interne Strategieexperten und -stäbe, muß sich daran messen lassen, ob sie zur Steigerung dieses Return on Strategy beiträgt.

Ein großer Teil des derzeitigen Strategieberatungsmarktes basiert aus unserer Sicht auf einer inhaltlichen Expertenberatung, die durch folgende Merkmale gekennzeichnet ist:

1. *Der Berater übernimmt die Rolle des Experten für die richtige Strategie.* Das Unternehmen kauft dabei das inhaltliche Wissen des Beraters. Aufgrund dieses Wissens und seiner (Branchen-) Erfahrung wird erwartet, daß der Berater die »Rules of the Marketplace«, strategische

Erfolgsfaktoren und Erfolgspotentiale sowie Branchen- und Technologietrends richtig einschätzen und beurteilen kann und entsprechend
in der Lage ist, erfolgsversprechende von weniger erfolgversprechen-
den Strategien zu unterscheiden und somit richtige inhaltliche Empfehlungen zu geben.

2. *Der Berater übernimmt die Rolle des Strategie-Arbeiters und -Denkers.*
Mit Hilfe ausgefeilter Methoden und Tools zur Sammlung, Analyse
und Bewertung der Fakten erarbeitet er umfassende Analysen zur
Markt- und Wettbewerbsposition, zu Kompetenzen und strategischen
Assets und entwickelt und bewertet auf dieser Basis strategische Handlungsoptionen, die er – verbunden mit Empfehlungen – seinem Klienten zur Entscheidung unterbreitet. Das Unternehmen kauft insofern
Methodik und Tools des Beraters, seine logisch-analytischen Fähigkeiten sowie seine zeitliche Kapazität zu deren Anwendung. Was
damit – in der Regel unreflektiert – mit eingekauft wird, ist ein ganz
spezifischer Zugang zur Strategiearbeit nach dem Modell der oben
skizzierten, klassischen Strategieentwicklung.

3. *Der Berater legitimiert die Strategie.* Wir vermuten, daß Unternehmen
in vielen Fällen mit der Beratung auch die Legitimierung der Strategie
einkaufen wollen: Die Macht der Zahlen, die durch die detaillierte und

Merkmale expertenorientierter Strategieberatung...	... und ihre Auswirkungen auf den Return on Strategy
Berater übernimmt Rolle des Experten für die richtige Strategie	⇒ Reduzierung auf wenige »richtige« Optionen, Förderung einer Defensiv-haltung im Management ⇒ Tendenz zum Verlust von Differenzierung und zur Nivellierung von Branchen
Berater übernimmt Rolle des Strategie-Arbeiters und -Denkers	⇒ Schwächung der strategischen Intelligenz der Organisation ⇒ Einseitiges Verfolgen linearer Methoden der Strategiearbeit läßt Potentiale ungenutzt
Berater legitimiert die Strategie	⇒ Glaubwürdigkeits- und Vertrauensverlust gegenüber internen Stakeholdern

Tabelle 1: Funktionen expertenorientierter Strategieberatung und ihre Auswirkungen

faktenorientierte Ausarbeitung der Strategie zur Wirkung kommt, und die Macht der großen Namen, die mit dem Renommee und der Reputation des Beratungsunternehmens wächst, sollen die Strategie unangreifbar machen.

Diese Funktionen von Strategieberatung haben in der Vergangenheit zu einem starken Wachstum der Zunft geführt. Inzwischen zweifeln immer mehr Manager und Berater, ob Organisationen auf diese Weise nachhaltig wirksam in ihrer Strategiearbeit unterstützt werden können und ob diese Form der Strategieberatung tatsächlich den Return on Strategy steigert. Und das, wie wir meinen, aus guten Gründen:

- *Super-Experten für die richtige Strategie kann es heutzutage nicht mehr geben.* Am Beispiel hochdynamischer Branchen wie der IT-, Telekommunikations- oder Biotechnologie-Branche kann man erkennen, daß heutzutage kein Experte und kein Expertenteam wissen kann, was *die* richtige Strategie ist. Die Entwicklung vieler Branchen wird von so vielen Faktoren und Zusammenhängen beeinflußt, daß es für ein Beraterteam nahezu unmöglich wird, diese zu durchschauen, treffsicher einzuschätzen und künftige Entwicklungen vorherzusagen. Komplexität und Dynamik von Unternehmensumwelten und -innenwelten lassen bei Strategieverantwortlichen und Beratern den Glauben schwinden, man könne – mit ausreichendem Arbeitsaufwand – *die* richtige Strategie finden. Diese Form von Kalkulierbarkeit ist vermutlich nirgendwo mehr gegeben. Aus systemischer Sicht und nach unserer Erfahrung kommt es im Umgang mit Komplexität – und das ist Strategiearbeit in ihrer Essenz – vielmehr darauf an, vielfältige Perspektiven und Kompetenzen in der Strategiearbeit zu nutzen und eine Basis für den Umgang mit Unerwartetem zu schaffen, statt Optionen auf die Expertise einiger weniger Experten zu reduzieren. Das wiederum erfordert andere Formen der Strategiearbeit und Strategieberatung.
- *Der Glaube an die Strategieempfehlungen der Experten verhindert Differenzierung und proaktive Orientierung.* Die Strategieexperten werden allen Unternehmen einer bestimmten Branche ähnliche Empfehlungen geben, zumindest eine ähnliche Sicht der Markt-, Wettbewerbs- und Technologietrends darlegen; andernfalls würden sie ja den

Anspruch auf Objektivität ihrer Analysen und Bewertungen relativieren. Das führt zwangsläufig zu Managementmoden und Strategien, durch die sich ein großer Teil der Unternehmen einer Branche in eine ähnliche Richtung bewegt, mit dem Ergebnis der Nivellierung von Branchen in einem Hyperwettbewerb. Für die Unternehmen wird Strategiearbeit damit zu einer »reaktiven« Handlung: Es geht um das Aufholen von Wettbewerbsvorsprüngen der Konkurrenz und das Erreichen von Benchmarks. Anders ausgedrückt: Dieses Vorgehen fördert Defensivroutinen. Der »Sprung aus dem Rahmen« im Sinn einer strategischen Neuorientierung wird damit unwahrscheinlicher. Eine weitere Wirkung dieses expertenorientierten Beratungszugangs ist, daß der Berater zwar einerseits neuestes Branchenwissen einbringt, andererseits auch von jedem Kunden lernt und Wissen mitnimmt. Bei den Auftraggebern bleibt eine Ambivalenz: Einerseits wollen sie top-aktuelles Know-how »anzapfen«, andererseits machen sie den Berater »schlau« und damit für dessen nächsten Kunden, den eigenen Mitbewerber, attraktiv.

■ *Expertenberatung kann verhindern, daß die Manager selbst zu Strategie-Arbeitern und -Denkern werden.* Komplexe und dynamische Systeme, wie es Unternehmen und deren Systemumwelten – z. B. Märkte und Technologien – nun einmal sind, erfordern heutzutage permanente Strategiearbeit. Sich nur alle paar Jahre mit der eigenen Strategie auseinanderzusetzen, wird in der Regel dazu führen, daß wichtige Entwicklungen und Weichenstellungen »verschlafen« werden. Das Outsourcen wesentlicher Teile der Strategiearbeit an Berater ist insofern kontraproduktiv, als es dazu führen kann, daß die Manager in einer passiven und defensiven Rolle bleiben, wodurch die strategische Intelligenz des Systems insgesamt geschwächt wird. Die laufende Auseinandersetzung mit strategischen Fragen, die ständige Bewertung von Ereignissen vor dem Hintergrund ihrer strategischen Bedeutung, die kritische Evaluierung getroffener strategischer Entscheidungen – all dies wird an außenstehende Personen und bestimmte Zeiten delegiert und geht dem System als eigene Fähigkeit verloren.

■ *Die klassische Art und Weise der Strategiearbeit und der Experten-Strategieberatung verfolgt einseitig die klassischen Methoden der Strategiearbeit.* Sie geht bei ihren Angeboten davon aus, daß bestimmte

Grundformen der Strategiearbeit *immer* sinnvoll sind. Es werden Analysen der Chancen und Bedrohungen aus dem Umfeld, der Geschäftsfeld- und Technologie-Portfolios und der relativen Stärken und Schwächen im Vergleich zu den Mitbewerbern erstellt, mitunter auch Szenarios möglicher Zukünfte erarbeitet. Der klassische Ablauf teilt Strategiearbeit in die Phasen *Strategieentwicklung* (durch den externen Berater bzw. einen kleinen Kreis des Topmanagements) und *Strategieimplementierung*, das Ausrollen der Strategie. Letzteres wird meist bei nur wenig direkter Kommunikation und Einbindung der mittleren Managementebenen an den Planungs- und Budgetierungsprozeß delegiert. Die vielfältigen Erfahrungen und Berichte über in der Schublade verschwundene Strategiekonzepte bzw. steckengebliebene Strategieimplementierungen nähren immer mehr Zweifel an dieser linearen Vorgehensweise, die Strategieentwicklung und -implementierung künstlich in einem Phasenschema trennt (Research, Analyse und Faktenbewertung, Generierung von strategischen Optionen und deren Bewertung, Entscheidung, Kommunikation und Implementierung). Der Berater übernimmt große Teile der Strategieentwicklung, das Management hat diese dann zu implementieren. Diese Entkopplung von Strategieentwicklung und -implementierung reduziert fast immer die Wirkung und den Return on Strategy.

Es gibt vielfältige Formen und Stoßrichtungen der Strategiearbeit (siehe Übersicht »Grundformen der Strategiearbeit«, S. 84). Was jeweils am wirkungsvollsten ist, damit Strategiearbeit ihre Funktion in einem sozialen System entfalten kann, ist daher kontextabhängig. Aus systemischer Sicht ist für Strategiearbeit, die einen hohen Return on Strategy bringen soll, eine angemessen breite soziale Basis notwendig, d.h. die Einbindung eines geeigneten Personenkreises mit strategierelevanten Informationen. Auch die zeitliche Dimension für Strategiearbeit ist angemessen anzulegen. Letztlich plädieren wir für einen zirkulären Prozeß, der Rückmeldeschleifen organisiert und für ausreichende Gelegenheiten zur direkten Kommunikation aller Personen sorgt, die die Strategieumsetzung mittragen sollen. Die konkrete Form der Strategiearbeit muß dementsprechend maßgeschneidert werden.

■ *Strategien werden durch die relevanten Stakeholder einer Organisation legitimiert, nicht durch das Gütesiegel des Beraters.* Was im sozialen

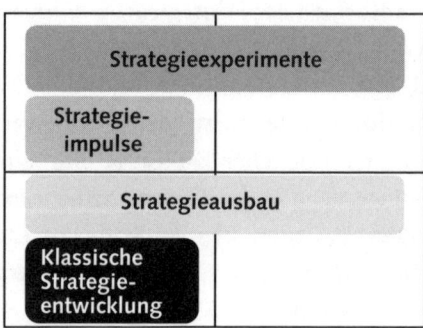

Kreativität/
schöpferische
Zerstörung

Innere Logik der
Strategiearbeit

Logik/
Vorausdenken

Strategie-   Strategieentwicklung   implementierung
        Gestaltungsschwerpunkte

Strategieausbau: Strategiearbeit kann durch die Schaffung eines Managementprozesses, der die beste-hende Basisstrategie weiterentwickelt, klärt bzw. konkretisiert, vorangetrieben werden. Bei dieser Form der Strategiearbeit geht es darum, die Wirksamkeit der Strategie kontinuierlich zu verbessern sowie simul-tan die strategische Intelligenz der Organisation zu aktivieren und anzuheben. Die Basisstrategie einer Organisation soll dabei kontinuierlich hinterfragt und weiterentwickelt werden. Es geht um eine strategi-sche Steuerung, die durch kontinuierliche Beobachtung und Reflexion der Unternehmens- und Umwelt-situation Abweichungen vom geplanten Weg feststellt und entsprechende Veränderungs- und Entwick-lungsschritte einleitet, die das Unternehmen auf Kurs halten bzw. diesen korrigieren. Das Schaffen eines offenen, reflektierten und produktiven Dialogs sowie das Etablieren von Methoden, die ein sinnvolles Auf-machen und Reduzieren von Komplexität ermöglichen, sind wesentliche Erfolgsfaktoren des Strategie-ausbaus.
Strategieexperimente: Strategieexperimente folgen einer schöpferischen Logik: Sie versuchen einen Nähr-boden für die Neuerfindung und das Erproben von Strategien und Geschäftskonzepten zu schaffen. Ziel eines Netzwerks von Strategieexperimenten ist es, strategische Innovationen im Sinne von Geschäfts-konzept-Innovationen hervorzubringen, die das Potential haben, die bestehenden Geschäftskonzepte zu revolutionieren bzw. Zukunftsgeschäfte zu schaffen. Da die Unternehmensressourcen auch für solche Experimente begrenzt sind, kommt es darauf an, diese anzureizen und zu steuern. Für die Steuerung braucht man wiederum wenigstens eine ungefähre Vorstellung davon, welche strategische Stoßrichtung man verfolgen will. Daher sind Strategieexperimente auf eine zumindest einigermaßen klare Basisstrate-gie angewiesen und profitieren damit von einem kontinuierlichen Strategieausbau.
Strategieimpulse: Strategieimpulse versuchen neue strategische Ideen und Planungen anzuregen. Es geht darum, das Denken und Handeln der Manager zu inspirieren und in neue ungewohnte Richtungen zu len-ken sowie Anregungen und konkrete Ideen für die Strategiearbeit zu liefern. Die Strategiearbeit besteht dabei darin, solche Perspektiven, die ein entsprechendes strategisches Irritationspotential haben, zu iden-tifizieren und Formen zu finden, wie diese andersartigen Sichtweisen in der Organisation Wirkung ent-falten können. Dabei ist zu gewährleisten, daß die Impulse in die Strategie und deren Umsetzung einflie-ßen. Eine Möglichkeit läge in der Kopplung mit einem kontinuierlichen Strategieausbau.
Klassische Strategieentwicklung: In einem linearen, logisch-analytischen Prozeß werden Chancen und Bedrohungen in der Umwelt sowie Stärken und Schwächen der Organisation identifiziert, strategische Optionen ermittelt, bewertet und ausgewählt und schließlich konkrete Maßnahmen und Aktivitäten für die Umsetzung abgeleitet. Konzeption und Umsetzung erfolgen nacheinander, in der Hoffnung, daß die fertige Strategie dann auch tatsächlich umgesetzt wird.

Abbildung 1: Übersicht: Grundformen der Strategiearbeit

System als legitimiert gilt, entscheiden faktisch das soziale System und seine Stakeholder. Nagel und Wimmer (Nagel u. Wimmer 2002) haben die These aufgestellt, daß Strategieberatung durch Experten mit der Trennung von Management und Eigentümern verbunden ist und als Versuch gesehen werden kann, die Entscheidungen des Managements gegenüber den Eigentümern durch den Verweis auf die Expertise des Beraters und die methodisch »richtig« erarbeiteten »Fakten« zu legitimieren. Dadurch gehen oft andere wesentliche Funktionen von Strategie verloren (Sinn und Selbstverständnis für die Organisation liefern; mentale Modelle schaffen, die das Handeln ausrichten, etc.). Denken Sie an die vielen Konzepte, die am »Not invented here«-Syndrom gescheitert sind, weil die Urheber nicht die nötige Glaubwürdigkeit hatten und nicht genügend das Vertrauen der Betroffenen genossen. Unserer Überzeugung nach manifestiert sich die Führungsaufgabe der Top-Manager u. a. in ihrer Verantwortung für Strategie. Sie sollten und brauchen sich daher nicht hinter großen Beratungsnamen zu verstekken. Viele der Top-40-Beratungsunternehmen haben durch spektakuläre Pleiten von Stammkunden (z. B. Enron, Worldcom, Swissair) zudem derart an Reputation verloren, daß dies auch kaum mehr als möglich erscheint.

2. Anforderungen an Strategieberatung

Strategiearbeit muß zunehmend anderen Anforderungen genügen und neue Stoßrichtungen verfolgen, um wirksam zu sein und den Return on Strategy zu optimieren. Dazu braucht der Stratege, sei er Manager oder Berater, eine integrierte Gesamtsicht auf Inhalte, Kontext und Vorgehensweise der Strategiearbeit. Strategieberatung muß sich dementsprechend ausrichten und neu orientieren, will sie nicht auf Zulieferungen definierter kleiner Arbeitspakete (z. B. Marktforschung, Competitor Benchmarking) reduziert werden. *Systemische Strategieberatung* versteht sich als eine Form der Beratung, die Expertise bezüglich der Maßschneiderung von Strategiearbeit auf ein spezifisches System in Anspruch nimmt. Sie ist somit eine Expertenberatung auf der Meta-Ebene zur Frage: Welche Art der Strategiearbeit braucht ein Unternehmen, und was sind die dafür zweckmäßigen Strukturen und Prozesse?

Wir sehen daher folgende Anforderungen an moderne Strategieberatung:

1. *Erfassung und Diagnose des Kontexts der Strategiearbeit: inhaltlich, sozial, zeitlich und räumlich.* Wir wagen die folgende These: Die Wirksamkeit der Strategiearbeit steigt in dem Maße, in dem Strategiearchitektur und -prozeß sowie deren Elemente auf die Organisation maßgeschneidert werden. Eine wesentliche Voraussetzung für dieses Maßschneidern ist wiederum eine möglichst umfassende und genaue Erfassung des Kontextes und der Systemverhältnisse, in denen die Strategiearbeit stattfindet: Was war bislang die Strategie des Unternehmens? Wie sind die Strukturen und Management-Prozesse der Organisation? Wer sind die relevanten Personen und Stakeholder, und welche Perspektive haben sie? Was sind die Kernmerkmale der Unternehmenskultur? Eine Standortbestimmung und eine Diagnose dieser Kontextfaktoren und der bisherigen Strategiearbeit (Wie wurde sie gestaltet? Was lief gut? Was nicht? Was war der Return on Strategy?) bilden die notwendige Informationsbasis für die Entwicklung von Hypothesen bezüglich der Gestaltung wirkungsvoller Strategiearchitekturen und bezüglich dessen, was in der Phase der Einführung dieser Strategiearchitekturen notwendig ist.

2. *Maßgeschneiderte Architekturen entwickeln und implementieren:* Auf Basis einer hochwertigen Diagnose des Kontexts, in dem Strategiearbeit stattfindet, sind Empfehlungen für die Ausrichtung der Strategiearbeit (strategies for strategy-making) und eine Strategiearchitektur zu entwickeln, die definieren, wer, wann, wie häufig und wo an welchen inhaltlichen Fragen und Themen arbeitet. Eine solche Architektur muß einer ganzen Reihe widersprüchlicher Anforderungen genügen. Es geht stets darum, das eine zu tun, ohne das andere zu lassen: die Strategien bestehender Geschäfte weiterzuentwickeln wie auch schöpferische Zerstörung zu stimulieren; sowohl strategisch vorauszudenken als auch für operatives Handeln zu sorgen; Ideen und Wissen der Mitarbeiter und Führungskräfte zu nutzen wie auch die strategische Verantwortung im Top-Management zu verankern.

Die Aufgabe des Strategen bzw. des Strategieberaters liegt somit darin, Elemente und Arbeitsformen sowohl für die Entwicklung als auch für die Implementierung von Strategien in inhaltlicher, sozialer, zeitlicher und räumlicher Dimension zu gestalten und dabei logisch-analytische Strategiearbeit mit kreativ-schöpferischen Elementen kontextgerecht zu kombinieren. Dabei kann er auf verschiedene Grundformen und generische Architekturelemente für Strategieausbau, -experimente und -impulse zurückgreifen, die er entsprechend dem Strategiebedarf der jeweiligen Situation anpaßt und einsetzt. Zudem sorgt er durch geeignete Formen der Evaluation der Strategieprozesse für deren kontinuierliche Weiterentwicklung.

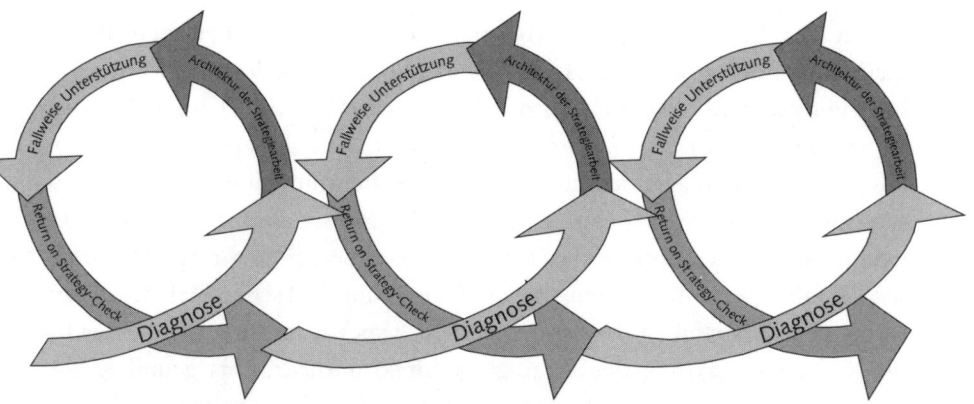

Abbildung 2: Prozeßmodell der systemischen Strategieberatung

3. *Strategische Intelligenz steigern:* Eine solche Form der Strategieberatung sieht ihre primäre Aufgabe darin, den Klienten so zu unterstützen, daß er seine Strategiearbeit selbst durchführen und steuern kann. Denn es geht letztlich darum, daß die Führungsmannschaft eines Unternehmens die Strategiearbeit und damit die Strategien für ihre Organisation selbst gestaltet. Der implizite Auftrag lautet, die Strategiefähigkeit und -bereitschaft eines sozialen Systems und damit seine Fähigkeit zur Selbstorganisation zu steigern. Dies erfordert unter Umständen Arbeitsformen sowie Inputs des Beraters, die darauf abzielen, die Strategiekompetenz der Führungskräfte und auch der Organisation zu erhöhen.

4. *Fallweise Begleitung in »neuralgischen Phasen« der Strategiearbeit:* Die hier vorgeschlagenen Formen der Strategiearbeit fokussieren darauf, daß die Manager selbst die Strategie entwickeln und implemen-

tieren. Dies wird nicht immer ohne Konflikte, schwierige Diskussionen und inhaltliche Schwierigkeiten vonstatten gehen, weshalb es Sinn machen kann, daß ein Berater die Arbeit des Strategieteams an neuralgischen Punkten und in kritischen Phasen etwa durch Inputs oder Moderation begleitet und unterstützt. Dabei sollte sich der Berater jedoch auf punktuelle Interventionen beschränken und somit eher die Rolle eines Enablers und Facilitators einnehmen als die des Problemlösers und Fachexperten.

Damit der Berater unter den heutigen Bedingungen einen Beitrag zur Steigerung des Return on Strategy leisten kann, ist eine Form der Strategieberatung nötig, die all diesen Anforderungen gerecht wird. Diese würden wir als *systemische Strategieberatung* bezeichnen. Aus diesen Anforderungen läßt sich ein grundlegendes, generisches Vorgehensmodell für Strategieberatungsprozesse ableiten: Einstieg mit einer Diagnose, darauf aufbauend das hypothesengeleitete Entwickeln einer maßgeschneiderten Strategiearchitektur, die fallweise Unterstützung bei der Umsetzung und schließlich das Monitoring der Wirksamkeit der Strategiearbeit, was wiederum als Diagnose für die Weiterentwicklung der Strategiearchitektur dient. Das grundlegende Modell für Strategieberatungsprozesse wäre somit das regelmäßige Durchlaufen dieser Schleifen und das Nutzen der anhand der Rückkopplungsprozesse gewonnenen Informationen zur permanenten Verbesserung und Weiterentwicklung der Strategiearchitektur.

3. Diagnose erstellen

Systemische Strategieberatung verfolgt das Ziel, die Strategiefähigkeit und die Wirksamkeit der Strategiearbeit einer Organisation zu steigern. Der Return on Strategy hängt dabei unserer Erfahrung nach ganz entscheidend davon ab, wie gut die Art und Weise der Strategieerarbeitung den Gegebenheiten einer Organisation angepaßt wird. Sorgsam gestaltete Strategiearchitekturen, die einer Organisation quasi auf den Leib geschneidert sind, bringen nicht nur gut durchdachte und innovative Strategiekonzepte hervor, sondern erreichen auch, daß diese wirklich in der Organisation umgesetzt und gelebt werden. Um dieses Versprechen systemischer Strategiearbeit einzulösen, ist jedoch ein gutes Verständnis der Innenwelt und der Umfelder einer Organisation erforderlich. Dieses Verständnis zu schaffen ist Aufgabe der *Diagnose*, die eine ganze Reihe von Feldern beleuchten muß:

- Was sind derzeit die Strategie und die Vision des Unternehmens? Wie klar sind sie für wen? Welche anderen Quellen – wie Werte, Normen – sorgen für Orientierung und Ausrichtung des Handelns und Entscheidens?
- Welche Funktionen und Wirkungen von Strategie werden im Unternehmen als »erfüllt« erlebt? Wo sind Defizite spürbar? Worauf werden diese Defizite zurückgeführt?
- Wie wurde bislang Strategiearbeit gestaltet (inhaltliche, zeitliche, soziale, räumliche Dimension)? Welche Erfahrungen haben die Führungskräfte und gegebenenfalls auch die Mitarbeiter damit gemacht? Welche Form von Strategiearbeit brauchten sie ihrer Überzeugung nach, um im Wettbewerb die Nase vorn zu haben?
- Was sind wesentliche Muster und Eigenschaften des Systems bezüglich der Strukturen, Prozesse, Subsysteme und seiner Kultur?
- Wer sind die relevanten Stakeholder, und wie sehen die Beziehungen zu ihnen und zwischen ihnen aus?
- Was sind die Ressourcen (v. a. Fähigkeiten, Wissen, Haltung) und die derzeitigen strategischen Erfolgspotentiale der Organisation?
- Wie werden die aktuelle Situation, der Veränderungsbedarf und die Veränderungsfähigkeit der Organisation derzeit eingeschätzt? Welche Veränderungen sind momentan im Gange?
- Wer sind die Personen, die strategisch relevante Informationen besitzen?

Wie ein Diagnoseleitfaden für diese Themenfelder aussehen könnte, wird in Abbildung 3 (S. 90 f.) dargestellt. Eine sehr effektive Methode, diese Informationen zu sammeln, sind offene Interviews – mit Top-Managern, Stäben, Führungskräften aus dem mittleren Management, Mitarbeitern sowie im Einzelfall auch anderen Stakeholdern wie Kunden und Wertschöpfungspartnern – anhand eines vorbereiteten Leitfadens. Diese werden als Einzel- wie auch als Gruppeninterviews durchgeführt und anschließend qualitativ ausgewertet.

Schon die Auswahl der Interviewpartner stellt eine erste Intervention im Beratungsprozeß dar, die anhand von Hypothesen darüber erfolgen sollte, welche Personen bzw. Gruppen aufgrund ihrer Perspektive Informationen für ein facettenreiches Gesamtbild liefern können, welche einen hohen Einfluß auf den Return on Strategy haben und daher für die Strategiearbeit und das Beratungsprojekt aktiviert werden sollten. Die Praxis hat gezeigt, daß es nicht sinnvoll ist, alle Interviewpartner zu jedem Themenbereich zu befragen. Die

---

Generelle Situation des Unternehmens und des strategischen Managements

- Wie ist die derzeitige Unternehmenssituation?

- Wie hoch sind Veränderungsnotwendigkeit/-dringlichkeit und -fähigkeit/bereitschaft des Unternehmens? Was sind die Annahmen, die zu diesen Einschätzungen führen?

- Wie werden Strukturen, Prozesse, Personen, Subsysteme, Kultur gesehen? Was sind Stärken und Schwächen in diesen Dimensionen? Was gilt als wichtig? Was nicht?

- Was sind die Themen und Wirkungen, die strategisch relevant sind und die die Organisation beschäftigen?

- Was ist derzeit die (beabsichtigte, vorgedachte, gelebte) Strategie des Unternehmens?

- Was sind möglicherweise die größten unerwarteten (!) Entwicklungen in den kommenden Jahren?

Bisherige Strategiearbeit

- Was wird in diesem Unternehmen unter Strategiearbeit verstanden, subsumiert?

- Was wurde bislang in Sinne von Strategieentwicklung und -implementierung gemacht?

- Welche Prozesse, Routinen, Systeme gibt es dazu? (Z. B. MbO, Strategische Planung, BSC?)

- Welche Erfahrungen gibt es bezüglich Performance und Wirksamkeit?

- Welche Personen waren offiziell eingebunden?

- Welche Anlässe haben formale Strategiearbeit angestoßen?

- Welche Grundorientierungen gibt es in der Strategiearbeit, z. B. reaktiv (auf Bedrohungen), nivellierend (Benchmark-Orientierung) oder chancengetrieben (Entrepreneurship)?

- Was waren die wesentlichen strategischen Weichenstellungen der letzten 10–15 Jahre? Wie kamen sie zustande?

- Welche anderen Formen von Strategiearbeit sind im Unternehmen denkbar?

Relationen des Unternehmens zu den Stakeholderumwelten

- Wer sind die entwicklungsrelevanten Stakeholder? Rangfolge?

- Wie sind die Relationen Unternehmen – Stakeholder und die der Stakeholder untereinander?

- Welche Erwartungen an das Unternehmen und die Strategiearbeit bestehen? Widersprüche?

- In welcher Marktdynamik befindet sich das Unternehmen?

Metasystemische Kriterien (nach Malik 2000)

- Gab es Zielsetzungen, die mehrere strategische Orientierungen gleichzeitig transportiert haben?

- Wie wird das Zielbündel konstruiert? Auf der Objektebene (z. B. Gewinn, ROI) oder metasystemisch als Sicherung der Überlebensfähigkeit?

- Wird bei Investitionen und Entscheidungen »alles auf ein Pferd gesetzt«, oder gilt das Kriterium der Steuerungsfähigkeit?

- Gibt es Lernschleifen aus Pilotprojekten, bevor Strategien verallgemeinert werden?

- Wie determiniert bzw. reversibel sind strategische Entscheidungen?

Ressourcen und Erfolgspotentiale des Unternehmens

- Was sind die strategischen Erfolgspotentiale des Unternehmens? Welche Faktoren machen es im Wettbewerb erfolgreich?

- Welche Ressourcen bzw. Kernkompetenzen hat das Unternehmen?

- Welche fehlen – heute? – künftig?

- Wie werden Ressourcen eingesetzt? (Z. B. Kriterien, schlüssig, willkürlich, wechselnd)

Abbildung 3: Diagnose-Fragen zur Standortbestimmung der Strategiearbeit im Unternehmen

folgende Tabelle (S. 92) stellt einen Versuch dar, bestimmte Diagnosethemen und Fragenkreise einzelnen Gruppen zuzuordnen.

Diese Form der Diagnose ist eine umfassende Variante, die vielleicht nicht in jedem Fall angemessen ist, da sie ihrerseits bereits eine Intervention in Richtung einer stark auf soziale Beteiligung setzenden Form von Strategiearbeit wäre. Eine kleinere Variante könnte ein Diagnose-Workshop mit dem Vorstand bzw. der Geschäftsführung und ausgewählten Stäben und »Schlüsselspielern« der Organisation sein, bei dem die Sichtweisen der

Fragenkreis	Vorstände/ Unternehmensleitung	Stäbe	Führungskräfte Mittelbau	Mitarbeiter/ Innen
Generelle Situation des Unternehmens und seines strategischen Managements	×	×	×	×
Bisherige Strategiearbeit	×	×		
Metasystemische Kriterien	×	×		
Relationen zu den Stakeholderumwelten und deren Relationen miteinander	×	×	×	
Ressourcen und Erfolgspotentiale	×	×	×	

Tabelle 2: Zuordnung von Diagnosethemen zu Personengruppen

anderen Gruppen durch zirkuläres Fragen kenntlich gemacht und einbezogen werden.

Die qualitative Auswertung der Interviews erfolgt in Form von Hypothesen über Status, Potentiale und Bedarfe bezüglich der Strategiearbeit. Im Kern geht es darum, Annahmen darüber zu entwickeln:

- wie im Unternehmen üblicherweise Fragen nach dem Selbstverständnis, der Identität und der Strategie der Organisation bearbeitet und beantwortet werden;
- welche Zukunftsbilder es derzeit gibt;
- wie klar, konzise, scharf die Strategie wahrgenommen wird;
- wie die tatsächlich gelebte Strategie entstanden ist und in welchem Maß explizierte Strategien tatsächlich handlungsleitend werden;
- welche Faktoren am stärksten beeinflussen, was als Strategie wahrgenommen und gelebt wird;
- wo der größte Bedarf (z. B. mehr Klarheit, mehr strategische Innovationskraft) und die größten Potentiale (z. B. Ideen, Chancen, Energie und Motivation) für Strategiearbeit liegen;
- welche Ressourcen für die Strategiearbeit zur Verfügung stehen (z. B. strategische Intelligenz der Organisation und ihrer Schlüsselpersonen, Wissen, Haltung, Zeit etc.);
- welche Stakeholder und Personen in die Strategiearbeit involviert werden sollten und auf welche Weise dies am besten geschieht;

■ welche Arten und Formen von Strategiearbeit Bedarfe decken und Potentiale nutzen könnten und gleichzeitig im System anschlußfähig wären.

Entsprechende Hypothesen und die Auswertung der Interviews sollten dann in einem Rückspiegelungsworkshop an die strategieverantwortlichen Manager und (gegebenenfalls gesondert) die Interviewpartner zurückgespiegelt und mit ihnen diskutiert werden. Aufgabe eines solchen Workshops wäre dabei nicht nur das Rückspiegeln sowie, damit verbunden, die Weiterentwicklung der Hypothesen, sondern auch eine erste Sammlung von Ideen für die zweckmäßige und maßgeschneiderte Gestaltung der Strategiearchitektur. Neben Rückspiegelung, gemeinsamer Diskussion und Weiterentwicklung der Hypothesen kann hierbei auch ein Input zu den unterschiedlichen Grundformen von Strategiearbeit (Strategieausbau, Strategieexperimente, Strategieimpulse) hilfreich sein, um eine erste Orientierung zu schaffen.

4. Architektur entwickeln und implementieren

Unsere These ist, daß situationsgerecht gestaltete Formen der Strategiearbeit wirksamere Strategien hervorbringen. Das bringt unsere zweite Hypothese mit sich: Es gilt, in einem Unternehmen Management-Prozesse einzurichten, in denen die Basisstrategie einer Organisation in einem kontinuierlichen Dialog reflektiert, hinterfragt, adaptiert und dadurch weiterentwickelt wird (vgl. auch Nagel u. Wimmer 2002). Ein bereichs- und hierarchieebenenübergreifender Prozeß sorgt gleichzeitig für die Nutzung des Wissens der Systemmitglieder über Markt- und Technologieentwicklungen und über die Fähigkeiten, Stärken und Schwächen ihrer Organisation wie auch dafür, daß Mitarbeiter und Führungskräfte die Strategie kennen, verstehen und umsetzen können. Strategiearbeit wird dabei zum integralen und hochpriorisierten Bestandteil der Management-Aktivitäten. Die Architektur für einen Strategieausbau kann nach Bedarf um Formen der Strategiearbeit ergänzt werden, die strategische Innovationen und schöpferische Zerstörung durch Strategieexperimente vorantreiben oder die das strategische Denken und Handeln der Manager und der Organisation durch Strategieimpulse anregen (siehe Übersicht »Grundformen der Strategiearbeit«, S. 84).

In den vergangenen Jahren haben wir in verschiedenen Branchen sehr unterschiedliche Situationen und Kontexte der Strategiearbeit erlebt. Was passieren kann, wenn man eine Richtung in der Strategiearbeit einschlägt, die nicht kontextgerecht ist, zeigt das Beispiel einer E-Business-Firma.

E-Business war vor einigen Jahren noch mehr als heute ein ausgesprochen schnelllebiges Geschäft. Eine Branche, die damals noch in einer frühen Phase ihres Lebenszyklus steckte: wenig ausdifferenzierter, aber schnell zunehmender Wettbewerb und damit steigender Preis- und Qualitätsdruck; Dutzende Markt- und Technologietrends, die gleichzeitig in unterschiedliche Richtungen liefen und daher das gesamte Unternehmensumfeld undurchschaubar und unberechenbar machten. Explodierende Aktienkurse, zweistellige Wachstumsraten bei Umsätzen und Mitarbeitern und eine schnelle Expansion in neue Geschäftsfelder und das europäische Ausland, dies alles lag bereits hinter dem Unternehmen, das sich in kurzer Zeit zu einem kleinen Konzern entwickelt hatte. Zusammengefaßt: Hohe Komplexität und Dynamik außerhalb und innerhalb des Unternehmens, die durch entsprechende Kapazitäten und Kompetenzen im Strategieprozeß eingefangen und verarbeitet werden mußten, sowie ein hoher Bedarf an iterativen Rückkopplungsschleifen, die Strategieentwicklung und -umsetzung in schnellen Optimierungszyklen eng verknüpfen.

Statt nun eine Architektur für einen Strategieausbau zu installieren, die dem permanenten Strategiebedarf des Unternehmens gerecht werden konnte und die strategische Intelligenz des Unternehmens und seiner Führungsmannschaft nutzte und weiterentwickelte, entschloß man sich aus verschiedenen – jeweils für sich guten – Gründen, ein Strategieentwicklungsprojekt in Form einer Task Force zu starten, die überwiegend mit Mitarbeitern besetzt wurde, die dafür von Kundenprojekten freigestellt wurden. Unterstützt wurden sie durch einen externen Berater, einen Strategieexperten für den IT-Markt aus einer der großen Strategieberatungsfirmen. Ihr Auftrag bestand darin, für das gesamte Unternehmen eine klare, neue Strategie für die nächsten Jahre zu erarbeiten. Die Kopplung mit dem Linienmanagement sollte durch den Chief Operating Officer (COO) als Auftraggeber sowie einen Lenkungsausschuß sichergestellt werden, der während des zweieinhalbmonatigen Projekts mehrmals über die bisherigen Analyseergebnisse informiert und um strategische Entscheidungen gebeten wurde.

Zunächst schien es so, als könnten damit offene strategische Grundfragen rasch geklärt werden. Im weiteren Verlauf stellte sich jedoch heraus, daß die

Implementierung kaum vorankam, da erstens die Umsetzung aufgrund der geringen Einbindung der Führungsmannschaft in der Linie auf Widerstände stieß und zu neuen Fragen führte, zweitens viele Analysen und Entscheidungen bereits innerhalb weniger Wochen und Monate von der Entwicklung im Umfeld überholt und damit wertlos wurden und drittens aufgrund der logisch-analytischen Art der Strategiearbeit kaum kreatives Potential für die Weiterentwicklung des Geschäfts entstand bzw. genutzt wurde. Das Gros der Führungskräfte und Mitarbeiter, das nicht involviert war, wohl aber von der Existenz des Projekts wußte, erlebte die Strategieentwicklung als Black box. Und auch später wurde für viele die neue Strategie nicht klarer, da das Projekt mit der Kommunikation und Übergabe des Strategiekonzepts an die Linienmanager endete, jedoch kein Folgeprozeß für die Umsetzung, Evaluation und Weiterentwicklung der Strategie aufgesetzt wurde. Durch das Fehlen einer übergreifenden Strategiearchitektur war der Return on Strategy der vielen Mannmonate, die in dieses Strategieprojekt geflossen waren, gering. Der beabsichtigte strategische Wandel blieb aus.

Wie kommt man zu einer wirkungsvollen und effektiven Gesamtarchitektur für die Strategiearbeit? Ein erster hilfreicher Schritt ist, die Informationen und Hypothesen aus der Diagnose soweit zu verdichten, daß klar wird, welche grundsätzliche Richtung die Strategiearbeit einschlagen sollte. Geht es um die Neuentwicklung einer Strategie, weil z. B. strategische Grundsatzfragen neu zu stellen und zu beantworten sind – und wie sorgt man dann für deren Implementierung? Oder ist die Strategie zumindest schon soweit klar, daß der Schwerpunkt auf der Implementierung und der kontinuierlichen Weiterentwicklung im Sinne eines Finetunings liegen kann? Oder geht es vielleicht um beides gleichermaßen, weil die strategische Situation derart komplex und dynamisch ist, daß nur ein iteratives Vorgehen, welches Entwicklung und Implementierung in engen Rückkopplungsschleifen verknüpft, einen hohen Return on Strategy liefern kann?

Sollte die Strategiearbeit im Kern eher auf logisch-analytisches Vorausdenken setzen oder auf kreative Elemente, die schöpferische Zerstörung und Geschäftskonzeptinnovation forcieren oder aber das strategische Denken und Handeln der Manager anregen? Gelingt es mittels dieser Fragen, ein klares Bild von den Stoßrichtungen der Strategiearbeit zu gewinnen, so kann man auf Basis der in der Übersicht dargelegten Grundformen systemischer Strategiearbeit eine Architektur entwerfen.

Abbildung 4: Architektur entwickeln

Aufgabe des Beraters ist es dabei zum einen, ein geeignetes Setting für die Architekturentwicklung zu schaffen, und zum anderen, durch Input seiner Erfahrungen und seines Know-hows für eine fachliche Fundierung der entwickelten Architektur zu sorgen. Wir haben dabei gute Erfahrungen mit Konzeptionsworkshops gemacht, an denen neben dem Auftraggeber (in der Regel ein Vorstand oder mehrere Vorstände) und dem Berater auch ausgewählte Schlüsselpersonen aus der Organisation teilnehmen (z. B. ausgewählte Manager der 2. oder 3. Ebene, Geschäftsfeldleiter, Stäbe). Es sollte aber bei einer kleinen, arbeitsfähigen Gruppe bleiben, die sich auf Basis der Diagnoseergebnisse oder einer gemeinsam erstellten Umfeldanalyse der Strategiearbeits-Stakeholder ein gemeinsames Bild der wesentlichen Anforderungen an die Architektur verschafft und erste Ideen für mögliche Architekturelemente sammelt. Zu klären ist dabei, was Funktion und Inhalt des jeweiligen Elements sind, wie oft und wie lange es stattfinden und wer daran teilnehmen und mitwirken sollte. Der daraus entstehende Architekturentwurf wird dann mit einem Masterplan versehen, der die Architekturelemente zeitlich einordnet und grob terminiert.

Ist man in bezug auf einzelne Elemente oder das Gesamtkonzept noch unschlüssig, hat es sich unserer Erfahrung nach bewährt, noch einen Zwischenschritt einzuschieben: Durch wenige Interviews mit ausgewählten Stakeholdern kann man Resonanz und weitere Anregungen zum Entwurf einholen und diese anschließend in einem (z. B. halbtägigen) zweiten Konzeptionsworkshop einarbeiten. Wesentlich ist, daß durch das perspektivenreiche und gemeinsame Arbeiten der Strategieverantwortlichen innerhalb kurzer

Zeit eine gemeinsam getragene Vorgehensweise und Räume für die Strategiearbeit entstehen. Die Strategiearchitektur bleibt dennoch immer Work-in-Progress, d. h. im weiteren Prozeßverlauf sollten ihre Wirksamkeit evaluiert sowie ihre Elemente kontinuierlich angepaßt und gegebenenfalls ergänzt werden. Hilfreich für die Evaluation und auch für einen frühen Qualitätscheck des Architekturentwurfs noch im Konzeptionsworkshop sind die Anforderungen an moderne Strategiearbeit, da die entwickelte Strategiearchitektur zwischen diesen Spannungsfeldern möglichst situationsgerecht zu vermitteln hat. Anhand dieser Kriterien läßt sich in einer kurzen Workshop-Sequenz prüfen, inwieweit die Architektur den Anforderungen gerecht wird und ob die mit ihr erfolgte Schwerpunktsetzung, etwa im Spannungsfeld zwischen *Komplexität aufmachen* und *Komplexität reduzieren* oder zwischen *der Einbindung möglichst aller relevanten Führungskräfte und Mitarbeiter* sowie *der Verankerung im Top-Management*, situationsgerecht erscheint.

Im Jahr 2001 standen wir vor der Herausforderung, für einen weltweit agierenden, großen Softwarekonzern ein Strategieprojekt für ein bedeutendes Geschäftsfeld aufzusetzen und beratend zu begleiten. Die Rahmenbedingungen waren komplex: Obwohl das Geschäftsfeld einen hohen Anteil am Gesamtumsatz hatte, lag es bislang nicht im Fokus der strategischen Betrachtungen. Entsprechend heterogen waren die strategische und die organisato-

Inhaltliche Spannungsfelder

Bestehendes weiterentwickeln	↔	Schöpferische Zerstörung
Komplexität aufmachen	↔	Komplexität reduzieren
Strategie (vorausdenken)	↔	Operation (-shandeln)
Aktivitäten / innen	↔	Wettbewerbsposition / außen

Soziale Spannungsfelder

Involvement vieler Systemmitglieder	↔	Verankerung im Topmanagement
Inhaltliche Ebene (= die Strategie)	↔	Soziale Ebene (z. B. Machtstrukturen)
Nutzen für die Organisation	↔	Nutzen für die Personen (Manager)

Zeitliche Spannungsfelder

Aufwand / Input	↔	Nutzen / Wirkung
Kurzfristig	↔	Langfristig
Commitment / Beständigkeit	↔	Reversibilität

Abbildung 5: Spannungsfelder und Anforderungen der Strategiearbeit

rische Ausrichtung in den verschiedenen Ländern und Regionen. Ziele des Projekts waren die Entwicklung und die Einführung einer Strategie zur Gestaltung der Kundenbeziehung in diesem Geschäftsfeld für die Region EMEA (Europe, Middle East, Africa).

Durch das Einbeziehen der relevanten Management-Gremien auf EMEA-Level, aber auch auf Landesebene, und die Nutzung der Erfahrungen und Ergebnisse vorangegangener Projekte im Konzern sollte die Strategieentwicklung und -implementierung möglichst businessorientiert und »nah am Markt« erfolgen. Das EMEA-Strategieprojekt übernahm dabei die Rolle eines Pilotprojekts für die anderen Regionen (Nordamerika, Südamerika etc.). Von der Konzern- und Regionsleitung wurde ein hochrangiger Linienmanager als Project Leader berufen, der gemeinsam mit den Beratern eine Umfeldanalyse und eine erste Konzeption der Strategiearchitektur entwickelte, die der Zielsetzung des Projekts gerecht werden konnte. Kernelement war ein Team, bestehend aus sogenannten Regional Drivers und dem Project Leader, das die Gesamtsteuerung der weltweiten Strategiearbeit leistete. Auf Regionslevel wurden Projektteams für die Entwicklung der Strategie und der Implementierungsarchitektur eingerichtet, die aus den in den jeweiligen Ländern für das Geschäftsfeld verantwortlichen Managern bestanden. Über mehrere Workshops dieser Teams hinweg wurden Analysen der Markt- und Wettbewerbssituation, der Gemeinsamkeiten und Unterschiede der Märkte sowie der Ressourcen und Strukturen der einzelnen Landesorganisationen durchgeführt und Optionen für die Gestaltung der Strategie und der Organisation des Geschäftsfelds entwickelt; dabei wurde zwischen international verbindlichen Elementen und national anzupassenden Alternativen unterschieden. Zwischen den jeweiligen Workshops sorgten die Teammitglieder in ihren Heimatorganisationen für eine intensive Einbindung ihrer Mitarbeiter und des lokalen Managements; dadurch waren sie in der Lage, zu jedem Workshop neue Inputs, Anregungen, aber auch Kritikpunkte mitzubringen, die in die weitere Strategiearbeit einfließen konnten. Durch regelmäßige Stakeholderboards mit der Konzernführung und den lokalen Geschäftsführern, die webgestützt durchgeführt wurden, konnte auch das Top-Management intensiv eingebunden werden: So blieben die Topmanager auf dem laufenden, konnten immer wieder korrigierend eingreifen oder an kritischen Punkten unterstützen. Die Aufgaben der Berater bestanden bei diesem Projekt in der Beratung bei der Entwicklung der Projektarchitektur und der grundlegenden

Geschäftsfeldstrategie, in der Moderation der Workshops und des Stakeholder-Boards, in fachlichen Inputs zu Strategie- und Unternehmensentwicklung und zur Gestaltung von Veränderungsprozessen sowie in der Einzelberatung des Leiters des EMEA-Projektteams und des weltweiten Project Leaders (Reflexion, Planung, Nachbearbeitung).

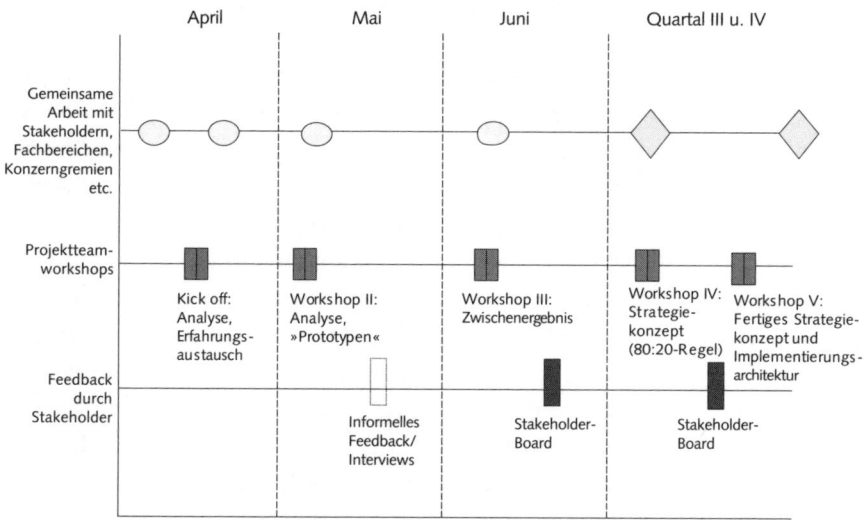

Abbildung 6: Erster Masterplan der Strategiearchitektur Softwarekonzern (anonymisiert)

Wenn man die beiden hier als Beispiele angeführten Strategieprojekte erlebt hat und vergleicht, fallen grundsätzliche Unterschiede in der Art und Weise auf, wie Strategiearbeit und Strategieberatung geleistet werden können:

Ähnlich dem zuvor beschriebenen und gescheiterten Strategieprojekt der E-Business-Firma kam auch beim Projekt des Softwarekonzerns der Großteil der Projektressourcen aus dem Unternehmen selbst. Hingegen wurden die Führungskräfte, die für die strategischen Entscheidungen und deren Umsetzung verantwortlich sind, im Strategieprojekt der Softwarefirma in viel höherem Maße involviert, sei es als Input- oder Resonanzgeber, sei es als aktive Mitarbeiter in der Strategieentwicklung – innerhalb der Projektteams, über verschiedene Formen von Sounding Boards oder durch regelmäßige Kommunikation mit einzelnen Teammitgliedern. Dadurch waren nahezu alle für die Umsetzung der Strategie relevanten Manager bereits in der Analyse- und Konzeptionsphase eingebunden. Ein weiterer wesentlicher Unterschied zwischen den Projekten liegt darin, daß die Architektur der Strategiearbeit des Softwarekonzerns von Anfang an sehr bewußt gestaltet und der laufende Prozeß permanent reflektiert wurde. Diese Architektur wurde auf dieser Basis kontinuierlich weiterentwickelt, immer an der Frage orientiert, wie der Prozeß zu gestalten wäre, um eine möglichst große Wirkung der Strategie in der Umsetzung zu erzielen.

Auch der Einsatz des Strategieberaters unterschied sich in beiden Beispielen wesentlich: Während er im ersten Projekt als inhaltlicher Kenner des Markt- und Technologieumfelds und als Experte für die Tools und Methoden der Strategieanalyse eingesetzt wurde, konzentrierten sich seine Rolle und der Einsatz seines Expertenwissens im zweiten Projekt auf die Gestaltung des Prozesses der Strategiearbeit sowie auf methodische Hilfestellungen für die praktische Strategiearbeit und die Herbeiführung strategischen Wandels.

Noch größer sind die Unterschiede der Strategiearchitekturen in ihrer Wirkung: Während der Return on Strategy des ersten Projekts gering war, gelang es in dem zweiten Projekt innerhalb weniger Monate, ein großes Geschäftsfeld eines Softwarekonzerns strategisch und organisatorisch komplett neu auszurichten und die neue Ausrichtung mit Leben zu erfüllen. Während man bei dem E-Business-Unternehmen vermutlich kaum noch irgendwelche Erträge des Investments in die Strategiearbeit erkennen kann, sind die beim Softwarekonzern entwickelten Strategien dort heute gelebte Realität.

5. Fallweise Unterstützung bei schwierigen Situationen und neuralgischen Feldern

In der Strategiearbeit tauchen unserer Erfahrung nach immer wieder bestimmte neuralgische Felder auf, die besonders anspruchsvoll sind, weil in ihnen der Umgang mit Widersprüchen und Konflikten besonders herausfordernd ist. Wird Strategiearbeit – was aus unserer Sicht vorzuziehen ist – von den Managern eines Unternehmens selbst geleistet, so kann in solch schwierigen Situationen dennoch die punktuelle Beratung und Begleitung der Strategiearbeit durch einen externen Strategieberater mit entsprechender Kompetenz hilfreich und häufig notwendig sein.

Tabelle 3 (S. 102) zeigt eine Übersicht von Gestaltungsaspekten der verschiedenen Stoßrichtungen der Strategiearbeit in inhaltlicher, sozialer und zeitlicher Dimension. Wir heben dabei die kritischen Gestaltungsaspekte der drei Grundformen der Strategiearbeit heraus, die unserer Erfahrung nach oft schwierig zu handhaben sind und daher besonders aufmerksam betrachtet und gegebenenfalls durch einen Berater begleitet werden sollten. Im folgenden geben wir Hinweise für einen guten Umgang mit diesen neuralgischen Feldern der Strategiearbeit und -beratung.

5.1 Neuralgische Felder des Strategieausbaus

Architekturen für einen Strategieausbau schaffen Räume, in denen das Management einer Organisation an der Weiterentwicklung der Strategie arbeiten kann.

Eine ganz zentrale Herausforderung auf inhaltlicher Ebene ist es, für genügend Komplexität und Informationsreichtum zu sorgen. Die Gefahr besteht darin, daß man zuwenig Informationen z. B. über die Entwicklung von Märkten und Technologien einholt und sich auf bislang bewährte Annahmen verläßt, ohne diese zu hinterfragen. In unserer Beratungspraxis haben wir vielfach erlebt, daß ein wesentlicher Mehrwert, den wir z. B. in Strategieworkshops oder bei der fallweisen Begleitung von Strategieteams einbringen konnten, darin bestand, für eine vertiefte Diskussion von Themen sowie das Offenlegen und Hinterfragen von Annahmen und mentalen Modellen zu sorgen. Eine zentrale Aufgabe des Beraters bei der fallweisen Begleitung liegt daher nach unserer Ansicht darin, daß das Aufdecken blinder Flecken und eine intensive Analyse und Diskussion relevanter Themen gefördert werden. Als wichtige Ressource erweisen sich dabei die Außensicht des Beraters und auch ein Mindestmaß an Branchenerfahrung, das der Berater sinnvollerweise mitbringen sollte. Aber auch eine hochgradige Aufmerksamkeit für die Inhalte der Strategiediskussion ist wichtig, um schon anhand kleiner Unterschiede in den Äußerungen von Workshopteilnehmern tieferliegenden Widersprüchen und Annahmen auf die Spur zu kommen. Der konsequente Einsatz von Strategietools wiederum kann eine differenzierte Diskussion von Unternehmens- und Umweltsituation oder der Wettbewerbspositionierung initiieren und unterstützen. Kommt der Berater zu der Einschätzung, daß innerhalb des Workshops oder des Strategieteams für eine fundierte Klärung strategischer Fragestellungen nicht genügend Informationen und Sichtweisen vor-

	Strategieausbau	Strategieexperimente	Strategieimpulse
Inhaltliche Gestaltung	Für ausreichende Informationen, Komplexität und Varietät im Strategieprozeß sorgen.	Komplexität kanalisieren und Ideen und Konzepte sinnvoll auswählen.	Den Input mit Blick auf die Strategie verarbeiten und so dafür sorgen, daß die Impulse von außen strategisch wirksam werden können.
	Strategisch und operativ eng koppeln und so für realisierbare Strategien und strategische Orientierung der Operations sorgen.	Ventures stellen sich als eigenständige Organisationen dem Wettbewerb, wobei der strategische Fit mit der Mutterorganisation sichergestellt bleibt.	
Soziale Gestaltung	Bei der Einbindung interner Experten sicherstellen, daß der Vorstand nicht de facto entmachtet wird bzw. seine Strategieverantwortung vollständig delegiert.	Unternehmertum fördern und geeignete Formen für die Auswahl der Unternehmer etablieren.	Adäquate Gestaltung der Rollen und der Einbindung: ■ von Querdenkern ■ von Personen, die eine »Spielwiese« bekommen ■ von Entwicklungspartnern.
	Dem Umstand Rechnung tragen, daß Strategiearbeit die Arena für Machtkämpfe ist.		
Zeitliche Gestaltung		Formen finden, die der Größe des Unternehmens gerecht werden: Können sich nur Großunternehmen ein Netzwerk an Experimenten leisten?	

Tabelle 3: Neuralgische Felder der Strategiearbeit

handen sind, sollte er gegebenenfalls auch weitergehende Aktivitäten anregen: Ein kleineres Recherche- und Analyseprojekt aufzusetzen, interne oder externe Experten hinzuzuziehen oder ein Kundenparlament könnten Architekturelemente sein, die anlaßbezogen dafür sorgen, daß hinreichende Informationstiefe und ein ausreichender Umfang an Informationen in den Strategieausbau eingebracht werden.

Ganz entscheidend für einen wirkungsvollen Strategieausbau ist aus unserer Sicht die enge Kopplung von strategischer und operativer Ebene, sowohl im Hinblick auf die Führungsebenen einer Organisation als auch inhaltlich. Eine intelligente Architektur kann – indem sie hierarchie- und bereichsübergreifende Kommunikations- und Feedbackschleifen einrichtet – bereits einen wichtigen Beitrag leisten, um das Entstehen paralleler Welten (abgehobene Strategie, strategieferne Operations) zu verhindern. Aber auch bei der fallweisen Begleitung sollte der Berater für eine inhaltliche Verknüpfung von Strategie und Operations sorgen. Sinnvoll erscheint uns daher, daß sich ein Strategieteam mit Hilfe eines maßgeschneiderten Monitoringsystems regelmäßig eine gemeinsame Einschätzung des Stands des operativen Geschäfts, der Umsetzung der Strategie, der Prozesse und anderer relevanter Themen verschafft. In bezug auf Vorbereitung und Verfeinerung der Strategie haben wir gute Erfahrungen mit Workshopsettings gemacht, bei denen Teilnehmer aus verschiedenen Stakeholdersichtweisen strategische Weichenstellungen reflektiert haben. (Was bedeutet das für uns? Was müßten wir zur Umsetzung beitragen? Was würden wir gerne genauer wissen, um die Strategie gut umsetzen zu können? Etc.) Ein anderes Setting, um die Umsetzbarkeit einer Strategie zu testen und weitere Anregungen für ihre Konkretisierung zu gewinnen, ist das des *Angelus – Advocatus diaboli*: Die Teilnehmer teilen sich in zwei unterschiedliche Gruppen: Während die »Angeli« möglichst viele Argumente sammeln, warum *genau diese* Strategie sinnvoll ist, tragen die »Advocati diaboli« all jene Argumente zusammen, warum die Strategie in der Umsetzung höchstwahrscheinlich scheitern wird.

Der Strategieausbau – als eine Grundform der Strategiearbeit – versucht, möglichst alle relevanten Führungskräfte und Mitarbeiter so in die Strategiearbeit einzubeziehen, wie es für die wirksame Weiterentwicklung der gelebten Strategie erforderlich ist. Dazu ist eine klare Rollengestaltung nötig, die in der Architektur festgelegt wird. Gerade in hochdynamischen Branchen wie der Internet-, IT- und Telekommunikationsbranche kann unserer Erfahrung nach Strategiearbeit kaum noch ohne die intensive Einbindung von Experten aus den Fachabteilungen geleistet werden. Für die Nutzung ihrer Expertise zu sorgen und gleichzeitig die strategische Verantwortung und Entscheidungskompetenz des Top-Managements zu sichern sowie zu verhindern, daß einzelnen Experten, die hohen Einfluß und große Glaubwürdigkeit beim Vorstand genießen, blind vertraut wird, ist eine wesentliche Herausforderung für die systemische Strategieberatung.

Strategiearbeit ist eine beliebte Arena für Machtkämpfe. Wie kein anderes Thema auf der Management-Agenda beeinflussen strategische Entscheidungen und Weichenstellungen das Gleichgewicht der Kräfte im Top-Management sowie die Karrieremöglichkeiten und Interessen der Führungskräfte der obersten Ebenen. Diese Interessen schwingen daher immer mit. Sie bilden häufig gleichsam die »Hintergrundmusik« von Strategiediskussionen und können zu deutlichen Verzerrungen der »Melodie« führen. Schon öfter haben wir es erlebt, daß die Sorgen, Hoffnungen und Interessen einzelner die inhaltliche Diskussion in sachlich kaum nachvollziehbare Richtungen getrieben bzw. eine offene und tiefergehende Strategiediskussion blockiert haben. Daher ist es eine wesentliche Aufgabe des Beraters, diesen latenten Themen den ihnen zustehenden Raum zu verschaffen und sie besprechbar zu machen – und zwar in der Gesamtgruppe und nicht nur im informellen Gespräch unter Vertrauten oder Mitgliedern einer Seilschaft. Dies ist wohl eine der schwierigsten Aufgaben überhaupt, bei der der Berater sehr behutsam vorgehen muß. Eine wichtige Voraussetzung dafür ist nach unserer Meinung ein ausreichendes und regelmäßiges Investment in die Arbeitsfähigkeit eines Strategieteams. Der systemische Strategieberater sollte während seiner fallweisen Begleitung der Strategiearbeit daher auch Teamentwicklungselemente einbringen, die dazu beitragen, die Konflikt- und die Kooperationsfähigkeit einer Gruppe zu erhöhen oder die Beziehungen der Teammitglieder zueinander zu klären.

5.2 Neuralgische Felder der Strategieexperimente

Eine wesentliche Aufgabe im Rahmen der Strategieexperimente ist es, jene Ideen und Konzepte auszuwählen, die finanziert, inhaltlich unterstützt und realisiert werden sollen. Einerseits gilt es, die Innovationskraft eines Unternehmens und seiner Mitarbeiter zu fördern, andererseits geht es aber auch darum, die zur Verfügung stehenden Ressourcen wirkungsvoll und effektiv einzusetzen.

Leider weiß niemand bei der »Geburt« einer neuen Idee, ob sie funktionieren und erfolgreich sein wird. Für solche Entscheidungen bei Unsicherheit ist unserer Erfahrung nach eine Methodik hilfreich, wie sie auch *Venture Capital*-Investoren beim Screening und der Auswahl von Firmen einsetzen.

Eine solche Methodik und Architektur für Strategieexperimente auf den Bedarf eines Unternehmens maßzuschneidern – mit dem Doppel-Fokus, sowohl den Return on Investment der einzelnen Ventures als auch den Return on Strategy des Gesamtunternehmens zu steigern –, dies ist aus unserer Sicht eine Kernaufgabe moderner Strategiearbeit, bei der ein Strategieberater unterstützen kann. Zudem kann eine beraterische Unterstützung (Prozeßsteuerung, methodische Unterstützung, Markt-, Wettbewerbs-, Technologie-Know-how) einzelner Auswahl- und Investitionsprozesse sinnvoll sein, vor allem wenn diese inhaltlich und sozial komplex oder von großer Tragweite sind.

Als nicht minder anspruchsvoll erscheint uns im Rahmen der Strategieexperimente die Synchronisation der Venturing-Aktivitäten mit der Wettbewerbsposition des Gesamtunternehmens. Die Ventures müssen sich in der Regel als eigenständige Organisationen dem Wettbewerb stellen und streben dementsprechend ein hohes Maß an Entscheidungsautonomie an, während das Management der Mutterorganisation in seiner bereichsübergreifenden Rolle auf den strategischen Nutzen für den Gesamtkonzern abstellt. Hilfreich ist in diesem Spannungsfeld ein regelmäßiger (z. B. halbjährlicher) Strategiedialog zwischen dem Top-Management der Ventures und dem des Mutterunternehmens. Dieser Dialog wird in einem gut funktionierenden Netzwerk von Strategieexperimenten mit starken und erfolgreichen Ventures nicht spannungsfrei sein – weder auf der inhaltlichen Ebene (Welche Strategie sollten die einzelnen Ventures verfolgen? Wie unterstützt der Konzern?) noch auf der sozialen (Wie selbständig kann das Venture-Management entscheiden? Wieviel Mitsprache hat das Konzernmanagement?). Aus unserer Sicht können Strategieberater auf beiden Ebenen durch die Gestaltung und Moderation dieser Strategiedialoge einen wesentlichen Beitrag leisten.

Langjährige *Venture Capital*-Investoren heben immer wieder hervor, daß die Qualität des Top-Managements entscheidend ist, wenn sie über ein Investment in ein Unternehmen nachdenken. Auch für Strategieexperimente ist es von zentraler Bedeutung, die richtigen Personen zu finden, um ein Venture zu starten und aufzubauen. Moderne Personalauswahlinstrumente (z. B. »Form your Management-Team«) mit externer Beraterunterstützung können hierbei sehr hilfreich sein. Was zunächst in den Bereich der Personalberatung zu gehören scheint, ist ein ganz wesentliches Element moderner Strategiearbeit: Wen brauchen wir, um uns strategisch weiterentwickeln zu können? Wer kann dazu wertvolle Beiträge leisten? Strategieexperimente als Unternehmungen im Unternehmen brauchen Unternehmer. Diejenigen zu finden und zu fördern, die entsprechendes Potential haben, und aus diesen die richtigen für das jeweilige Venture auszuwählen, ist ein Aufgabenfeld, bei dem externe Unterstützung aufgrund ihrer Unabhängigkeit und Außenperspektive sehr wirkungsvoll sein kann.

5.3 Neuralgische Felder der Strategieimpulse

Strategieimpulse sollen das strategische Denken derjenigen anregen, die Strategiearbeit leisten und ein Unternehmen oder Teile davon strategisch führen sollen. Es geht darum, neue Sichtweisen in die Strategiearbeit einzubringen. Ein erster Schritt ist somit, solche anregenden Ideen, Konzepte, Themen und Personen im Unternehmen und vor allem auch außerhalb zu finden und Settings zu schaffen, in denen Kommunikation und gemeinsames Lernen möglich sind. Oder anders gesagt: Es geht darum, einen kraftvollen Mini-Prozeß zu gestalten, der:

1. die blinden Strategie-Flecken eines Systems aufspürt,
2. Inputs findet, die diese blinden Flecken auflösen können, und
3. Settings gestaltet, in denen dieser Input aufgenommen, diskutiert und verarbeitet werden kann.

Gute Erfahrungen haben wir hier mit Learning-Journeys, Kamingesprächen, strategischen Palavern und anderen hochgradig interaktiven Events – wie z.B. *Open Space*-Veranstaltungen – gemacht. Wichtig ist, daß solche Events nicht nur Input-Sequenzen enthalten. Diese würden möglicherweise ohne spürbare Auswirkungen im System »verhallen«. Strategieimpulse brauchen immer auch Sequenzen für die Verarbeitung und den internen Austausch im Kollegenkreis: Was ist davon für uns besonders interessant? Was nicht? Was bedeutet das Gehörte/Gesehene für unsere Strategie? Wie nutzen wir diesen Input? Welche operativen Konsequenzen ziehen wir daraus? Wem könnte dieser Input ebenfalls Impulse bringen? Eine der Berateraufgaben im Rahmen der Strategieimpulse liegt daher in der interaktiven Gestaltung und Moderation solcher Events. Dabei ist es wichtig, Minderheiten Bedeutung und Raum zu verschaffen, denn jede Form von Innovation bringt es mit sich, daß sie am Anfang nur von einer Minderheit gesehen und unterstützt wird. In einer *Open Space*-Veranstaltung sollte deshalb der Fokus nicht nur auf den Ideen mit der größten Unterstützung liegen, sondern auch auf denen, die z. B. die größte Irritation auslösen oder das größte Veränderungspotential haben, selbst wenn ihr Eintreten als sehr unwahrscheinlich erscheint. Für ausgewählte Themen sollte dann ein Monitoring aufgesetzt werden.

Ein weiterer, wesentlicher Aspekt bei den Strategieimpulsen ist die Gestaltung der Beziehung zu den Personen und Umwelten, die Quellen solcher Impulse sein können. Wie sind die Rollen und die Einbindung von Querdenkern und Personen, die eine »Spielwiese« bekommen, anzulegen? Wie gestaltet man die Kooperation und den Austausch mit Entwicklungspartnern? Hierbei geht es darum, einerseits Beziehungskapital aufzubauen und zu mehren, andererseits aber auch auf klar vereinbarte Spielregeln der Zusammenarbeit und Rollen im Strategieprozeß zu achten. Da solche Klärungsprozesse häufig sozial und emotional schwierig sind, wird ein Berater in diesen Fällen oft hilfreich sein, um entsprechende Architekturen und Kooperationsbeziehungen so auszugestalten, daß sie für alle Beteiligten tragfähig und fruchtbar sind.

Der ungenutzte Raum

Alexander Exner

>»Euer Haus ist euer größerer Körper.«

Khalil Gibran 2001

>»Raum ist nie nur der physikalische Raum, sondern
immer symbolischer Raum. Raum ist also nie, Raum
wird. Er wird durch Bestimmung und Stimmung,
durch Zuschreibung. Reale Räume entstehen durch die
Entwicklung geistiger Räume.«

Gepfefferte Erdbeeren

1. Einleitung und Kritik der geübten Praxis

Es ist sicherlich eine Binsenweisheit, daß Räume und deren Ausgestaltung
auf das, was darin geschieht, großen Einfluß haben. Wer kennt nicht das
erhebende Gefühl von Erhabenheit, das einen unter der hohen, gewölbten
Kuppel eines Doms ergreift, oder die Entspannung, die sich im gepflegten
Ambiente einer Sauna einstellt, aber auch den Streß, wenn man sich in eine
völlig ungeordnete Warteschlange eingliedern muß, oder die bedrückende
Vorstellung, vor Gericht tief unter einem Richter, der in einem schweren
Lederstuhl sitzt, auf einer Holzbank Platz nehmen zu müssen.

Die Schlußfolgerung, daß daher die für Veränderungsprozesse verantwortlichen Manager und Berater die räumliche Dimension entsprechend
berücksichtigen, liegt zwar nahe, doch entspricht dies häufig nicht der gelebten Praxis. Diese sieht nicht selten so aus, wie ich es hier in Form einer iro-
nisch-kritischen Metapher beschreiben möchte; ich wähle hierfür ein Bild aus
dem Basketballsport:

Stellen Sie sich vor, jemand hat das Ziel, ein unvergeßliches Basketball-spiel zwischen zwei Spitzenmannschaften zu veranstalten. Der für den Bau der Sporthalle zuständige Architekt errichtet ein beeindruckendes Gebäude, das dem Petersdom ähnelt. Der Designer, der das Innere der Halle gestalten soll, stellt die Basketballkörbe so auf, daß im Spielfeld drei störende Säulen stehen, und ordnet die Zuschauerränge so an, daß man zwar wunderbar auf die Anzeigetafel, doch leider nicht aufs Spielfeld sehen kann. Der Haustech-niker bringt die Scheinwerfer für die TV-Übertragung so an, daß die Spieler beim Werfen geblendet werden, und den Sessel für den Coach der Mannschaft stellt er mitten aufs Spielfeld. Ob das eine wirklich gute Basketballveranstal-tung wird?

2. Die räumliche Dimension der Beraterintervention

Wir als Berater setzen in Veränderungsprozessen bewußt Handlungen, soge-nannte Interventionen, von deren Wirkung im Klientensystem wir eine klare Vorstellung haben. Diese Interventionen können sich, theoretisch abstrahiert, auf verschiedene Dimensionen – nämlich inhaltlicher, sozialer, zeitlicher und räumlicher Natur – beziehen (Königswieser u. Exner 2002):

Dimension	Beispiel
Inhaltlich	*Welche Strategie bringt welche Chancen/Risiken?*
Sozial	*Wen lade ich zu einer Entscheidungssitzung ein?*
Zeitlich	*Eine wie lange Besprechungsdauer ist geplant?*
Räumlich	⇒ siehe die folgende Liste mit Beispielen

Vier Dimensionen der Intervention

In der folgenden Liste werden *einige Beispiele von räumlichen Interventionen* skizziert:

Räumliche Dimension	Beispiele
Grundfrage: *»Welche Orte und Räume eignen sich für welche Beratungskontexte?«*	■ Geschichtliche Bedeutung von Räumen nutzen – z. B.: Hier wurde die Vision erarbeitet, hier sind die wichtigsten Entscheidungen gefallen, hier gab es den großen Konflikt. ■ Dem Anlaß entsprechende Lokalitäten aussuchen: Werkshalle für Arbeit an Effizienz und Sparprogramm, Wellness-Hotel, um Reflexion und Kreativität zu fördern, etc. ■ Gezielt auch Orte auswählen, wo Outdoor-Elemente möglich sind, sofern dies funktional erscheint.
Grundfrage: *»Wie gestalte ich Räume, um die angestrebte Kommunikation zu stimulieren?«*	■ Über Sitzordnungen Organisationsstrukturen sichtbar machen: z. B. bei Konzernsitzungen – für jedes Einzelunternehmen des Konzerns ein Tisch mit Namenskärtchen der Geschäftsführer. Arbeitsaufgaben von allen Geschäftsführern gleichzeitig durchführen lassen. Manager, die »Multifunktionäre« sind, müssen sich entscheiden, wohin sie gehen und wie sie ihre Zeit verteilen. ■ Unterschiede (im Sinne von Information) erlebbar machen: Etwa bei einer Großveranstaltung den Raum in vier Quadranten einteilen (z. B.: Bin für diese Strategie/ Bin dagegen/Habe konkrete andere Strategievorstellung/Weiß nicht) und die Teilnehmer bitten, sich in die Quadranten zu begeben, die ihrer jeweiligen Position entsprechen. ■ Ein internationaler Konzern, der sich in Richtung Globalisierung entwickelte – was jedoch im Bewußtsein der Mitarbeiter nicht verankert war –, errichtete anläßlich einer Konferenz im Foyer den »Markt der Märkte«, um die Globalisierung analog spürbar zu machen. Jeder der 30 wichtigsten Generalimporteure hatte einen Marktstand, an dem er die grundsätzlichen Marktinformationen seines Landes, die Positionierung und die kulturelle Situation des Unternehmens darstellte. In der ersten Stunde flanierten die Teilnehmer von Stand zu Stand und erlebten so in eindrucksvoller Weise, daß die »Welt unser Markt« ist.

3. Eine Landkarte für den Praktiker

Spezifische Raumkombinationen machen gewisse Ereignisse wahrscheinlicher, weil sie Stimmungen im einzelnen Menschen wie auch in sozialen Systemen stimulieren. »Der Mensch kann sich im Raum verloren oder geborgen,
in der Einheit mit ihm oder im Gefühl der Fremdheit zu ihm finden. So handelt es sich um Formen der Befindlichkeit im Raum, um Abwandlungen des
Verhältnisses zum Raum. Der Mensch *befindet* sich zugleich immer ›irgendwie‹ im Raum.« (Bollnow 2000)

Diese wissenschaftliche Beschreibung kann man vielleicht zusätzlich durch
ein simples Beispiel illustrieren: Ein Paar, das in der Fußgängerzone spazie-
rengeht, wird wohl auf andere Ideen kommen als ein Paar, das allein im
steckengebliebenen Aufzug festsitzt.

Ich möchte hier (S. 111) eine »Landkarte« mit Ansatzpunkten für eine
aktive Gestaltung der Interventionsdimension »Raum« vorstellen. Sie ent-

Landkarte von Gestaltungselementen

stand im Laufe meiner Praxis, wurde von einigen Kolleginnen und Kollegen ergänzt und soll – ohne irgendeinen Anspruch auf Vollständigkeit zu erheben – Anregungen für den bewußten Umgang mit dieser Dimension geben. Man kann sie als Grundlage für eine – hoffentlich gelungene – Zusammenstellung von einzelnen Komponenten zur Gestaltung von Interventionen heranziehen.

4. Zum Abschluß noch zwei Beispiele aus meiner Praxis als Berater

Das schlechte Beispiel
Vor vielen Jahren wurde ich einmal eingeladen, unsere Firma in einem sehr traditionsreichen Unternehmen zu präsentieren. Die Begegnung mit dem 80jährigen Firmeninhaber und dem 55jährigen Junior fand im Besprechungszimmer des Unternehmens statt. An den Wänden hingen Ölgemälde – Porträts der Vorfahren aus sechs Generationen. Ich benötigte für meine Präsentation ein Flipchart und wollte dieses im Raum sichtbar anbringen.

In Ermangelung anderer Möglichkeiten hänge ich es einfach über die Ölbilder der Ahnen, was die Aura des Raums völlig veränderte und meinem Gefühl nach endlich eine gute Arbeitsatmosphäre herstellte. Interessanterweise hat die Firma nach diesem Erstkontakt nie wieder von sich hören lassen.

Das gute Beispiel
Und wieder eine Vorstellungssituation: Wir waren bei einem global tätigen Konzern eingeladen, ein Vorgespräch über ein Weiterbildungscurriculum für die internen Berater zu führen. In dem dafür vorgesehenen Konferenzzimmer stand raumfüllend ein schwerer Eichentisch. Unser Ersuchen, diesen Tisch hinauszutragen, wurde abgelehnt: Er sei schon immer hier und sei überdies zu schwer, um ihn zu transportieren. Wir ließen uns aber nicht entmutigen und bestanden auf unserer Forderung, weil es uns sonst nicht möglich sei, unsere Arbeitsformen auch analog zu demonstrieren.

Nach schwierigen Verhandlungen und mit tatkräftiger Hilfe zweier Haustechniker, schafften wir es schließlich doch, dieses Ungetüm zu entfernen. In der Folge hatten wir dann eine sehr anregende Arbeitssequenz mit den Delegierten der internen Berater. Wenngleich wir anfangs mit unserer »Sturheit«

Befremden ausgelöst hatten, erhielten wir am Ende den Auftrag. Und zwar gab man uns gegenüber fünf Mitbewerbern den Vorzug – mit dem Argument, daß wir am eindrucksvollsten unsere Bereitschaft und unsere Möglichkeiten demonstriert hätten, völlig selbstverständliche Muster zu irritieren und damit Energie für Veränderung freizusetzen.

Zusammenfassend möchte ich nochmals betonen, daß der bewußte Umgang mit der räumlichen Dimension von Interventionen die zielgerichtete Kommunikation im und mit dem Klientensystem unterstützt. Diese Form der Intervention wird sehr oft vom Klientensystem gar nicht bewußt als solche wahrgenommen, was ihrer Wirkung durchaus zuträglich sein kann.

Flops oder Mißerfolge in der systemischen Beratung

Michael Patak, Ruth Simsa

> Man sollte nicht immer die gleichen Fehler machen,
> die Auswahl ist doch groß genug.
>
> *Robert Lembke*

Dieser Aufsatz soll Berater bei der Reflexion über eigene Erfolgskriterien unterstützen. Dazu wird zunächst überlegt, wie denn Mißerfolge vor dem Hintergrund eines systemtheoretischen Zugangs überhaupt festgestellt werden können, wie unterschiedliche Perspektiven wirksam werden und welche Schwierigkeiten (und Vorteile) dies für Berater bringen kann. Im nächsten Schritt werden handfeste Ursachen des Scheiterns genannt: nicht, um sie zur Wiederholung zu empfehlen, sondern weil Aufmerksamkeit oft ein erster Schritt zur Vermeidung ist.

Das Interesse an der Erfolgsmessung von Beratung steigt mit Sicherheit. Wirtschaftliche Engpässe führen auch am Beratungsmarkt zu mehr Legitimationspflicht und verstärkten Bemühungen der Evaluation. Damit verbunden ist die Gefahr einseitiger und kurzfristiger Erfolgsmessung. Dieser Aufsatz versteht sich gleichermaßen als Warnung vor zu stark simplifizierenden Evaluationen und als ein (kleiner) Baustein in der pro-aktiven Entwicklung geeigneter, langfristiger Erfolgsfeststellungen.

Berater verhelfen ihren Kunden zu – mehr – Erfolg. Und rasch stellt sich die Frage, wie der Erfolg von Beratung nachgewiesen und quantifiziert werden kann: eine Frage, die je nach Beratungsansatz schwer oder sehr schwer zu beantworten ist. Gerade der systemische Ansatz läßt eine monokausale Zuordnung von Erfolg zu einer isoliert betrachteten Intervention in so komplexen Systemen wie Unternehmen nicht gelten.

Die Frage von Erfolg und Mißerfolg ist also nur auf den ersten Blick leicht zu beantworten. In Change-Prozessen, wo naturgemäß vieles in Bewegung ist, ist es dann noch einmal schwieriger, Konsequenzen von Interventionen in bezug auf ihren Erfolg zu isolieren.

Wir wollten es aber trotzdem wissen, und da wir – als geschulte Systemiker – in unserem Kulturkreis ständig auf der Suche nach dem Guten im Schlechten sind (siehe auch Matthias Horx' Manifest gegen die Jammerkultur, Horx 1997), wollen wir den Gedanken hier einmal umkehren und nach den Flops oder Ursachen für Versagen suchen: eine Umkehrung, die uns in Projekten mit Kunden auch immer wieder hilfreich ist. Erfahrungsgemäß aber nur dann, wenn diese Umkehrung spielerisch, aber konsequent zu Ende gedacht werden kann – wenn also nicht immer wieder beteuert werden muß, daß man selbst ja an Mißerfolgen oder Flops natürlich nicht wirklich interessiert ist.

Wir hoffen auch, über den »Umweg« der Flops einen Beitrag zu mehr Klarheit und zu Erfolgskriterien von Beratung leisten zu können. Also haben wir über das Thema »Erfolg und Mißerfolg von Beratung« mit einigen Kollegen gesprochen. Nach zum Teil anfänglichem Zögern entwickelten sich meist angeregte Gespräche. Die Ergebnisse und unsere daraus abgeleiteten Hypothesen stellen wir im Folgenden vor.

1. Theoretische Schwierigkeiten: Ist alles nur eine Frage der Perspektive, und ist systemische Beratung somit eine moderne Form von Unverwundbarkeit?

1.1 Systemische Beratung als moderne Form von Unverwundbarkeit?

Die Frage nach Erfolg oder Nicht-Erfolg einer Intervention setzt letztlich den Glauben an Ursache-Wirkungs-Beziehungen voraus. Die Systemtheorie geht nun aber von systemischer Autopoiese und nicht-trivialen Eigendynamiken von Systemen aus, welche eindeutige Zusammenhänge von Ursachen (Interventionen) und Wirkungen (Systemzuständen) in Frage stellen (Luhmann 1998, 2000; Willke 1995; Simsa 2003). Wenn zudem – im Rahmen des Konstruktivismus – angenommen wird, daß jegliche Beobachtung auf Annahmen und Zuschreibungen beruht und damit eine Konstruktionsleistung des beobachtenden Systems ist, dann ist auch die Zuschreibung von Erfolg oder Nicht-Erfolg eine Konstruktion, deren Nützlichkeit es zu überprüfen gilt.

Die Wahl des systemischen Paradigmas als Basis für das eigene professionelle Handeln bedingt somit – im Unterschied etwa zur Fachberatung – immer eine gewisse Kontingenz: man kann Ergebnisse nie klar messen und grundsätzlich alles immer auch anders sehen. Positiv konnotiert führt dies tatsächlich zu einer gewissen Unangreifbarkeit: Kritik wird zu einer subjektiven Zuschreibung und Mißerfolg zur reinen Konstruktion – letztlich kann immer auch die Eigendynamik des Systems an unerwünschten Resultaten »schuld« sein.

Die Kehrseite dieser Unangreifbarkeit ist eine permanente Unsicherheit und bisweilen das Gefühl, nie definitiv zu wissen, ob man den eigenen Beruf auch tatsächlich beherrscht. Auch in der Wahrnehmung von außen – etwa von seiten weniger wohlmeinender Bekannter – kann es bisweilen Probleme geben; die Frage: »Sag mal, was genau machst du da für über 2.000,– Euro täglich?«, ist nicht einfach zu beantworten. – Die »Unverwundbarkeit« wird damit rasch zur Archillesferse.

Die folgenden zwei Beispiele zeigen, daß die Frage nach Erfolg oder Mißerfolg von ein und demselben Akteur bzw. zu unterschiedlichen Zeitpunkten höchst unterschiedlich beantwortet werden kann:

Bei einem Abteilungsworkshop, der von einem Kollegen im Rahmen eines Change-Prozesses geleitet wurde, gab es zunächst großes Lob von den Mitarbeitern wie auch vom Abteilungsleiter. Der Tenor: »Endlich haben wir wieder Orientierung und kennen uns aus, wir fühlen uns jetzt wieder motivierter...« Ein halbes Jahr später sah der Abteilungsleiter dies ganz anders, bei einem zufälligen Treffen mit dem Berater meinte er, daß der Workshop »eigentlich kein Erfolg gewesen sei«, da der Alltagstrott zu schnell wieder bestimmend geworden sei und zudem ein im Zuge der Beratung angesprochener Konflikt das Team mehr beschäftigt habe, als ihm lieb gewesen sei. Weitere zwei Jahre später kam es erneut zu einem Treffen mit dem Berater. Der ehemalige Abteilungsleiter war in der Zwischenzeit in eine höhere Position aufgerückt und erklärte: »Rückblickend betrachtet war der damalige Workshop ein Meilenstein in der Implementierung lebensnotwendiger Veränderungen. Wir reden noch heute immer wieder davon.«

Ein Berater coachte einen Manager, der aufgrund von ständigen Veränderungen im Unternehmen neue Orientierung für sein Führungsverhalten und seine persönlichen Ziele suchte. Nach einer Einheit des insgesamt sehr erfolgreichen Prozesses hatte der Berater selbst ein sehr schlechtes Gefühl, da seinem Eindruck nach in dieser Stunde kein Fortschritt gelungen war – oder jedenfalls nicht genug. Er war höchst überrascht, als der Kunde in der nächsten Einheit mit großer Begeisterung über diese Stunde sprach. Er hätte in der Zwischenzeit einen wichtigen Entwicklungsschritt gesetzt, der auf eine Intervention des Beraters zurückzuführen sei. Der Berater konnte sich an diese Intervention nicht mehr erinnern. Hier hatte ein »Nebensatz«, dem der Berater selbst nur wenig Bedeutung beigemessen hatte, in der Wahrnehmung des Kunden viel bewirkt.

1.2 Ist alles nur eine Frage der Perspektive?

»Wenn es nur eine Wahrheit gäbe, könnte man nicht hundert Bilder über dasselbe Thema malen«, hat Pablo Picasso einmal gesagt – entscheidend für die Frage nach Erfolg oder Mißerfolg ist jedenfalls die Perspektive. Der Erfolg von Beratung kann immer aus zumindest drei Perspektiven beurteilt werden, nämlich aus der des Beraters, der des Klienten und der des Marktes.

Die *Marktlogik* ist die einzige, die klare Erfolgs- bzw. Mißerfolgskriterien bietet; hier entscheidet Geld – über erzielbare Tagsätze (das Honorar für einen Tag Beratung pro Berater) und Folgeaufträge – zumindest mittelfristig über Erfolg (»Wenn ich auch weiterhin Aufträge bekomme und hohe Tagsätze erzielen kann, dann kann meine Arbeit nicht ganz falsch gewesen sein.«).

Die *Logik des Klientensystems* ist eine eigene, nie ganz durchschaubare Logik. Die damit zusammenhängende Unklarheit kann bei sorgfältiger Auftragsklärung bestenfalls gemindert werden, letztlich bleibt das Klientensystem eine *black box* mit eigenen Mustern. Über sorgfältige Beobachtung und Hypothesenbildung kann man sich diesbezüglich ein mehr oder weniger adäquates Bild machen, mehr aber auch nicht. Zu welchem Zweck man den Berater hinzuzieht und ob die Ergebnisse als Erfolg gewertet werden – bzw. welche Ergebnisse seinen Interventionen zugerechnet werden –, dies obliegt der Logik des Systems. Ob man als Berater nur geholt wird, damit nichts verändert werden soll, man aber mit besserem Gewissen wie gehabt weitermachen kann, ob tatsächlich ein Veränderungswille besteht und ob dieser wirklich in bezug auf das genannte Problem besteht, ist letztlich nicht objektiv eindeutig zu erkennen.

Der *Berater* mißt seine Arbeit wiederum an eigenen Ansprüchen. Ob nun Erfolg darin besteht, daß in der Schlußrunde alle ein zufriedenes Gesicht machen – oder daß sie es gerade eben nicht machen –, ob während des Projekts entstandene Nähe positiv oder negativ gewertet wird, dies hat immer mit den Vorstellungen des jeweiligen Beraters von Professionalität zu tun.

Wer kennt diese Situation nicht: Ein Beratungsprozeß wird abgeschlossen, die Kunden sind hoch zufrieden – aus der Beratersicht sieht man aber vor allem, was nicht erreicht wurde. Angesichts all dessen, was noch möglich gewesen wäre, kommt einem das Erreichte nicht als Erfolg vor.

Beratung ist hochkomplex, bereits aus der Sicht nur eines dieser Systeme kann es mehrere widersprüchliche oder ambivalente Erfolgsbeurteilungen gleichzeitig geben. Noch wahrscheinlicher ist es, daß der Erfolg einer Beratung aus diesen drei Perspektiven unterschiedlich beurteilt wird, wie das folgende Beispiel zeigt:

Im Zuge der Umstrukturierung einer großen Bank wurde eine Klausur zur Teamentwicklung einer neu zusammengesetzten Abteilung durchgeführt. Als Folge der dort festgelegten Arbeitsteilung und der damit verbundenen Konflikte verließen zwei der 18 Mitarbeiter das Team. Der Bereichsleiter, der bei der Klausur anwesend war, begrüßte diese Entwicklung, da sie aus seiner Sicht einen zwar schmerzhaften, aber notwendigen Prozeß beschleunigte und die erforderliche Klarheit herbeiführte. Der Teamleiter war dagegen sehr unzufrieden, er hatte sich eine Einigung im gesamten Team gewünscht. Der Berater konnte beide verstehen …

Der Berater kann aus seiner Sicht entsprechend den »Regeln der Kunst« gut gearbeitet haben, aber die Klienten sind unzufrieden – vielleicht gerade, weil man gut war –, und der Kontrakt endet. Aus der professionellen Logik heraus kann es, um ein weiteres Beispiel zu bringen, gerade sinnvoll sein, die Beratung abzuschließen, um die Klienten zu mehr Selbständigkeit anzuregen, selbst wenn dies die Klienten von sich aus noch nicht wollen und es der Marktlogik entgegenläuft.

Beraterfirmen tendieren – relativ unabhängig davon, wie weit sie sich einer systemischen Haltung verpflichtet fühlen – dazu, Erfolg oder Mißerfolg nach der schlichten Differenz, ob es einen Folgeauftrag gibt oder nicht, zu beurteilen; die Sinnhaftigkeit eines Auftrags (Beraterlogik) ist dabei oft sekundär.

Wenn trotz aller Komplexität von Scheitern gesprochen wird, dann können damit folgende Situationen bzw. Ursachen gemeint sein:

1. Der Berater (das Beratungssystem) hat etwas falsch gemacht. Er hat Situationen schlicht falsch eingeschätzt, hat seine Allparteilichkeit verloren und ist zum Verbündeten einzelner Personen/Subsysteme geworden; er konnte keine tragfähige Beziehung zum Klientensystem herstellen, hat manche Aspekte übersehen oder unpassend interveniert etc. Bisweilen hindern eigene irrationale Anteile Berater daran, das zu tun, was eigentlich »richtig« wäre, genauso falsch kann es aber auch sein, im Glauben an etwas methodisch Richtiges nicht auf eigene Emotionen zu achten (vgl. auch Schüller u. Untermarzoner 2003; zu diesbezüglichen Verführbarkeiten Simsa u. Krainz 2004).

2. Der Berater hat – soweit man das beurteilen kann – alles richtig gemacht, das Projekt ist aber gescheitert, weil die Bedingungen im Umfeld einen Erfolg verhindert haben oder weil das Klientensystem die selbstgesteckten Ziele doch nicht erreichen wollte oder konnte. Oftmals sieht ein bestimmtes Ergebnis wie das Scheitern des Change-Prozesses selbst aus, ist aber eigentlich auf Eigendynamiken und Turbulenzen des Umfelds (und zwar jenem der Berater wie auch der beratenen Branche), globale wirtschaftliche Entwicklungen, Entscheidungen auf höheren hierarchischen Ebenen etc. zurückzuführen. Wenn also real weniger möglich war, als das Beratungssystem – gemessen an eigenen Ansprüchen – hätte erreichen müssen, so kann dies trotz professioneller Arbeit als Scheitern erlebt werden.

3. Auch ein insgesamt – gemessen an den definierten Zielen – erfolgreicher Change-Prozeß kann in Teilaspekten oder auch Nebenfolgen als negativ erlebt werden. So mußte z. B. infolge eines insgesamt erfolgreichen langjährigen Change-Prozesses eine Person das Unternehmen verlassen und konnte dies persönlich nicht verkraften. Beteiligte Berater erlebten dies noch Jahre später als emotionale Belastung, und das Gefühl des Versagens kam u. a. daher, daß sie eine Entwicklung nicht verhindern bzw. Zuschreibungen von »Allmächtigkeit« nicht einhalten konnten, jedenfalls aber diese Entwicklung nicht früh genug erkannt und thematisiert hatten.

1.3 Verantwortung trotz bzw. wegen Kontingenz

Gerade angesichts der hohen Kontingenz der Frage des Erfolgs von Beratung wird die persönliche Verantwortungsübernahme des Beraters entscheidend. Da keine der beteiligten Personen bzw. Systeme sich nur auf objektiv meßbare Fakten und Zahlen verlassen können, wird ein verantwortlicher, sorgfältiger und auch selbstkritischer Umgang mit eigenen Unzulänglichkeiten, Fehlern und Grenzen sowie mit problematischen Entwicklungen, die sich aus dem Zusammenspiel von Berater- und Klientensystem ergeben, zum Zeichen von Professionalität. Ein nächster Schritt zur Übernahme von Verantwortung ist eine offene und reflexive Kooperation von Berater- und Klientensystem in der gemeinsamen Wirklichkeitsdefinition, die ja Grundlage für die Feststellung von Erfolg oder Mißerfolg ist. Konstruktivismus und Systemtheorie können also nicht als Ausrede dienen, sondern sind eine Quelle erhöhter Verantwortung!

Wichtige Fragen, die jeder Berater für sich regelmäßig klären muß, sind z. B. die folgenden:

- Wofür übernehme ich als Berater (vor mir selbst) Verantwortung?
- Wie gut gelingt es mir, verantwortungsvoll mit Widersprüchen und unterschiedlichen Perspektiven umzugehen?
- Welche bzw. wessen Interessen verfolge ich?
- Wie sorgfältig gehe ich insgesamt mit der übernommenen Aufgabe und der Schwierigkeit der Erfolgsmessung um?
- Wie regelmäßig und konsequent bespreche ich das Thema »Erfolg« mit den Klienten?

2. Praktische Erfahrungen: Die häufigsten Fehlerquellen

2.1 Ist »missionarischer Eifer« von Beratern die häufigste Ursache von Flops?

»Heftiges Streben nach einem Ziel macht die Seele für anderes blind«, so Demokrit. – So sehr das Streben des Beraters auch das Wohl des Kunden sein mag: auch er hat Ziele, Werte und eigene Vorstellungen. Der »Profi« reflektiert diese natürlich häufig und sorgt – z. B. in Supervision – dafür, daß diese nicht in Beratungsprozessen unbemerkt steuernd werden. Die gelebte Praxis kann mit diesem Anspruch dann häufig doch nicht mithalten.

Im folgenden ein Beispiel für die Unterschiedlichkeit zwischen Berateransprüchen und Kundenmotiven:

In einem Beratungsprojekt ging es um die strategische Neupositionierung einer grundsätzlich erfolgreichen internationalen Handels- und Produktionsfirma. Die beiden Geschäftsführer stellten den Standort, das Produktportfolio, die Rechtsform sowie einige Aspekte der Aufbauorganisation in Frage. Die Situation des Unternehmens wie auch ihre Arbeitssituation wurde von beiden als äußerst belastend erlebt, und beide sahen vor allem deswegen eine sehr dringliche Veränderungsnotwendigkeit.

Ökonomisch war das Unternehmen von der angespannten wirtschaftlichen Lage zwar betroffen, aber nicht gefährdet. Der Berater fand das Projekt sehr anspruchsvoll und interessant, auch er sah eine große Notwendigkeit von fundamentalen Veränderungen und konnte die hohe Belastung der beiden Geschäftsführer nachvollziehen. In der Folge konzipierte er einen komplexen Veränderungsprozeß und schlug auch die Einbeziehung von zusätzlichen Fachberatern vor – beides fand grundsätzlich Zustimmung von seiten der Geschäftsführer.

Trotzdem blieb es letztlich nur bei einigen wenigen Besprechungen in durchaus guter, konstruktiver Atmosphäre. Aus Zeitnot – angesichts der Dringlichkeit des operativen Tagesgeschäfts – wurde die Beratung nicht fortgesetzt. Die Kunden waren mit der Beratung sehr zufrieden und von der Professionalität des Beraters durchaus angetan, sie wollten lediglich die notwendigen Veränderungen eigentlich (noch/doch) nicht vornehmen.

Einer der Geschäftsführer war besonders an allen Vorschlägen interessiert, diskutierte diese auch bereitwillig, machte aber – dem Anschein nach – trotz aller Belastungen ganz gerne weiter wie bisher. Der zweite Geschäftsführer litt augenscheinlich weit mehr unter der Situation, beklagte sich auch oft und ausführlich, war jedoch grundsätzlich an Veränderungen nicht einmal theoretisch interessiert. Er war dennoch hoch zufrieden mit der Beratung – der Diagnose des Beraters nach vor allem deswegen, weil er endlich wieder einen Zuhörer für seine Klagen gefunden hatte. Der einzige, der dieses Projekt als Flop erlebte, war der Berater.

Steve de Shazer unterscheidet in einer einfachen Klientypologie *visitor*, *complainer* und *client* und meint, eines der größten »Probleme« von Therapie und Beratung liege in der Verwechslung und damit »Falschbehandlung« der einzelnen Typen.

Der *visitor* (Besucher) ist neugierig, will neue Dinge sehen und erleben, mehr nicht. Der *complainer* (etwa: Beschwerdeführer) möchte sich beklagen, er sucht jemanden, der ihm zuhört, ihm Verständnis entgegenbringt, an Lösungen ist er – noch – nicht interessiert. Der *client* (Klient) will mit dem Therapeuten bzw. Berater an seinen Problemen arbeiten, sucht nach Lösungen und ist grundsätzlich auch veränderungsbereit. Eine respektable Anzahl von Mißerfolgen dürfte darin begründet sein, daß aus freundlichen *visitors* oder aus friedlichen *complainers* mit großem Kraftaufwand von überzeugten Beratern unzufriedene *clients* gemacht wurden.

Der Berater, dem diese These als zu gewagt erscheint, möge nur kurz überlegen und nachzählen, wie oft in den letzten Wochen Klienten »zufällig« *genau jenes* Problem hatten, das mit den Antworten oder Methoden, von denen der Berater gerade unlängst irgendwo gelesen oder gehört hatte, zu bearbeiten war. Ein Beispiel geben die Erinnerungen eines Beraters:

»Nachdem ich selbst ein wirklich faszinierendes Buch über Kundenorientierung gelesen hatte, brachte ich es eine Zeitlang in alle Prozesse als Kernthema ein. Es gelang mir sogar meist, die Kunden davon zu überzeugen, daß dies ihr dringlichstes Problem sei ...«

2.2 Oder ist auch bei Systemikern letztlich Nachlässigkeit die häufigste Fehlerursache?

Unsere Gespräche mit Kollegen haben auch gezeigt, daß ein Gutteil dessen, was als Mißerfolg erlebt und geschildert wurde, wenig komplex und kontingent war – manchmal führt auch schlicht Schlamperei zu Mißerfolg. Die folgenden Gründe für Mißerfolge wurden beispielsweise in Interviews mit Kollegen häufig genannt:

- Wir hatten keine Zeit für solide Hypothesenbildung.
- Ich habe gleich gespürt, daß ich mit dem Kunden/ Kollegen nicht arbeiten kann und will.
- Wir hätten die Unterlagen nicht herumliegen lassen sollen.
- Wir haben keine sorgfältige Auftragsklärung vorgenommen.
- Wir hätten uns vor der Kick-off-Veranstaltung mehr Gedanken über

unsere interne Arbeitsteilung machen und das Design genauer über-denken sollen.

- Als die Person des Auftraggebers wechselte, hätten wir uns einen neu-en Auftrag holen müssen.
- Ich habe einen Auftrag angenommen, obwohl ich gleich gesehen habe, das er so nicht zu erfüllen war.

Die jeweiligen Ursachen für solche Mängel sind nur als Konstruktionen bzw. Hypothesen festzumachen. Trotzdem: Ursachen liegen zum einen in der Marktlogik – der Zwang, Umsatz zu bringen, führt oft zum »Tanz auf zu vielen Hochzeiten« und damit zu Zeitnot, Streß, Überforderung. Auch der Narzißmus von Beratern kann letztlich zur Annahme von zu vielen Aufträgen führen – wen freut es nicht, das nach ihm gefragt wird, insbesondere wenn Klienten gerade nur einen selbst als Berater wollen.

2.3 Oder müssen wir tiefer gehen und gar von grundsätzlichen »Schwierig-keiten« des systemischen Beratungs-Paradigmas sprechen?

Eine nicht unplausible Hypothese lautet, daß das systemische Paradigma – gemessen an eigenen Qualitätsstandards und theoretischen Anforderun-gen – aus mehreren Gründen oft an der Praxis scheitert. Teils sind diese Gründe temporär, d.h. von der gegenwärtigen ökonomischen Situation bestimmt, teils sind sie grundsätzlich, d.h. haben mit »blinden Flecken« der Systemtheorie zu tun:

- Berater (-firmen) unterliegen dem ökonomischen Prinzip. Dieses erlaubt vor allem in Zeiten der Rezession kaum Projekte in einem Aus-maß, das systemische Beratung ermöglicht (ausreichend großes und stabiles Beratungssystem, welches das Oszillieren zwischen Situa-tionsanalyse und Metaanalyse und eine ausführliche Hypothesenbil-dung möglich macht).
- Ähnlich wie die Theorien zur Gruppendynamik orientiert sich das systemische Verständnis (gegenwärtig?) zu sehr auf die Gewinnung von Einfluß und Macht hin. Emotionen, archetypische Verhaltensmuster, Moral, persönliche Beziehungen spielen eine Rolle in der Beratung, werden aber vom systemischen Paradigma nicht ausreichend gesehen – die Theorie hat kein Instrumentarium dafür.

3. Checklist: Garantien für Flops – die häufigsten Ursachen für Mißerfolge in der Beratung von Change-Prozessen

Wenn wir schon versucht haben, die Umkehrung unseres eigentlichen Interesses – nämlich Erfolg – bis hierher durchzuhalten, so wollen wir auch den Schluß – die *conclusio* – umkehren. Es folgt also eine Anleitung zum Scheitern.

Die vorgestellten paradoxen Tips führen mit hoher Wahrscheinlichkeit zu Mißerfolgen. Sie sind keine umfassende und allgemeine Beratungs-Checklist – davon gibt es schon genug –, sondern eine Schlußfolgerung aus den Gedanken dieses Artikels und den Interviews, die wir dafür durchgeführt haben:

- Nimm dir keine Zeit für ausführliche Staff-Treffen und Hypothesenbildung. Der Kunde kann/will ohnehin nicht dafür zahlen, und mit ein bißchen Erfahrung kannst du das locker wettmachen.
- Als bekannter, gefragter Berater (fast schon: Guru) brauchst du dich nicht in die kleingeistigen Niederungen von schriftlichen Aufträgen, Dokumentation und genauer Vorbereitung etc. zu begeben. Ein Design wird dir zur Not auch in der Situation einfallen, und daß du dir alle Namen oder die Positionen der Teilnehmer merkst, kann wohl niemand von dir erwarten.
- Dank deines Scharfblicks und deiner Professionalität erkennst du am besten, was der Kunde wirklich braucht, und du bist ja auch Berater geworden, um ihm das zu geben. Sollte er das nicht erkennen, dann überzeuge ihn mit Nachdruck.
- Sei dir deiner Mindeststandards (Vorbereitungstage, Mindestdauer von Veranstaltungen, notwendige »Formalitäten« der Auftragsvergabe etc.) bewußt, aber mache deren Einhaltung von der Marktlage, deiner persönlichen Auslastung und dem Budget des Klienten abhängig.
- Genug ist nie genug! Versuche immer, alle relevanten und theoretisch möglichen Perspektiven zu sehen und zu berücksichtigen. Die nicht enden wollende Diagnose wird dich davor bewahren, Fehler zu machen, da du ohnehin nicht mehr zum Handeln kommst. (Das ist zwar letztlich auch eine Intervention, mangelnde Gründlichkeit wird man dir aber wenigstens nicht vorwerfen können.)
- Entscheide dich für eine Lieblingshypothese und bleibe dabei, was

immer auch passiert. So kannst du nicht von Komplexität überrollt werden.

- Im Sinne der Komplexitätsreduktion ist es günstig, Widersprüche möglichst zu meiden. Ein Mittel dazu ist, grundsätzlich alle Verantwortung beim Klienten und den relevanten Umwelten zu suchen, schließlich ist es ihre Sicht bzw. ihr Einfluß, wenn ein Projekt nicht als gelungen gilt.
- Man bindet sich mit Kollegen in einem Beratungsprozeß nicht ewig. Sei daher nicht zu wählerisch bei der Staff-Bildung und kümmere dich, solange es sich vermeiden läßt, nicht um Differenzen im Staff – der Kunde zahlt schließlich nicht für eure interne Gruppendynamik.
- Am besten, billigsten und effektivsten ist es generell, wenn du konsequent alleine arbeitest. Du mußt dich dann nicht mit Kollegen im Team plagen, bist weniger mit anderen, irritierenden Sichtweisen konfrontiert und sparst dir die aufwendige Terminkoordination.

Sollte uns jemand zwingen, *die eine wichtigste Erkenntnis* aus unseren Gedanken in diesem Aufsatz auf den Punkt zu bringen, so wäre dies vermutlich, wie wichtig und notwendig die konsequente, sorgfältige und reflektierte Zusammenstellung des Beraterteams ist.

Aber gottlob verlangt das ja niemand von uns.

Staffarbeit

Eva-Maria Preier

1. Einleitung

Die Geschäftsführung eines deutschen Dienstleistungsunternehmens beauftragte meine Kollegin und mich, das Unternehmen auf die herausfordernde Zukunft vorzubereiten. Ein Element der Projektarchitektur war die Arbeit mit den beiden Geschäftsführern und der ersten Führungsebene in regelmäßigen Workshops. Am Beginn eines Workshops wurden meine Kollegin und ich von einem der beiden Geschäftsführer mit Änderungswünschen hinsichtlich des lange vorher festgelegten Zeitplans konfrontiert. Dies löste einen Konflikt mit dem anderen Geschäftsführer aus. Im Rahmen unserer Staffarbeit hatten wir diesen Konflikt vorausgesehen.

Staffarbeit ist mehr als nur Organisation. Staffarbeit ist »lustvoll, vergnüglich, notwendig und spannend, aber auch lästig, unnötig, anstrengend, für den Auftraggeber oft unverständlich und mit Kosten verbunden, für den Staff entlastend«. Diese Eigenschaften und noch viele andere werden Staffarbeit zugeschrieben, wenn man Kunden, Berater und Trainer nach ihren Erfahrungen bzw. Meinungen fragt.

Viele verstehen unter Staffarbeit ausschließlich die organisatorische Vor- und Nachbereitung von Workshops und Trainings, die nicht selten »zwischen Tür und Angel« passiert. In unserer Beratungspraxis umfaßt Staffarbeit viel mehr. Sie wird am Anfang eines Projekts mit den Kollegen ebenso vereinbart wie die Zeit, in der die Arbeit mit dem Kunden stattfindet. »Staffen« findet vor, nach und zwischen Workshops und anderen Beratungssequenzen, aber auch in den Pausen statt. Staffarbeit ist die inhaltliche Vorbereitung, Planung, Designerstellung und Nachbereitung der Arbeit beim Kunden vor Ort, sie umfaßt Aufgaben- und Rollenverteilung, permanentes Durchlaufen der systemischen Schleife (Informationen sammeln, Hypothesen bilden, Interventionen planen etc.), konsequente Reflexion der Arbeit mit dem Kunden. Man könnte sie gleichsam als eine Form von regelmäßigen Navigationsbesprechungen auf hoher See betrachten. Wir rechnen ca. ein Drittel – manchmal auch die Hälfte – des Zeitaufwands beim Kunden für Staffarbeit ein. Der Kunde sieht die Arbeit meist nur dann, wenn wir uns z. B. in der Mittagspause mit den Kollegen an einen anderen Tisch setzen und beim Essen staffen. Gute Staffarbeit ist ein wesentlicher Erfolgsfaktor in der Beratung. Je mehr Berater in einem Projekt arbeiten bzw. je schwieriger das Projekt ist, um so wichtiger ist Staffarbeit, um »auf Kurs« zu bleiben.

Die folgenden zwei Beispiele geben einen Einblick in den Berateralltag und veranschaulichen die Vielschichtigkeit der Staffarbeit. Zum Schluß finden Sie eine Zusammenstellung von Bedingungen für eine Staffarbeit, die funktioniert und auch Spaß macht.

2. Erstes Beispiel: »Tagebuch einer Staffarbeit«

Im folgenden gebe ich in Auszügen eine tagebuchartige Schilderung der Staffarbeit im Rahmen von zwei Workshops wieder, die von meiner Kollegin und mir an zwei aufeinanderfolgenden Tagen durchgeführt wurden.

Vorbereitung
■ Ein halber Tag Vorbereitung, eine Woche vor den Workshops. – Nach der systemischen Schleife sammeln wir im ersten Schritt Informationen:
  – Inhaltlicher Rückblick: Durchsicht der Unterlagen, Mitschriften und der Nachbereitung der letzten Workshops in diesem Unternehmen. Welche Themen wurden bearbeitet? Was ist vereinbart worden? Welche Themen sind für die kommenden Workshops geplant?
  – Sozial/emotional: Wie war die Atmosphäre bei den letzten Workshops? Wie war die Stimmung bei den einzelnen Teilnehmern? Gab es Konflikte, Koalitionen, Widerstände u. a.? Was war unterschwellig zu spüren?
  – Aktueller Stand: Gibt es neue Informationen über das Projekt und das Unternehmen? Wurden Telefonate mit dem Kunden geführt? Wer sind die Teilnehmer? Hat sich jemand entschuldigt? Ich berichte von einem Telefonat mit dem Geschäftsführer X, unserem Auf-

traggeber. Er erzählte mir, daß Mitarbeiter sich bei ihm zunehmend über seinen Kollegen (Geschäftsführer Y) beschwerten. Er sei ungeduldig, ungehalten, wolle über jedes Detail im Unternehmen informiert werden und zeige ein Verhalten, das für ihn untypisch sei.

– Planung: Nachdem wir alle Informationen gesammelt haben, gehen wir zur Hypothesenbildung über. Was werden in bezug auf die kommenden Workshops die Erwartungen, Hoffnungen, Befürchtungen der Teilnehmer sein? Was ist mit Geschäftsführer Y los? Eine Hypothese ist, daß er sich von den geplanten Veränderungen im Unternehmen überfordert fühlt. Außerdem könnte er auf seinen Geschäftsführerkollegen X eifersüchtig sein, da dieser das Projekt initiiert hat und intensiv fördert.

Auf Basis aller Hypothesen erstellen wir die Designs der beiden Workshops. Wir entscheiden, Geschäftsführer Y und den Bezug der anderen zu ihm – d.h. das Verhalten ihm gegenüber, die verbale und nonverbale Kommunikation der anderen Workshopteilnehmer – gut im Auge zu behalten, zur Zeit jedoch nichts zu unternehmen.

Erster Tag, erster Workshop

■ Wir treffen eine halbe Stunde vor Workshop-Beginn ein, um den Raum »einzurichten«, das heißt: Flipcharts vorschreiben, Materialien und Unterlagen vorbereiten, Stühle im Kreis aufstellen. Langsam kommen die Teilnehmer, die mit uns noch einen Kaffee trinken, uns die neuesten Ereignisse berichten und Small talk betreiben wollen. Ab diesem Zeitpunkt steckt hinter der scheinbaren Plauderlaune bereits eine angespannte Aufmerksamkeit.

■ Start des Workshops: Als wir den zeitlichen Ablauf vorstellen – die Arbeitszeiten wurden zu Beginn des Projekts gemeinsam vereinbart –, kommt von Geschäftsführer Y der Wunsch, die Mittagspause von eineinhalb auf eine halbe Stunde zu verkürzen und den Workshop früher zu beenden. Er habe noch einen wichtigen Termin und müsse deshalb früher gehen. Außerdem meint er, daß er sowieso keine Pause brauche und Pausen vergeudete Zeit seien. Und wenn wir als Beraterinnen etwas essen möchten, würde er uns einen Imbiß besorgen. Geschäftsführer X reagiert mit Unverständnis und beharrt auf den Arbeitszeiten, da sie gemeinsam vereinbart worden seien und er außerdem in der

Mittagspause einen Termin habe. Ein Wort gibt das andere. Bevor der Workshop richtig begonnen hat, gibt es schon einen Konflikt und erfolgt auf uns als Beraterinnen ein indirekter Angriff. Meine Kollegin und ich leiten – nachdem wir uns mit einem kurzen Blick verständigt haben – einen Open Staff ein. Unsere Hypothesen in der Vorbereitung haben sich bestätigt.

Im Open Staff setzen meine Kollegin und ich uns in die Mitte des Teilnehmerkreises und tauschen unsere Beobachtungen, Gefühle und Hypothesen zu dem Vorfall aus (siehe auch den Beitrag zur »Resonanzarbeit« von Hella Exner in diesem Buch). Wir erörtern, wie man damit umgehen könnte, und machen Vorschläge zum weiteren Vorgehen. Ein solcher Open Staff läuft in Form eines Dialogs zwischen den Beraterinnen ab, die Teilnehmer hören dabei zu. In diesem Fall sprechen wir den schwelenden Konflikt an, den Widerstand des Geschäftsführers Y sowie unsere Vermutung, daß er sich von seinem Kollegen zurückgesetzt fühlt – deskriptiv, mit Wertschätzung, ohne Beurteilung. Dadurch, daß wir das, was nur latent da ist, aber von den meisten gespürt wird, ausgesprochen haben, werden die Teilnehmer entlastet und können nun darüber reden. Y fühlt sich ernstgenommen, X kann das Verhalten von Y nachvollziehen, und wir einigen uns auf eine statt einer halben Stunde Mittagspause. Mit einiger Verspätung können wir inhaltlich weiterarbeiten.

■ In der Mittagspause ziehen meine Kollegin und ich ein Resümee des Vormittags. Da der Zeitplan nicht mehr einzuhalten ist, müssen wir den Ablauf des Nachmittags verändern. Bevor wir am Nachmittag beginnen, lädt Geschäftsführer X uns und die anderen Teilnehmer des Workshops zum Abendessen ein. Da ihm das gemeinsame Abendessen, vor allem nach dem Ereignis am Vormittag, offenbar wichtig ist, nehmen wir die Einladung an.

■ Nach dem Abendessen reflektieren wir auf einem unserer Zimmer nochmals den heutigen Tag. Die Vorbereitung des Workshops für den nächsten Tag verschieben wir auf den Morgen. Wir treffen uns um 7 Uhr zum Frühstück und staffen.

Zweiter Tag, zweiter Workshop

■ Bis zur Pause läuft alles planmäßig. In der Pause nehmen mich die Geschäftsführer X und Y zur Seite. Es geht um die Einstellung einer neuen Führungskraft, die sie mit mir »im kleinen Kreis« besprechen möchten, da ich auf diesem Gebiet Erfahrung habe. Diese Besprechung möchten sie eine halbe Stunde vor Beginn der Nachmittagseinheit stattfinden lassen. Ich freue mich über das ausgesprochene Vertrauen, bitte jedoch um Verständnis, daß ich meine Kollegin hinzuziehen möchte. Ich begründe das damit, daß wir im Staff zu zweit sind und gemeinsam entscheiden, wann und in welcher Form wir neue Themen besprechen. Wir vereinbaren, das Thema nach dem Workshop zu viert zu besprechen; meine Kollegin und ich werden einen späteren Zug nach Hause nehmen.

Auf der Heimfahrt reflektieren wir die zwei Tage, lassen unseren aufgestauten Emotionen freien Lauf (Ärger über den indirekten Angriff auf uns, aber auch Stolz, daß wir den Konflikt vorausgesehen haben und ihn erfolgreich bearbeiten konnten), entwickeln Ideen für die nächsten Workshops und freuen uns, daß die Zusammenarbeit wieder einmal gut geklappt hat. Diese »Entlastung« gehört mit dazu und ist als »Resonanz« auf das Geschehen in der Arbeit mit dem Klienten eine wichtige Quelle für die Hypothesenbildung in der Staffarbeit.

3. Zweites Beispiel: Diagnose

Eine Beraterkollegin, zwei weitere Kollegen und ich führten in einem Unternehmen eine Diagnose durch, die als Basis für den darauffolgenden Veränderungsprozeß diente. Ziel des Projekts war es, das Unternehmen »in Schwung« zu bringen und für die Zukunft notwendige Veränderungen einzuleiten. Es hatte in den letzten Jahren bereits einige Ansätze gegeben, die alle im Sande verlaufen waren.

Für die Diagnose führten wir eine Reihe von Interviews durch. Die erste Zusammenführung der Interviews sowie eine erste Auswertung erfolgte in zwei getrennten Staffs: meine Kollegin und ich sowie die zwei anderen Kollegen. In einer gemeinsamen eintägigen Staffsitzung, die nach einigen Tagen stattfand und in der wir einander Teilergebnisse sowie die zentralen Hypothesen und Interventionsvorschläge vorstellten, wurde es spannend. Im Staff zeichneten sich zwei Lager bzw. Strömungen ab. Die zentralen Hypothesen und Interventionsvorschläge hätten kaum widersprüchlicher sein können. Wer hatte nun recht? Welche waren die richtigen Hypothesen?

Es kam zu hitzigen Debatten und konfliktreichen Auseinandersetzungen. Beide »Parteien« diskutierten sehr emotional und sahen sich »im Recht«. Wir wußten nicht mehr weiter. Bei einem gemeinsamen Spaziergang, den wir uns »verordnet« hatten, besprachen wir, was sich im Beraterstaff ereignet hatte: In unserem Staff spielt sich das gleiche ab wie im Unternehmen. Wir waren *die Resonanz des Systems*. Dieselben widersprüchlichen Strömungen gab es im Unternehmen. Sie blockierten sich gegenseitig, und nichts bewegte sich – weil sie zu sehr polarisiert waren.

Unsere Auseinandersetzungen im Staff waren für den Fortgang des Projekts sehr wichtig. Daß die zentralen Widersprüche bei uns im Staff Resonanz gefunden hatten, war eine äußerst wertvolle Ressource für die Planung der weiteren Interventionen im Projekt.

Wenn ich im nachhinein Erfahrungen aus der Staffarbeit beschreibe, klingt vieles selbstverständlich und »easy«. Das Arbeiten im Staff ist jedoch immer eine äußerst intensive Arbeit, eine permanente Auseinandersetzung mit den Kollegen, dem jeweiligen Projekt und sich selbst. Und die Kunden sorgen immer wieder für neue Herausforderungen. Aber genau das macht die Staffarbeit so spannend. Die Arbeit wird lustvoll und entspannend, wenn man nach einem gelungenen Workshop bei einem Gläschen Wein mit der Kollegin oder den Kollegen den Tag reflektiert, über die »Ausrutscher«, die passiert sind, lacht und alles loswerden kann, was belastet oder begeistert.

4. Was ist nötig, damit Staffarbeit funktioniert und Spaß macht?

- Gegenseitige Wertschätzung der Kollegen;
- großes Vertrauen;
- Offenheit in bezug auf Stärken, Schwächen, Kompetenzen, Sympathien der Kollegen und deren Berücksichtigung in der Arbeit;
- Vereinbarung über die Aufgaben- und Rollenverteilung im Staff;
- Offenlegen der Kenntnisse, Informationen, Kontakte etc. mit bzw. über den Kunden;

- Ansatz, der auf Partnerschaft und Teamgeist beruht, d. h. keine Eitelkeiten und kein »Einzelkämpfertum«;
- gegenseitige Loyalität;
- Einhalten von Vereinbarungen;
- Reflexionsfähigkeit, Feedback geben und annehmen können;
- ein gemeinsamer theoretischer Bezugsrahmen (mentale Modelle, Theorien);
- keine gegenseitigen Abwertungen – vor allem nicht vor dem Kunden;
- Spaß an der Arbeit mit Kollegen.

Eine der schönsten Bestätigungen für das Gelingen von Staffarbeit bekamen ein Kollege und ich von einem Kunden: »Wie Sie als Kollegen und als Mann und Frau miteinander umgehen und arbeiten, hat für mich als Führungskraft Vorbildcharakter.«

Projektmanager als Katalysatoren von Changeprozessen

Robert Bautzmann, Wolfgang Fürnkranz, Torsten Jung

1. Einleitung

In diesem Aufsatz unterziehen wir die Zusammenhänge zwischen verschiedenen Projektformen und

- der jeweiligen Ordnung der durch das Projekt initiierten Veränderung,
- den damit notwendig verbundenen und zu gestaltenden Wissensflüssen sowie
- der Rolle des Projektmanagements

einer näheren Untersuchung. Die folgende Graphik (Abb. 1) verdeutlicht diese Zusammenhänge:

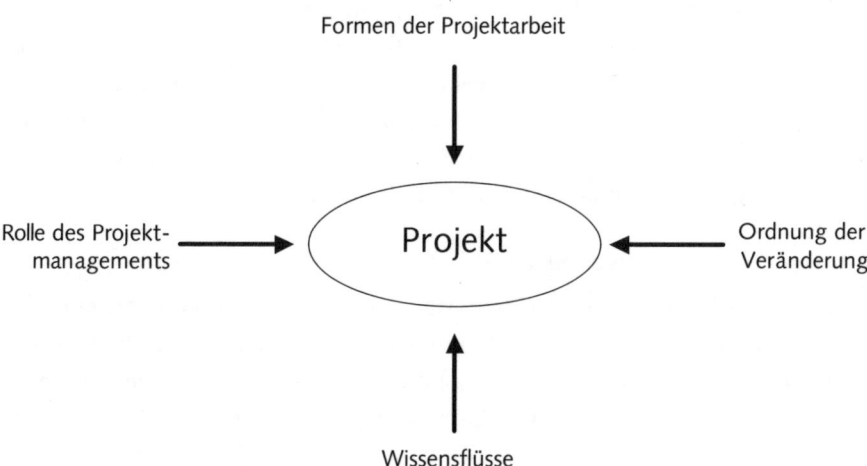

Abbildung 1: Zusammenhänge in Projekten

Unser Anliegen ist es, hierdurch Projektmanagerinnen und -managern bei der bewußten Reflexion ihrer Rolle und Positionierung zu Beginn des Projekts sowie bei der Auseinandersetzung mit den möglichen Auswirkungen auf ihre (Karriere-) Entwicklung eine Hilfestellung zu geben. Es geht uns aber auch darum, die Ansatzpunkte für Veränderung auf der Ebene der Organisation bewußtzumachen, um organisationales Lernen aus Projekten zu fördern.

Wir beschreiben den Gegenstand des Projektmanagements – das Projekt – über diese relevanten Relationen, da die jeweilige Ausgestaltung des Projektmanagements (Methoden, Steuerungsmechanismen, Ressourcenallokation etc.) nur vor diesem Hintergrund sinnvoll zu diskutieren ist. Eine Standardvorgehensweise im Projektmanagement – quasi mit Hilfe eines Werkzeugkastens – wird so ad absurdum geführt, wiewohl es für die Abwicklung des Projekts selbstverständlich notwendiges Handwerkszeug gibt.

2. Projektformen und deren Beziehung zu Veränderung

Um die Positionierung und die Rolle von Projektmanagement sowie die Gestaltung von Wissensflüssen sinnvoll diskutieren zu können, ist zunächst einmal eine Kategorisierung von Projektformen nötig.

Eine solche Reduzierung der Vielfalt denkbarer Projekte durch Kategorisierung stellt die eigentliche Herausforderung dar. Dabei wollen wir nicht etwa das Nicht-Vorhandensein weiterer Relationen (wie z. B. Dynamik des Projektumfelds, Erfahrung mit Projektabwicklung, Stakeholder, Kosten-Nutzenabwägungen, Ressourcenverfügbarkeit usw.) behaupten, sondern vielmehr eine Unterscheidung in zwei Kategorien anbieten, die grundlegende Auswirkungen auf *sämtliche* genannte Relationen haben.

2.1 Das Projekt mit Ergebnisfokus

In diesem Fall – unsere erste Kategorie – ist in der Projektbeschreibung das angestrebte Ergebnis relativ klar umrissen (z. B. Anlagenbau: Produktion einer Anlage für einen Kunden). Es geht um das Herstellen des gewünschten Zustands – unter Berücksichtigung der definierten Parameter (»hin zu« statt »weg von etwas«). Typischerweise ist daher beim Projekt mit Ergebnisfokus die Projektdefinition mit Spezifikation der Aufgabenstellung auch auf der *Ebene der Inhalte* konkret, wohingegen sich das Projekt mit Lösungsfokus (siehe Abschnitt 2.2) eher auf den *Prozeß der Problemlösung* festlegt (z. B. 6-Sigma-Werkzeuge bei Qualitätsmängeln).

Im folgenden wird die Projektform (bzw. Projektkategorie) »Ergebnisfokus« mit den verschiedenen Ordnungen von Veränderung in Beziehung gesetzt und anhand konkreter Beispiele erläutert.

2.1.1 Bau einer Papiermaschine – Veränderung erster Ordnung

Als Veränderung erster Ordnung wird das Herstellen eines erwünschten Zustands verstanden (dem Kunden wird die Anlage vertragsgemäß geliefert). Übertragen auf die Fertigung einer Papiermaschine hieße das: Gewährleistung des vertraglich vereinbarten Lieferumfangs und -termins zu den in der internen Kalkulation berechneten Kosten und zum vereinbarten Preis.

2.1.2 Bau einer Papiermaschine – Veränderung zweiter Ordnung

Als firmeninternes Ziel wird die Entwicklung von Firmenstandards zur Fertigung derartiger Papiermaschinen bestimmt, Standards, die einerseits zur Sicherung eigener Lerneffekte dienen und andererseits die Basis für ein IT-basiertes Servicekonzept bilden sollen, das bei der Fertigung weiterer Maschinen als Servicepaket an Kunden mit veräußert werden soll.

2.1.3 Bau einer Papiermaschine – Veränderung dritter Ordnung

Der Kunde ist extrem auf den Preis bedacht. Die Geschäftsführung hat sich mit dem Kunden bereits auf einen Kaufpreis geeinigt, um in diesem strategischen Segment keine Marktanteile zu verlieren. Der Kunde hat zudem den Anspruch, daß die Betriebs- und Wartungsdokumentation im hauseigenen CAD-System zu verwalten sein soll.

In der Vorkalkulation der Maschine wurde bereits deutlich, daß die Fertigung mit der Losgröße eins nicht mehr rentabel ist. Daher soll mit Zulieferern eine Entwicklungspartnerschaft eingegangen werden, die den Einsatz von Maschinenmodulen in verschiedenen Baureihen sicherstellt. Zudem sollen die CAD-Standards (eigene und die der Zulieferer) mit denen des Kunden kompatibel gemacht werden.

2.2 Das Projekt mit Lösungsfokus

Für diese Projektform oder -kategorie gilt: Die Natur eines Problems besteht genau darin, daß man es an seinem Verschwinden erkennen kann. Mit der Lösung des Problems hat der Gegenstand des Projekts aufgehört zu existieren und sich quasi aufgelöst.

Ein typisches Anwendungsbeispiel hierfür ist in der betrieblichen Praxis die Qualitätsdiskussion, die aus einer diffusen Gemengelage aus Reklamationen, internen Beschwerden, Unzufriedenheit an den Abteilungsgrenzen, gegebenenfalls am Beraterinput etc. zusammengesetzt ist.

Im folgenden wird die Projektform »Lösungsfokus« in derselben Weise beleuchtet wie zuvor die Projektform »Ergebnisfokus« und anhand konkreter Beispiele erläutert.

2.2.1 Lösung eines Qualitätsproblems in der Automobilfertigung –
Veränderung erster Ordung

Als Veränderung erster Ordnung wird die Lösung eines Problems – im Sinne der Aufhebung eines Mißstands – verstanden. Übertragen auf die Automobilfertigung hieße das, daß z. B. Probleme in der Lackstraße – etwa Bläschenbildung beim Lackieren – auftreten. Das Verschwinden der Bläschen wäre die Problemlösung.

2.2.2 Lösung eines Qualitätsproblems in der Automobilfertigung –
Veränderung zweiter Ordnung

Denkt man dieses Beispiel weiter, so ist es fraglos auch vorstellbar, daß das Verfahren zur Problemlösung nicht optimal war, auch wenn die Bläschen verschwunden sind. Sieht die Lösung z. B. so aus, daß zehn Fertigungsmitarbeiter das mangelhafte Teil mit einem Fön bearbeiten, kann es effizienter sein, dieses durch einen neuen Trocknungsabschnitt mit erhöhter Temperatur zu führen, d. h. das Fertigungsverfahren zu verändern (Veränderung zweiter Ordnung). Diese neue Lösung setzt jedoch eine Reflexion der bestehenden Lösung vor dem Hintergrund bewährter Bewertungsmaßstäbe (Kosten, Durchlaufzeit etc.) voraus.

2.2.3 Lösung eines Qualitätsproblems in der Automobilfertigung – Veränderung dritter Ordnung

Eine Lösung, die das geschilderte Problem zum Verschwinden bringen würde, jedoch eine Form radikalen Wandels – mit Verschiebung der Grenzen des Lösungsraums – und somit eine Veränderung dritter Ordnung darstellt, wäre z. B. der Zukauf lackierter Teile nach vorheriger Definition bestimmter Oberflächenanforderungen.

Die kurz skizzierten Projekttypen stellen unterschiedliche Anforderungen an das Projektmanagement und an die Gestaltung von Wissensflüssen, die im folgenden diskutiert werden.

3. Wissensgenerierung, die durch Projekte initiiert wird

Fachlich-operative Projektkompetenz allein ist heute nicht mehr ausreichend. Vielmehr ist es notwendig, Projekte hinsichtlich ihrer Potentiale für Entwicklungs-, Veränderungs- und Anpassungsprozesse zu betrachten und diesbezüglich relevante Unterscheidungen zu treffen. Begreift man Projekte prinzipiell sowohl als Werkzeug wie auch als Medium für Entwicklungsprozesse aller Beteiligten, ist für unsere Themenstellung von Interesse, in welcher Art und Weise die durch Projekte initiierten Lernprozesse (denn als solche wollen wir Entwicklung und Veränderung verstehen) für Organisationen gestaltet sind. Beleuchten wollen wir dies auf der Basis des Wissensmanagement-Ansatzes, wozu die Unterscheidung von *explizitem* und *implizitem Wissen* als unterschiedliche Zielkategorien von Lernprozessen hilfreich ist.

Als *explizites Wissen* verstehen wir unmittelbar speicher- und abrufbares Wissen, dessen Existenz der Organisation bzw. jenen Subsystemen, die solches Wissen für die Erfüllung ihrer jeweiligen Kernaufgaben benötigen, auch bewußt ist. Bei komplexen Projekten sind solche Wissensinhalte demgemäß zumeist an jene Experten gebunden, auf deren Fachkenntnis bei der Erfüllung der mit dem Projekt verbundenen Aufgaben zurückgegriffen wird (Fachkompetenz, Projektkompetenz etc.).

Implizites Wissen hingegen hat im Alltag der Organisation zumeist keinen unmittelbar aufgrund formaler Strukturen oder Prozeßabläufe nachvollziehbaren Ort (Datenbank, Aufzeichnung, Person), an den es gebunden wäre. Es existiert mitbewußt in den Köpfen von Mitarbeitern oder als kollektives Bewußtsein von Teams, ist in Kulturen oder Prozessen abgebildet und hält sich nicht an den formalen Organisationsaufbau. Dies ist auch der Grund, warum es zumeist nicht auf den ersten Blick als relevant erachtet wird. Tatsächlich jedoch ist es gerade ebendieses implizite Wissen, welches – in Kombination mit explizitem Wissen – relevante Lernprozesse erst ermöglicht.

3.1 Wissensgenerierung in Projekten mit Ergebnisfokus

In Projekten mit Ergebnisfokus spielt nach allgemeinem Verständnis Expertenwissen eine wesentliche Rolle. Auf einen einfachen Nenner gebracht, könnte man diese Art von Projekten als eine Abwicklung von mehr oder weniger komplexen Aufträgen unter bestimmten definierten Rahmenbedingungen beschreiben, in denen ein Auftragnehmer sein Expertenwissen einsetzt, um den vertragsgemäßen Anforderungen eines Auftraggebers zu entsprechen. Ein solches Verständnis impliziert einen Einweg-Wissensfluß vom Auftragnehmer zum Auftraggeber, wobei die Art des hierbei transferierten Wissens in seiner wesentlichen Qualität dem entspricht, was wir im Wissensmanagement als *explizites Wissen* bezeichnen würden. (Natürlich verfügen auch Experten über implizites Wissen, auf das sie z.B. in der Erfüllung des Projektauftrags zurückgreifen und das nicht unmittelbar an andere weitergegeben werden kann.) Der Einsatz und die Relevanz von implizitem Wissen ist den Beteiligten zumeist nicht bewußt.

Auf Wissen wird zumeist auch bei der Auswahl von Projektmitarbeitern fokussiert, d.h. es werden zumeist hervorragende Fachexperten für die Durchführung des Projekts herangezogen.

3.1.1 Bau einer Papiermaschine – Lösungen erster Ordnung

Bei einem solcherart beschriebenen Ansatz sind lediglich Lösungen bzw. Veränderungen erster Ordnung möglich. Das Projekt war in diesem Fall dann erfolgreich, wenn der Auftrag vertragsgemäß erfüllt und folglich die vereinbarten Ziele und Qualitätskriterien erreicht wurden. Gelernt haben dabei Projektleiter und -mitarbeiter, die dadurch ihr Expertenwissen festigen konnten, nicht jedoch die beteiligten Organisationen. Kommt es zu Schwierigkeiten, wird zusätzliches explizites Wissen herangezogen (z.B. in Form von fachlicher Unterstützung) oder anderes explizites Wissen eingesetzt (z.B. durch Austausch von Mitgliedern des Projektteams bzw. gar der Projektleitung).

3.1.2 Bau einer Papiermaschine – Lösungen zweiter Ordnung

Neben dem auf den ersten Blick »sichtbaren« Fluß expliziten Wissens vom Auftragnehmer nach außen spielt jedoch auch in ergebnisfokussierten Projekten implizites Wissen eine wesentliche Rolle. Zum einen werden zumeist jene am Projekt Beteiligten erfolgreicher sein, die neben ihrem expliziten Expertenwissen auch auf implizites Erfahrungswissen (z.B. in bezug auf das kulturelle Umfeld des Auftraggebers, den Umgang mit nicht fachlich indizierter Komplexität etc.) zurückgreifen können; wissensbasierte Organisationen werden daher bei der Zusammenstellung von Projektteams darauf achten, daß beide Arten von Wissen gleichermaßen zur Anwendung kommen können. Zum anderen findet auch in Projekten mit Ergebnisfokus Wissensfluß niemals nur in eine Richtung statt. Vielmehr erwerben alle am Projekt Beteiligten in der Durchführung wiederum implizites Wissen (z.B. Erfahrung im Umgang mit speziellen Kulturen, in der Adaption von Prozessen an spezifische Gegebenheiten und der Komplexität des Projektumfelds), das vor allem für die Auftragnehmerorganisation ein wertvolles Potential darstellen könnte – würde es entsprechend genutzt.

Eine Nutzungsmöglichkeit bestünde z.B. hinsichtlich Veränderungen zweiter Ordnung und könnte bedeuten, daß die Projektabwicklungen selbst einem kontinuierlichen Veränderungsprozeß, entsprechend dem Grad erworbenen impliziten Wissens, unterzogen werden. Falls im Projekt Schwierigkeiten auftreten, könnte die Fokussierung auf implizites Wissen bedeuten, daß man für ein etwaiges Krisenmanagement das bisher im Projekt Gelernte analysiert und Lösungsstrategien in erster Linie als Output dieser Analyse aufsetzt, statt, wie es in der Praxis oftmals geschieht, im Sinn eines »Mehr vom selben« zusätzliches oder anderes Expertenwissen für die Lösung der Krise einzusetzen.

3.1.3 Bau einer Papiermaschine – Veränderung dritter Ordnung

Darüber hinaus bietet das in Projekten erworbene implizite Wissen der gesamten Auftragnehmerorganisation die Chance auf dessen Nutzung für kulturelle, strukturelle oder prozessuale Lernprozesse über die unmittelbare Projektabwicklung hinaus. Veränderung wird ja zumeist von außen initiiert, und gerade externe Projekte öffnen in einem Ausmaß, in dem dies Einheiten der Aufbauorganisation (Organisationsstruktur) kaum je zu leisten imstande wären, Fenster zur Außenwelt, durch die nicht bloß etwas aus der Organisation »hinausströmt« (nämlich Produkte, Dienstleistungen und letztlich explizites Wissen), sondern durch die auch etwas in die Organisation hineingelangen kann, nämlich vor allem implizites Wissen (z. B. in Form von zusätzlichen Kulturaspekten, neuen Kooperationserfahrungen oder ungewohnten Lösungsstrategien) bzw. neue Anknüpfungspunkte für Netzwerke. Somit wird jedes Ergebnisprojekt (nach außen) potentiell auch zu einem Wandlungsprojekt (nach innen) – vorausgesetzt, es wird vom Management oder von externen Beratern in diesem Sinnzusammenhang begriffen.

3.2 Wissensgenerierung in Projekten mit Lösungsfokus

Ein etwas anderes Bild ergibt sich bei Betrachtung von Projekten mit Lösungsfokus. Hierbei soll ja in erster Linie das in einer Organisation vorhandene Wissen genutzt werden, um bestimmte, weitestgehend geplante Veränderungen zu initiieren. Dies gilt sowohl für interne Projekte als auch z. B. für lösungsfokussierte Projekte, für die externe Beratung in Anspruch genommen wird (vorausgesetzt, es handelt sich dabei um Prozeßberatung – klassisches Consulting wäre in diesem Sinn eher in Richtung Ergebnisprojekt einzuordnen).

3.2.1 Lösung eines Qualitätsproblems in der Automobilfertigung –
  Veränderung erster Ordnung

Üblicherweise geht man an solche Projekte heran, indem man eine dafür in Frage kommende Stabsstelle bzw. möglichst geeignete Experten mit der Durchführung betraut oder ihnen zumindest die Verantwortung für das Projekt überträgt. Dahinter steht die Überlegung, daß man auf bereits vorhandenes spezifisches explizites Wissen zurückgreifen bzw. es in der Organisation aufspüren will. Wird primär diese Strategie angewandt, unterscheiden sich Lösungsprojekte jedoch nur unwesentlich von Ergebnisprojekten.

3.2.2 Lösung eines Qualitätsproblems in der Automobilfertigung –
  Veränderung zweiter Ordnung

Eine andere und zumeist erfolgreichere, weil nachhaltigere Strategie besteht darin, in der Organisation oder deren unmittelbarer Außenwelt (z. B. Kunden, Kooperationspartner, Lieferanten) nach für die Lösung mittelbar anwendbarem implizitem Wissen zu suchen. Dies bedeutet, daß man insbesondere auf das Wissen von Nichtexperten zugreift (wie dies durch Brainstorming-Camps,

Wissensgemeinschaften, Open-Space-Veranstaltungen etc. intendiert ist) oder auf die Tiefenanalyse des hinter explizitem Wissen verborgenen impliziten Wissens (z. B. durch »Story Telling«, ASHEN-Interviews oder Lehrlingsmodelle). Bei einer solchen Herangehensweise werden Wissensflüsse in Gang gesetzt, die im wesentlichen dem von Nonaka und Takeuchi beschriebenen Prozeß der Umwandlung von implizitem in explizites Wissen entsprechen (und zwar den ersten drei Stufen Sozialisation, Externalisierung und Kombination) und somit die Voraussetzung für Lernen zweiter Ordnung darstellen.

3.2.3 Lösung eines Qualitätsproblems in der Automobilfertigung – Veränderung dritter Ordnung

Erst wenn dieser Prozeß der Explizierung impliziten Wissens wieder zu neuem implizitem Wissen führt (indem also die Erfahrungen aus dem Prozeß selbst ebenfalls für Veränderungen genutzt werden), kann von Lernen dritter Ordnung im zuvor beschriebenen Sinn gesprochen werden. Dieses kann u. a. auch die Notwendigkeit von »Entlernen« im Sinn von Chris Argyris beinhalten.

3.3 Praktische Konsequenzen für die Wissensgenerierung

Sollen also die Potentiale auch ausgeschöpft werden, die den sowohl in Ergebnis- als auch in Lösungsprojekten initiierten Wissensflüssen immanent sind, müssen Organisationen ihre Strukturen, Prozesse und Kommunikationsflüsse so gestalten, daß sie sich insbesondere implizites Wissen für Veränderungen dritter Ordnung nutzbar machen können. Wenn sich, wie zuvor beschrieben, implizites Wissen nicht an formale Organisationsstrukturen hält, ist es notwendig, geeignete Parallelstrukturen und -prozesse zu initiieren. In der Praxis haben sich hier neben den aus dem Wissensmanagement bekannten »Lessons Learned Sessions«, in denen das im Projekt Erlernte systematisch ausgewertet wird, vor allem Wissensgemeinschaften als wirkungsvolles Instrumentarium erwiesen. Sie haben den Vorteil, daß sie eine Struktur anbieten, innerhalb welcher explizit gemachtes, vormals implizites Wissen rasch und unbürokratisch einer Verwertung für die Organisation zugeführt werden kann.

Eine andere Möglichkeit besteht darin, einen radikalen Wechsel z.B. in Richtung Projekt-, Netzwerk- oder fraktaler Modelle anzustreben, welche den bewußten Umgang mit den oben beschriebenen Wissensflüssen gezielt in

Organisationsabläufe integrierbar machen. Schließlich bieten sich Organisationsmitglieder, die bereits häufig Projektmanagementerfahrung gemacht haben, aber auch Projektteams, die in gleichbleibender Konstellation Kundenprojekte durchführen, als zentrale Rollenträger in Changeprojekten an – nicht *obwohl*, sondern *gerade weil* sie so oft an der Grenze des Systems oder sogar außerhalb dieser Grenzen agieren.

4. Die Rolle des Projektmanagers

Die Rolle des Projektmanagements (PM – auch für Projektmanager) wird für die verschiedenen Beispiele nun anhand der Kriterien Nähe bzw. Distanz zur Aufgabe sowie zur Kunden- bzw. Linienorganisation, Erfolgs- und Karriereperspektiven und Interventionsmöglichkeiten beschrieben. Das soll die Eigenpositionierung des PM erleichtern und eine Schwerpunktsetzung in den Projektmanagementaktivitäten ermöglichen.

4.1 Projekte mit Ergebnisfokus

4.1.1 Bau einer Papiermaschine – Veränderung erster Ordnung

Projektmanager sind in der Regel die »Experten« für das Projekt, sie kennen alle inhaltlichen Problemstellungen. Diese Funktionen werden daher meist von Personen mit einschlägiger Fachkenntnis (z.B. Techniker) besetzt. Der Projektleiter repräsentiert gegenüber Kunden und auch der eigenen Organisation die Expertise für sein spezifisches Projekt. Er steht dem Kunden sehr nahe, dessen Anforderungen er im Projekt umsetzen soll. In seiner Stammorganisation steht der Projektmanager der Linie sehr nahe, da er mit ihr die verschiedenen Teilfunktionen (z.B. Konstruktion, Fertigung, Montage) im Projekt koppelt und so das Kerngeschäft der Linie betreibt.

Erfolg ist sehr klar definiert (kommerziell und sachlich) und daher klar sichtbar. Damit sind auch Karriereperspektiven für den Projektmanager verknüpft. In solchen Kontexten kristallisieren sich schnell »Stars« heraus, die immer wieder für Projekte nachgefragt werden. Karriere wird dabei vor allem über Teilprojektleitung/Gesamtprojektleitung und aufgrund des Umfangs der Projekte gemacht.

Die Steuerung in solchen Kontexten erfolgt über die klassischen PM-Tools (Projektstrukturplan, Qualitäts-, Termin- und Kostencontrolling). Letztlich steuert der PM aufgrund eines Informationsvorsprungs gegenüber den anderen Projektbeteiligten. Er kann sich über sein Projektmanagmnent sowohl fachliches Spezialwissen als auch Überblickswissen organisieren. Beides zusammen ergibt einen Informationsvorsprung, der es ihm gestattet, das Projekt, trotz der Begrenzungen durch die Linienorganisation, voranzutreiben.

4.1.2 Bau einer Papiermaschine – Veränderung zweiter Ordnung

Kennzeichnend für das Projektmanagement sind ähnlich wie vorher hohe Fachexpertise und soziale Nähe zum Kunden und zur Linie. Neu hinzu kommt die Notwendigkeit, vom aktuellen Projekt zu abstrahieren und dauerhaft gültige Standards abzuleiten. Zur bisherigen primären Realisierungspartnerschaft mit dem Kunden und der Linie kommt nun auch ein Gestaltungsauftrag in Richtung Linienfunktionen hinzu. Das verschiebt die Aufmerksamkeit vom Kunden tendenziell hin zur eigenen Organisation. Es wird eine Schnittstellenabstimmung zwischen den Linienfunktionen nötig, um Standardprozesse zu definieren und zu implementieren. Das bringt letztlich eine gewisse Konkurrenz zur Linie, da davon deren Gestaltungs- und Rahmensetzungsfunktion nicht nur im aktuellen Projekt, sondern auch präjudizierend für künftige Projekte betroffen ist. Damit hat der PM größere Distanz zur Linie bzw. zum Kunden, was jedoch funktional ist, um Projektabwicklungsstandards etablieren zu können.

Der Erfolg auf der Ebene der Leistungserstellung für den Kunden ist auch hier klar feststellbar und wird eher als selbstverständlich angesehen. Für die Erfolgsbewertung des Projektmanagers ist die gelingende Etablierung der angestrebten Standards weit wichtiger. Das bedingt erfolgreiches Vernetzen und Lobbying innerhalb der Linienorganisation – schließlich müssen letztlich alle beteiligten Linienfunktionen von den Standards überzeugt werden. Diese Vernetzung im internen Machtgefüge ist durchaus karriereförderlich. Solche Projekte stellen gewissermaßen ein Meisterstück im Projektmanagement und im Schnittstellenmanagement der Linienorganisation dar. Hinzu kommen noch die im Projektverlauf erworbenen genauen Kenntnisse hinsichtlich Funktionsweise, Stärken und Schwächen der Linienorganisation.

Die Steuerung erfolgt in solchen Projekten einerseits durch Informationsvorsprung wie im vorher beschriebenen Beispiel – für den Kundenteil des Projekts. Andererseits wird über soziale Vernetzung und Bildung von Lobbys innerhalb der Linienorganisation gesteuert, wenn es um die Etablierung der

Standards geht. Dabei sind vor allem Maßnahmen wie z. B. Einflußanalysen
(Soziogramme, Kraftfeldanalysen) sowie professionelles Beziehungs- und
Kommunikationsmanagement hilfreich.

4.1.3 Bau einer Papiermaschine – Veränderung dritter Ordnung

Für Veränderung dritter Ordnung benötigt das Projektmanagement genügend
Distanz – sowohl zur Linienorganisation als auch zur Kundenorganisation.
Zu ersterer vor allem deshalb, weil der PM sich als Change-Agent, der die
Leistungserstellungsprozesse der Organisation radikal in Frage stellt, positionieren muß. Im weiteren Verlauf des Projekts wird die Rolle des PM dann
eher als Broker von Interessen und Wissen zwischen Kunde und Entwicklungspartner zu charakterisieren sein. Die fachliche Distanz des PM zur Pro-
jektaufgabe wird größer. Er kauft beim Entwicklungspartner die Fachexpertise zu und vermittelt sie an den Kunden weiter. Es genügt zu wissen, welche
Kategorie von Fachwissen wann und wo benötigt wird, um die »Broker-
funktion« zu erfüllen.

Erfolg ist hier ein wesentlich komplexeres Konstrukt als vorher. Ein Erfolg
ist es z. B., wenn die Papiermaschine planmäßig in Betrieb geht. Wer jedoch
hat welchen Anteil an diesem Erfolg? Inwieweit ist dieser im Handeln des PM
bzw. in dem des Entwicklungspartners begründet? Möglicherweise können
Teile des Erfolgs dieser Partnerschaft erst langfristig realisiert werden (bei Fol-
geaufträgen oder im Zuge der Wartung der gelieferten Anlage). Der PM muß
daher Erfolgsmaßstäbe definieren und zwischen den drei beteiligten Organisationen (Kunde – Produzent – Entwicklungspartner) Abstimmung darüber
zustande bringen. Hinsichtlich seiner Karriereperspektiven bedeutet das, daß
der Fokus von einer Karriere innerhalb der Organisation in Richtung
»Employability« verlagert wird. Durch den PM wird in solchen Partner-
schaftsprojekten die Vernetzung über Organisationsgrenzen hinaus gefördert. Daher steigt für ihn die »Employability«, da er z. B. in der Branche an
Profil gewinnt und sich ihm damit Aufstiegsmöglichkeiten in anderen Organisationen eröffnen. Eine Karriereperspektive, die sich nur auf die eigene
Organisation erstreckt, wäre in solchen Projekten eher kontraproduktiv, da
sie dem PM nicht genügend Distanz zur eigenen Linienorganisation ermöglicht.

Die Steuerung erfolgt hier über strategisch orientierte und stark aggregier-
te Informationen wie z. B. Kennzahlen für Maschinenmodule oder Technolo-

giestrategien. Der PM kümmert sich primär um das Etablieren (und das Unterbrechen) von Kommunikationsmöglichkeiten mit den beteiligten Partnerorganisationen. Dort werden dann Erfolgsszenarien und Engpässe ausbalanciert und die strategischen Abstimmungen vorgenommen.

4.2 Projekte mit Lösungsfokus

4.2.1 *Lösung eines Qualitätsproblems in der Automobilfertigung –*
Veränderung erster Ordnung

Der für die Aufgabenstellung Zuständige – während des Produktionsprozesses taucht überraschend ein Problem (Beispiel: Bläschenbildung) auf – kann meist sehr klar festgestellt werden, in der Regel ist es der Prozeßverantwortliche (z. B. der Werkmeister). Er ist sehr nahe am Problem (inhaltlich und sozial) – es ist seine Aufgabe, die gewohnte Lackierungsqualität einzuhalten, und er hat diesbezüglich nur geringen bis keinen Entscheidungsspielraum. Er kann mit einer auf Erfahrung beruhenden Lösung nach dem Modell von »Versuch und Irrtum« möglichst schnell reagieren. Fachliche und organisatorische Nähe ist folglich eine Voraussetzung für eine schnelle Lösung.

Wurde das Problem dadurch tatsächlich gelöst, so ist damit kein Erfolg erreicht, sondern weiterer Mißerfolg abgewendet. Somit ist auch klar, daß solche Troubleshooting-Projekte im Normalfall wenig karriereförderlich sind. Sie laufen innerhalb der Linienorganisation ab und sind eher Störfaktoren, sollten sich daher nicht häufen. Steuern kann der PM in diesem Fall ausschließlich über fachliche Expertise und schnelle Improvisationsaktivitäten. Eine wichtige Ex-post-Funktion des PM ist die Dokumentation des Problems und auch des »erfolgreichen Lösungsvorgehens«.

4.2.2 *Lösung eines Qualitätsproblems in der Automobilfertigung –*
Veränderung zweiter Ordnung

Wenn sich Probleme, wie vorangehend beschrieben, häufen, wird im Sinne einer dauerhaften Lösung die Überarbeitung des Lackierungsverfahrens notwendig. Dazu wird vom PM z. B. eine interdisziplinäre Arbeitsgruppe (Produktion, F & E, Instandhaltung) etabliert, die die Probleme und den Prozeß analysiert und letzteren entsprechend adaptiert. Die Distanz des PM zum Problem ist damit in sachlicher und organisatorischer Hinsicht größer geworden – er ist nicht mehr allein zuständig. Er muß bestehende Routinen der Linienorganisation verbessern und benötigt eine kritische Distanz zu diesen

Routinen, um andere Verfahren ins Kalkül ziehen zu können. Meist werden solche Projekte in Form der sogenannten *Einflußprojektorganisation* abgewickelt, d. h. der PM muß die Projektrealisierung über soziale Beziehungen vorantreiben. Seine formalen Einflußmöglichkeiten sind eng begrenzt.

Der Erfolg ist unsicher, da Verfahrensänderungen auch riskant sein können. Der in der Organisation wahrgenommene Erfolg ist stark von der Zustimmung der Linienorganisation abhängig, daher sind deren Interessen wichtige Einflußgrößen. Der PM muß auch darauf achten, daß nicht aufgrund des Projekts »Sündenböcke« geschaffen werden. Daraus wird klar, daß den PM kein großes »Erfolgsforum« erwartet. Was mittelfristig karriereförderlich sein kann, sind Netzwerke, die im Zuge des Projekts gebildet werden können. Über diese Vernetzung und den Nachweis, daß er eine heikle Aufgabe mit Fingerspitzengefühl gemeistert hat, kann der PM sich für zukünftige Aufgaben empfehlen.

Bei der Steuerung solcher Veränderungsprozesse ist sehr sorgfältig abzuwägen, welche PM-Instrumente angewendet werden sollen. Ein Mindestmaß an Transparenz ist nötig, ein Zuviel davon ist aufgrund der beschriebenen Interessenlagen hinderlich. Das Projektmanagement kann hierzu z. B. laufend die Kraftfelder bezüglich des Projekts abschätzen. Diese bestimmen wesentlich, inwieweit transparentes und konsequentes PM sinnvoll ist. Die Steuerung erfolgt zum Teil ohne transparente Projektplanung und -controlling, eher durch bilaterale Abstimmungen zwischen Beteiligten und dem PM, die stark auf Goodwill beruhen.

4.2.3 Lösung eines Qualitätsproblems in der Automobilfertigung – Veränderung dritter Ordnung

Eine weitere Stufe, um das Lackierungsproblem zu lösen, ist die Entscheidung, diesen Produktionsschritt auszulagern und fertig lackierte Teile zuzukaufen. Basis hierfür ist eine strategische Vorentscheidung. Damit steht am Anfang des PM schon eine erste strategische Orientierung und Autorisierung.

Der PM ist in diesem Fall vom ursprünglichen Problem sowohl sachlich als auch organisatorisch sehr distanziert. Er realisiert eine Problemlösung, die letztlich zur Auflösung jener Organisationseinheit führen kann, in der das Problem ursprünglich auftrat. Für seine Positionierung sind daher die Perspektiven der Gesamtorganisation maßgeblich. Damit provoziert er auch starke Gegnerschaft und muß sich entsprechende Rückendeckung organisieren. Es wird zwar wie im zuletzt beschriebenen Fall ein interdisziplinäres Team gebildet – allerdings auf der wirtschaftlich-organisatorischen Steuerungsebene (d. h. ohne Experten für Lackierungsvorgänge). Inhaltlich geht es nun eher darum, passende Zulieferer auszuwählen und die Kooperation mit diesen im Sinne des Unternehmens zu gestalten (z. B. Qualitätssicherung, Logistik und Kommerzielles). Somit befaßt sich das PM sachlich mit völlig anderen Fragen als jenen in der ursprünglichen Problemstellung.

Für die Organisation ist mit einem solchen Projekt das Risiko zu scheitern ebenso gegeben wie die Chance, große »Gewinne« zu realisieren. Man begibt sich auf Neuland, und entsprechend ist PM hierbei auch ein »politisches Spiel«. Entscheidungsträger müssen vor allem anfangs durch gutes Projektmarketing und geschicktes Lobbying von einer solchen Lösung überzeugt werden. Dabei zeichnen sich dann die Erfolgskriterien für das Projekt ab. Diese orientieren sich an völlig andern Maßstäben als das zugrundeliegende Problem und sind zum Teil längerfristig orientiert. Wem Erfolge zuzurechnen sind (dem PM oder der Linienorganisation), ist nicht so eindeutig erkennbar und wird oft erst im Lauf des Projekts entschieden. Das PM steht daher nicht zentral für den Erfolg und muß entsprechende Erfolgsdefinitionsarbeit für sich selbst leisten. Die Karriereperspektiven sind aufgrund des beträchtlichen Risikos nicht nur auf die eigene Organisation zu fokussieren. Im Sinne von »Employability« hat in solchen Projekten der PM die Chance, im Organisationsumfeld an Profil zu gewinnen. Das bietet ihm die Möglichkeit, das Risiko des innerorganisatorischen Scheiterns durch erhöhte Karrierechancen bei anderen Organisationen abzufedern.

Um solche Projekte zu steuern, bieten sich vor allem Instrumente des strategischen Managements an. Diese helfen auf Unternehmensleitungsebene, die Chancen und Risken klarzumachen und die nötige Unterstützung zu erlangen. Vor allem Steuerung über Ziel- und Richtwerte (Zuverlässigkeit, Qualität der Zulieferungen) ist angemessen. Der PM entwickelt und steuert über die Rahmenbedingungen und Orientierungsmaßstäbe für das neue »Geschäftsmodell«. Ein weiteres Steuerungsfeld ist die Schaffung von Allianzen und Koalitionen für die neue Lösung. Dabei können Vorgehensweisen aus dem politischen Lobbying hilfreich sein (z. B. informelle Kontakte mit spezifischen Informationsangeboten sowie Imagemarketing für das Projekt).

5. Ausblick

Wir haben hier ein Orientierungsmodell für PM angeboten. Vor allem auf der Veränderungsebene dritter Ordnung verschwimmen die Grenzen zwischen ergebnisorientierten und lösungsorientierten Projekten zunehmend. Hier werden – sehr weit abstrahiert von einer Ausgangssituation – grundlegende (System-) Grenzen verschoben und neu definiert, wofür explizites und implizites Wissen simultan und in gleicher Weise verändert werden müssen.

»Schlagzeilen aus der Vergangenheit«

Joachim Schwendenwein

Ich beschreibe im folgenden eine Kurzintervention – »Schlagzeilen aus der Vergangenheit« –, die sich anbietet, wenn für Organisationseinheiten eine Zäsur ansteht: ein Innehalten auf dem Weg in die Zukunft, um die eigene Entwicklungsgeschichte in den Blick zu nehmen. Die Intervention findet üblicherweise im Rahmen eines Workshops statt, in dem eine Organisationseinheit (bzw. ihre Mitarbeiterinnen und Mitarbeiter) über sich nachdenkt und an Themen – sei es nun Teambuilding oder Strategieklausur – arbeitet, die mit der eigenen Identität zu tun haben; für den Workshop kann diese Intervention eine Einstiegsaufgabe sein.

1. Wichtigste Schritte

1. Die Gruppe stellt sich im Uhrzeigersinn im Kreis auf: vom langgedienten Mitarbeiter bis zum jüngsten »Neuzugang«.
2. Die Gruppe teilt sich in arbeitsfähige Kleingruppen zu 5–8 Personen. (Wichtig: bei der Gruppenbildung ist gemeinsam mit den Teilnehmern darauf zu achten, daß die zeitlichen Grenzen so gezogen werden, daß die definierten Zeitphasen aus der Vergangenheit sinnvoll bearbeitet werden können.)
3. Die Kleingruppen arbeiten an der Aufgabe, die wichtigsten Themen aus den jeweiligen Zeitphasen festzulegen und zu besprechen. Die Ergebnisse werden in unterschiedliche Präsentationsformen gegossen. Beispielsweise:
   – Wie würde für die jeweilige Zeitphase die Kapitelüberschrift für ein Stammbuch der Unternehmenseinheit lauten? Was wäre die Headline einer Monatszeitschrift aus der bearbeiteten Zeit?
   Arbeitsmittel: Plakat schreiben, zeichnen.

– Was würde das Fernsehen beim Jahresrückblick zeigen?
Arbeitsmittel: Reportage, Sketch, Pantomime …

Hinsichtlich des Rückblicks sind unterschiedliche leitende Fragestellungen möglich. Etwa:
– Worauf sind Sie mit Blick auf diese Phase heute stolz?
– Was hat Sie damals am meisten geärgert, gefreut?
– Wie hätten die Kunden Ihren Bereich damals beschrieben? Welche Eigenschaften hätten sie Ihrer Abteilung zugeschrieben?
– An welchen Regeln mußten Sie sich orientieren, um im Unternehmen erfolgreich zu sein?

4. Die Gruppen präsentieren in chronologischer Reihenfolge ihre Ergebnisse.
5. Optional kann ein weiterer Arbeitsschritt angeschlossen werden: Was haben wir über uns gelernt? Inwieweit hat sich durch diese Übung unsere Sicht auf heute verändert? Was können wir für unsere heutige Situation/die aktuellen Herausforderungen nutzen?

2. Wann zum Einsatz bringen?

Der Einsatz dieser Intervention bietet sich insbesondere dann an, wenn die personelle Zusammensetzung der Organisationseinheit sich rasch verändert hat – durch hohe Fluktuation, starkes Wachstum – und mehrere »Generationen« ein Bewußtsein der eigenen Geschichtlichkeit entwickeln sollen, um die nächsten Schritte in die gemeinsame Zukunft zu tun.

3. Welchen Nutzen erzielen?

Der Nutzen, der durch den Einsatz dieser Intervention erzielt werden kann, läßt sich folgendermaßen beschreiben:

■ Themen in der geschichtlichen Entwicklung und Veränderung der Organisationseinheit werden beleuchtet.

- Vorhandene Unterschiede können sichtbar gemacht, historisch verortet und verstanden werden.
- Die Möglichkeit zu Weiter-Entwicklungen wird aufgemacht.

4. Benötigte Ressourcen und Zeit

An *Material* wird benötigt: Flipcharts, Moderationsstifte, Raumsituation. Der *Zeitbedarf* beträgt insgesamt 1,5–2 Stunden, im folgenden für die einzelnen Arbeitsschritte aufgeschlüsselt:

1: 10 Minuten;
2: 10 Minuten; für sorgfältige Gruppenbildung ausreichend Zeit geben;
3: 30–45 min, je nach Fragestellung;
4: je Gruppe 5–7 Minuten Zeit für Präsentation.

Betriebsräte als Ressource in Changeprojekten?!

Manfred Polzer

»Geht er (der Betriebsrat) bei Changeprojekten in der Rolle des aktiven Gestalters kooperativ mit, wird er von der Belegschaft für alle unangenehmen Konsequenzen mit verantwortlich gemacht. Geht er nicht mit und positioniert sich als Verhinderer und Bewahrer, wird von ihnen (den Mitarbeitern) wahrgenommen, dass er sie vor angeblichen oder tatsächlichen negativen Folgen des Veränderungsprozesses auch nicht wirklich schützen kann. Wie immer er sich verhält, er zählt immer zu den Kritisierten.« (Aussage Produktionsvorstand; Polzer 2002)

Diese pointierte Aussage über die Rolle von Betriebsräten in Changeprojekten charakterisiert sehr deutlich die hier angesprochenen Handlungsoptionen: Man kann entweder aktiv mittun oder versuchen, das Ganze zu verhindern. In beiden Fällen zieht die gewählte Strategie jeweils Unverständnis und Kritik nach sich. Es stellt sich daher die Frage, unter welchen Rahmenbedingungen man in Changeprozessen die vorhandenen Ressourcen von Betriebsräten sowohl für die Mitarbeiter als auch für das Management nutzbar machen kann, ohne dadurch die Betriebsräte in ihrer Rolle als legitimierte betriebliche Interessenvertretung der Arbeitnehmer zu blockieren.

1. Veränderungsprozesse und die Situation in Unternehmen

Changeprojekte zeichnen sich in der Regel durch hohe Komplexität aus (Ahlemeyer u. Königswieser 1997): Neben Faktoren wie z. B. unterschiedliche Interessen, unterschiedliche Handlungslogiken der Akteure, unterschiedliche Sichtweisen bezüglich Sinn, Vision und Zielen des Veränderungsprozesses und affektiven Aspekten wie z. B. Ängste, Enttäuschungen, Überforderungen, Vertrauenserosion spielen vor allem auch zwischenmenschliche Aspekte (zwischen Betriebsrat und Management) eine wesentliche Rolle: Das Handeln bzw. Agieren in Veränderungsprozessen ist dabei wesentlich geleitet von (inneren, oft nicht öffentlich gemachten) Bildern bzw. Vorstellungen von den jeweils anderen Beteiligten und ihren möglichen Verhaltensweisen und Handlungen. Die gesamte Unternehmenskultur – die Konfliktkultur, der Umgang mit Macht (als Fähigkeit zu handeln; Neuberger 1996) und Entscheidungsfindung, die Fähigkeit, mit Unsicherheiten und Ängsten umzugehen – steht in Changeprojekten auf dem Prüfstand: im Hinblick auf ihre Funktionalität für den Veränderungsprozeß.

Um die Frage, welche nutzbringende Funktion Betriebsräte in Veränderungsprojekten haben können, zu beantworten, ist es sinnvoll, die in vielen Fällen vorhandenen handlungsleitenden Wertorientierungen sowie die sozialen Qualifikationsprofile von Betriebsräten näher zu betrachten:

In der Regel orientieren Betriebsräte ihr Tun eher an längerfristigen unternehmerischen Erfolgsfaktoren (Qualifikation der Mitarbeiter, Unternehmenskultur, Führungsqualität etc.); sie haben meist hohes Prozeß-Know-how, sind »Experten in Beziehungsmanagement«, und in Changeprojekten steht vor allem die Prozeßqualität (z. B. Art des Konfliktmanagements, Umgang mit Gefühlen) im Zentrum ihrer Aufmerksamkeit.

Obwohl der Umgang mit Widersprüchen und Widerständen in Veränderungsprozessen sicherlich primär eine Aufgabe des Managements ist, sind es immer wieder Betriebsräte, die mit Ängsten und Verunsicherung konfrontiert werden und vor der Situation stehen, daß sie diese Gefühlslagen entweder noch verstärken (um – mit der Belegschaft im Rücken – Veränderung »erfolgreich« zu verhindern) oder »funktionalistisch« daran mitwirken können, daß Gefühle bearbeitbar werden, um somit den Erfolg von Veränderungsvorhaben zu unterstützen. Wo es nämlich nicht gelingt, affektive Aspekte von Veränderung (Arbeitsplatzängste, das Gefühl, zuwenig geschätzt zu werden, etc.) bearbeitbar zu machen, kommt es unweigerlich zu Widerständen (Obholzer 2000).

2. Thesen zu Rolle und Beratung von Betriebsräten in Changeprojekten

In den folgenden Thesen wollen wir unsere Vorstellungen bezüglich der Rahmenbedingungen und des Nutzens von Betriebsräten in Changeprojekten kurz umreißen:

■ Aufgrund des Prozeßcharakters betrieblicher Veränderungsvorhaben gewinnen Formen der prozeßbezogenen Mitwirkung von Betriebsräten zunehmend an Bedeutung: Neben der klassischen »Schutzfunktion« übernehmen sie Aufgaben im Rahmen der Unternehmensgestaltung und im Zusammenhang mit der Qualität von Veränderungsprozessen. Dies stellt neue Anforderungen, was die Qualifikation von Betriebsräten, ihr Rollenverständnis und ihre Arbeitslogik, aber auch ihre Beratung anbelangt.

■ Die Qualität von Veränderungsprozessen ist ein wesentliches Element für deren Gelingen – aus der Sicht der betrieblichen Interessenvertretung ist es daher wichtig, die wesentlichen Qualitätskriterien zu benennen:
  – die Rolle von Visionen und Zielen der Veränderung,
  – die zur Steuerung des Veränderungsprozesses gewählten Strukturen,
  – die Gestaltungsparadigmen (Art des Konfliktmanagements, Umgang mit Gefühlen etc.),
  – die Art und Kultur der Einbindung von Mitarbeitern und Interessenvertretung,
  – die Rolle von Führung im Veränderungsprozeß.

■ Versteht man Betriebsräte in zunehmendem Maße als »Qualitätsmanager« in Veränderungsprozessen, so stehen sie vor allem vor dieser großen Herausforderung: Sie müssen den Umgang mit Widersprüchen erlernen – auf der Seite der Innovation stehen und gleichzeitig Bestehendes absichern, unterschiedliche Systemlogiken verstehen (Sachebene, affektive Ebene etc.), Mitarbeiterziele und Unternehmensziele vertreten usw. Der vieldiskutierte Standpunkt, man solle Betriebsräte zu Co-Managern machen bzw. werden lassen, bedeutet also keineswegs, daß Betriebsräte die Handlungslogik des Managements übernehmen, sondern vielmehr, daß sie imstande sind, in mehreren Logiken zu denken und zu handeln und die auftretenden Widersprüche zu managen (Pesendorfer 1996).

■ Vor allem affektive Aspekte (Emotionen, Unsicherheiten, Ängste, mangelnde Wertschätzung des Alten etc.) spielen in Changeprozessen eine – oft unterschätzte – wesentliche Rolle. In der Bearbeitung dieser Aspekte liegt daher eine neue Aufgabe für Betriebsräte. Da sie in der Regel »Experten des sozialen Systems Betrieb« sind, werden sie in zunehmendem Maße in ihrer Rolle als »soziale Veränderungsmanager« gefragt und genutzt.

■ Sollen in diesem Selbstverständnis sowohl der Betriebsrat als auch das Gesamtsystem Unternehmung handlungsfähig sein bzw. werden, bedarf es klarer und offengelegter Eigen- und Fremdsichten aller Akteure (Management, Betriebsrat, Berater etc.) sowie definierter Spielregeln der Interaktion im Veränderungsprozeß. Die Erfahrungen zeigen, daß vor allem externe Beratung für das Subsystem Betriebsrat sowie an der Schnittstelle Management/Betriebsrat hilft, die oben definierten Rahmenbedingungen zu gewährleisten.

■ Die beraterische Begleitung des Betriebsrats bzw. an der Schnittstelle Management/Betriebsrat ist aus mehreren Gründen für alle Beteiligten attraktiv:

– Die Etablierung von Strukturen abseits der bestehenden Hierarchien erlaubt neue Spielregeln des Interessenausgleichs.

– Für den Betriebsrat bietet sich die Möglichkeit, in qualifizierter Form Interessen in den Prozeß einzubringen.

– Das Management ist an einer professionellen, von beiden Seiten akzeptierten Konfliktbearbeitung interessiert.

– Ein von Beratung begleiteter Interessenausgleich entspricht in seiner Logik Veränderungsprozessen (Mitbestimmung als rekursiver Prozeß).

– Beratung bietet beiden Seiten ein effizientes Steuerungsmodell an, das zu Lösungen führt, die sozial tragfähiger sind als konfliktär entstandene und die somit klassischen »Verhandlungslösungen« überlegen sind.

■ Beratung des Betriebsrats bzw. an der Schnittstelle Management/ Betriebsrat bedeutet somit:

– die Handlungsoptionen aller am Changeprozeß Beteiligten zu erwei-

tern (z. B. durch das Herausarbeiten von Kosten und Nutzen unterschiedlicher Positionen);
- Möglichkeiten zur Reflexion über das eigene/gemeinsame Handeln anzubieten und damit Lernchancen zu eröffnen;
- die eigene Arbeitsweise sowie die Kooperation weiterzuentwickeln und dadurch Ressourcenorientierung zu ermöglichen;
- den wachsenden Aushandlungs- und Kommunikationsaufwand in Veränderungsprozessen so zu unterstützen, daß die Handlungs- und Entscheidungsfähigkeit von Unternehmungen gestärkt wird;
- aufgrund gemeinsamer inhaltlicher Visionen und Ziele »strategiefähig« zu werden.

3. Fazit

Management und Betriebsrat, die mit einem gemeinsamen Grundverständnis und den oben geschilderten Grundprämissen an Veränderungsprozesse herangehen, stehen vor der Aufgabe eines gemeinsam zu vollziehenden Paradigmenwechsels: Es geht nicht um Feindbilder, Nullsummen-Spiele (»Was du verlierst, gewinne ich« – und umgekehrt) und Machtgehabe; vielmehr geht es um den Versuch, durch die verantwortungsvolle gemeinsame Gestaltung von sozialen Prozessen Veränderungsvorhaben so zu entwickeln, daß einerseits notwendige Veränderungen möglich werden, andererseits Lösungen entstehen, die für alle Beteiligten tragbar sind.

Dies erfordert auf beiden Seiten ein Überdenken der jeweiligen Positionen (neue Denkansätze im Spannungsfeld zwischen Überregulierung und Neoliberalismus), bringt vor allem aber auch neue An- und Herausforderungen hinsichtlich der (sozialen) Qualifikationen der Betriebsräte und des Managements mit sich.

Literatur

Ahlemeyer, H. W. u. R. Königswieser (Hrsg.) (1997): *Komplexität managen. Strategien, Konzepte und Fallbeispiele.* Wiesbaden (Gabler).

Alpha Publications (Hrsg.) (2000): Management Consultancy Services in Europe. Beaconsfield (Alpha Publications).

Argyris, C. u. D. Schön (1999): *Die lernende Organisation. Grundlagen, Methode, Praxis.* Stuttgart (Klett-Cotta).

Baecker, D. (2003): *Organisation und Management. Aufsätze.* Frankfurt a. M. (Suhrkamp).

Bergmann, T. (2003): *Trends in der Unternehmensberatung. Markt stagniert auf hohem Niveau.* ASCO-Studie. Zürich (ASCO Association of Management Consultants Switzerland).

Berit, E. (2002): *Die Evaluation von Beratungsleistungen.* Wiesbaden (Deutscher Universitäts-Verlag).

Bollnow, O. F. (9. Aufl. 2000): *Mensch und Raum.* Stuttgart (Kohlhammer).

Boos, F. (1991): Zum Machen des Unmachbaren. Unternehmensberatung aus systemischer Sicht. In: H. Balck u. R. Kreibich (Hrsg.): *Evolutionäre Wege in die Zukunft.* Weinheim (Beltz-Verlag), S. 101–127.

– (2002): Aller Anfang ist leicht. In: B. Heitger u. A. Doujak (Hrsg.) (2002): *Harte Schnitte, neues Wachstum. Die Logik der Gefühle und die Macht der Zahlen im Changemanagement.* Frankfurt a. M. u. Wien (Redline Wirtschaft bei Ueberreuter), S. 183–194.

Bundesverband Deutscher Unternehmensberater e.V. (BDU) (2003): Facts & Figures zum Beratermarkt 2002, http://www.bdu.de/downloads/UB/Pub/Brosch/Facts_und_ Figures_2002.pdf, Stand 03.02.2004.

Clark, T. u. R. Fincham (Hrsg.) (2002): *Critical Consulting. New Perspectives on the Management Advise Industry.* Oxford (Blackwell).

Clifford, J. (1988): *The Predicament of Culture. Twentieth-century Ethnography, Literature, and Art.* Cambridge u. a. (Harvard UP).

Collins, J. C. u. J. I. Porras (1994): *Built to Last. Successful Habits of Visionary Companies.* New York (HarperCollins).

De Geus, A. (1998): *Jenseits der Ökonomie. Die Verantwortung der Unternehmen.* Stuttgart (Klett-Cotta).

Driesen, O. (2002): Die Markenfresser. *Brand eins,* 4. Jg., Heft 9, S. 18–25.

Ellebracht, H. (2002): *Systemische Organisations- und Unternehmensberatung. Praxishandbuch für Berater und Führungskräfte.* Wiesbaden (Gabler).

Elstrodt, H. (2003): Keeping the Family in Business. *The McKinsey Quarterly* 4, S. 94–103.

Exner, A., R. Königswieser u. S. Titscher (1987): Unternehmensberatung – systemisch.

Theoretische Annahmen und Interventionen im Vergleich zu anderen Ansätzen. *Die Betriebswirtschaft* 3/47, S. 265–284.

Ferrari, E. u. R. Königswieser (2001): Spieglein, Spieglein an der Wand. Kulturanalyse und -diagnose als SIM-Instrumente. In: R. Königswieser, U. Cichy u. G. Jochum (Hrsg.): *SIMsalabim. Veränderung ist keine Zauberei.* Stuttgart (Klett-Cotta), S. 177–198.

Fink, D. (2003): *Die großen Management Consultants.* München (Vahlen).

– (Hrsg.) (2. Aufl. 2004): *Management Consulting Fieldbook. Die Ansätze der großen Unternehmensberater.* München (Vahlen).

Fuchs, P. (2001): Vom Hofnarren zur Beratung und zurück. Anmerkungen der neueren Systemtheorie zur Frage, ob Manager gut beraten sind, wenn sie sich beraten lassen. Vortrag, gehalten am 11.10.2001 in Wien. http://www.fen.ch/texte/gast_fuchs_hofnarr.htm, Stand 17.09.2003.

Gaitanides, M. u. I. Ackermann (2002): Die größte Konkurrenz sind immer die Kunden! Interview mit Prof. Dr. h. c. Roland Berger. *Zeitschrift Führung und Organisation* (ZFO), 71. Jg., Heft 2, S. 300–305.

Gibran, K. G. (2001): *Der Prophet.* Zürich (Benziger).

Heitger, B. u. A. Doujak (2002a): *Harte Schnitte, neues Wachstum. Die Logik der Gefühle und die Macht der Zahlen im Changemanagement.* Frankfurt a. M. u. Wien (Redline Wirtschaft bei Ueberreuter).

– (2002b): Die Logik der Gefühle. In: B. Heitger u. A. Doujak: *Harte Schnitte, neues Wachstum. Die Logik der Gefühle und die Macht der Zahlen im Changemanagement.* Frankfurt a. M. u. Wien (Redline Wirtschaft bei Uebereutter), S. 115–126.

Horx, M. (1997): *Das Zukunfts-Manifest. Aufbruch aus der Jammerkultur.* Düsseldorf (Econ & List).

Gepfefferte Erdbeeren (Hummelbrunner, R., K. J. Hütten, J. Rabitsch, R. Wüst u. H. Zapp) (1999): Räume als Ressourcen in der systemischen Beratung (Autorengruppe »Gepfefferte Erdbeeren«. Meisterstück in SBL 1999. hir@aon.at).

Institut für Mittelstandsforschung Bonn (IfM) (2003): Unternehmensnachfolge in Deutschland (Statistiken). http://www.ifm-bonn.org, Stand 20.02.2003.

Jost, H. R. (2003): Unternehmenskultur. Wie weiche Faktoren zu harten Fakten werden. Zürich (Orell Füssli).

Kipping, M. (2002): Jenseits von Krise und Wachstum. Der Wandel im Markt für Unternehmensberatung. *Zeitschrift Führung und Organisation* (ZFO) 5, S. 269 f.

– u. L. Engwall (Hrsg.) (2002): *Management Consulting. Emergence and Dynamics of a Knowledge Industry.* Oxford u. a. (Oxford University Press).

Königswieser, R., U. Cichy u. G. Jochum (Hrsg.) (2001): *SIMsalabim. Veränderung ist keine Zauberei.* Stuttgart (Klett-Cotta).

– u. A. Exner (8. Aufl. 2004): *Systemische Intervention. Architekturen und Designs für Berater und Veränderungsmanager.* Stuttgart (Klett-Cotta).

Kronfellner, M. (2002): Trends im Markt für Unternehmensberatungen. Eine Einschätzung von Braxton (Deloitte Consulting). *Unternehmensberater* 4, S. 24 f.

LaClair, J. A. u. R. P. Rao (2002): Helping Employees Embrace Change. *The McKinsey Quarterly* 4, S. 17–20.

Lawson, E. u. C. Price (2003): The Psychology of Change Management. *The McKinsey Quarterly*, 2003 Special Edition, S. 31–41.

Lenglachner, M. u. C. Schmitz (2002): Corporate Reconciliation. Normale Krisen und krisenhafte Normalität in Unternehmen heute. *Hernsteiner* 2, S. 11–15.

– u. – (2003): (Re-)Organisieren. *Hernsteiner* 2, S. 20–24.

Lim, J. (2. Aufl. 2000): *Feng Shui fürs Büro und Business*. München (Integral).

Löw, M. (2001): *Raumsoziologie*. Frankfurt a. M. (Suhrkamp).

Luhmann, N. (1998): *Die Gesellschaft der Gesellschaft*. Erster Teilband. Frankfurt a. M. (Suhrkamp).

– (2000): *Organisation und Entscheidung*. Opladen (Westdeutscher Verlag).

Malik, F. (8. Aufl. 2000): *Strategie des Managements komplexer Systeme. Ein Beitrag zur Management-Kybernetik evolutionärer Systeme*. Bern, Stuttgart u. Wien (Haupt).

Mohe, M. (2003): Klientenprofessionalisierung. Strategien und Perspektiven eines professionellen Umgangs mit Unternehmensberatung. Marburg (Metropolis).

–, H. Heinecke u. R. Pfriem (2002): *Consulting. Problemlösung als Geschäftsmodell*. Stuttgart (Klett-Cotta).

– u. H. von Jouanne-Diedrich (2003): Exklusiv-Interview mit Consulting-Experten Michael Mohe. http://www.ephorie.de/mohe-interview.htm, Stand 03.02.2004.

Murmann, J. (2002): *FEACO Survey 2002*. Brüssel (The European Federation of Management Consultancies Associations FEACO).

Nagel, R. u. R. Wimmer (2002): *Systemische Strategieentwicklung. Modelle und Instrumente für Berater und Entscheider*. Stuttgart (Klett-Cotta).

Neuberger, O. (1996): Politikvergessenheit und Politikversessenheit. Zur Allgegenwart und Unvermeidbarkeit von Mikropolitik in Organisationen. *Organisationsentwicklung*, Jg. 15, Nr. 3, S. 66–70.

Nonaka, I. u. H. Takeuchi (1997): *Die Organisation des Wissens. Wie japanische Unternehmen eine brachliegende Ressource nutzbar machen*. Frankfurt a. M. (Campus).

Obholzer, A. (2000): Führung, Organisationsmanagement und das Unbewusste. In: M. Lohmer (Hrsg.): *Psychodynamische Organisationsberatung. Konflikte und Potentiale in Veränderungsprozessen*. Stuttgart (Klett-Cotta), S. 79–97.

Pesendorfer, B. (1996): Organisationsdynamik. In: G. Schwarz, P. Heintel, M. Weyer u. H. Sattler (Hrsg.): *Gruppendynamik. Geschichte und Zukunft*. Wien (WUV Universitätsverlag), S. 205–238 (zit. n. Reader: *Organisationsentwicklung in Dienstleistungsunternehmen*. Wien [IFF], S. 24–50).

Pichler, M. (2003): Tiefere Selbsterkenntnis. *Wirtschaft und Weiterbildung*, Heft 9, S. 8–11.

Pohlmann, M. (2002): Organisationsberatung in der Krise. Veränderungschancen durch Beratung? *Zeitschrift Führung und Organisation* (ZFO), 71. Jg., Heft 5, S. 291–299.

Polzer, M. (2002): *Die Interessenvertretung als Ressource in betrieblichen Veränderungsprozessen. Veränderungspraxis – Rahmenbedingungen – Beratung.* Linz (Diss.).

Schein, E. (1985): *Organizational Culture and Leadership.* San Francisco (Jossey-Bass).

Schuble, J. (Hrsg.) (2002): *Top Job 2003. Die besten Arbeitgeber im deutschen Mittelstand.* Frankfurt a. M. u. Wien (Redline Wirtschaft bei Ueberreuter).

Schüller, A. u. D. Untermarzoner (2003): Verzicht als Option in Beratungsprozessen. In: H. Lobnig, J. Schwendenwein u. L. Zwacek (Hrsg.): *Beratung in der Veränderung.* Wiesbaden (Gabler).

Simon, F. (1999): Familien, Unternehmen und Familienunternehmen. Einige Überlegungen zu Unterschieden, Gemeinsamkeiten und den Folgen. *Organisationsentwicklung Spezial* 3, S. 48–55.

– (Hrsg.) (2002): *Die Familie des Familienunternehmens. Ein System zwischen Gefühl und Geschäft.* Heidelberg (Carl-Auer-Systeme).

Simon, H. (2000): Unternehmenskultur und geistiger Wandel. Die wahren Herausforderungen der Globalisierung. Rede auf dem Bertelsmann EXPO Symposium 30. August 2000. Hannover. http://www.simon-kucher.com/Internetdatabase/publication.nsf/0/0e4a59edfa181640c12569ba00564490/$FILE/expo2000.pdf

– u. A. Maessen (2002): Der Kult um die Unternehmenskultur. Bedeutung für das Management. In: J. Schuble (Hrsg.): *Top Job 2003. Die besten Arbeitgeber im deutschen Mittelstand.* Frankfurt a. M. u. Wien (Ueberreuter), S. 138–153.

Simsa, R. (2003): Defizite und Folgeprobleme funktionaler Differenzierung und ein Vorschlag zur Beobachtung von Reaktionen der Gesellschaft. *Soziale Systeme* 9 (1), S. 105–130.

– u. E. Krainz (2004/i. Vb.): Mediation in Nonprofit-Organisationen (Aufsatzmanuskript, in Vorbereitung für 2004).

The Family Firm Institute (2003): Family Business in the US. http://www.ffi.org/looking/fbfacts_us.cgi, Stand 20.02.2003.

Trompenaars, F. (1993): *Riding the Waves of Culture. Understanding Cultural Diversity in Business.* London (Nicholas Brealey).

Van den Steen, E. (2003): On the Origin of Shared Beliefs (and Corporate Culture). Arbeitspapier. Chicago (MIT Sloan School of Management).

Walger, G. (Hrsg.) (1995): *Formen der Unternehmensberatung.* München (Dr. Otto Schmidt).

Weick, K. (1995): *Sensemaking in Organizations.* California (Thousand Oaks).

– u. K. Sutcliffe (2003): *Das Unerwartete managen. Wie Unternehmen aus Extremsituationen lernen.* Stuttgart (Klett-Cotta).

Willke, H. (1995): *Systemtheorie III. Steuerungstheorie. Grundzüge einer Theorie der Steuerung komplexer Sozialsysteme.* Stuttgart (UTB Wissenschaft).

Wimmer, R., E. Domayer, M. Oswald u. G. Vater (1996): *Familienunternehmen. Auslaufmodell oder Erfolgstyp?* Wiesbaden (Gabler).

–, C. Kolbeck u. M. Mohe (2003): Beratung: Quo Vadis? Thesen zur Entwicklung der Unternehmensberatung und Kommentare dazu. *Zeitschrift für Organisationsentwicklung* 3, S. 60–61.

Wohlgemuth, A. (2002): Konsolidierung und Rückbesinnung auf das Bewährte. Neueste Marktstudie zur klassischen Unternehmensberatung in der Schweiz. *Unternehmensberater* 4, S. 26–30.

Würth, R. (2003): Unternehmenskultur. Skript zur Vorlesung. Universität Karlsruhe (Interfakultatives Institut für Entrepreneurship). http://www.rz.uni-karlsruhe.de/~iep/alt/Institutsseite_d/V15WS0203.pdf, Stand 27.03.2004.

Teil III:
Management

Management und Manager

Heinz Jarmai

1. Einleitung

90 Millionen Ergebnisse zeigte die Suchmaschine Google am 26. Dezember 2003 bei Eingabe des Wortes »Management« (zum Vergleich: »Love« 79 Millionen, »God« 41 Millionen und »Golf« 37 Millionen); bei meinem Kurzvergleich schnitt nur »Sex« mit 217 Millionen Hits eindeutig besser ab. Was kann zum Tema »Management« hier also noch gesagt werden, was nicht schon eindrucksvoller, humorvoller oder spannender an anderer Stelle formuliert wurde? Für mich selbst sind hierbei vor allem die Werke von Peter Drucker (als Beispiele seien genannt: Drucker 2002, 2000, 1995, 1993) immer wieder Quellen der Inspiration, die Mut geben, während Jim Collins' beide Bücher *Built to Last* und *Good to Great* die empirische Bestätigung liefern, daß jenseits aller Mythenbildung einige grundlegende Prinzipien – und vor allem deren konsequente Verfolgung! – die Chance auf außergewöhnlichen Erfolg im Management bieten.

Aber wie schon gesagt – dies alles ist schon geschrieben und vielfach gewürdigt worden, anders gesagt: das Wesentliche über Management ist vermutlich bekannt. Für die meisten Manager und in den meisten Unternehmen geht es jedoch darum, Wege zu finden, dieses Wissen in die Realität umzusetzen und für die Suche und Perfektionierung der eigenen »Best Practice« Begeisterung zu wecken.

Vielleicht gelingt uns das leichter, wenn wir Assoziationen aus anderen – für manche von uns möglicherweise lustvolleren – Bereichen des Lebens mit dieser Aufgabe verknüpfen. Es mag für Sie die Welt des Sports, die der Kunst oder ein anderer Bereich des kulturellen Gestaltens sein – es sind jeweils ähnliche Prinzipien, die uns von den ersten Experimenten langsam zu einem begeisterten (und dann immer wieder auch frustriert zurückgeworfenen) Epigonentum und bei viel Einsatz und etwas Begabung zu eigener Meisterschaft führen. Als Leitfaden zur Darstellung dieser Prinzipien habe ich mich für die »Weisheiten« von Harvey Penick entschieden, der mit seinem »kleinen, roten Buch« ein Werk geschaffen hat, das in der Golfliteratur mittlerweile Kultstatus erlangt hat (die hier verwendeten Kapitelüberschriften stammen aus Penick u. Shrake 1997a, 1997b, 1996).

2. »Denke nur an das Ziel«

Zwei ganz grundlegende Voraussetzungen für Meisterschaft stecken in diesem kleinen Satz: erstens das Wissen um ein (sein) *konkretes Ziel* und zweitens die Fähigkeit – jedenfalls für den Augenblick –, all seine Aufmerksamkeit und Energie genau diesem Ziel zu widmen. Bei einem Ziel in diesem Sinne geht es nicht um das »Gesamt-Ziel« Ihrer Tätigkeit (wie Marktführerschaft oder erfolgreiche Mitarbeiter), sondern um Ziele, die das Ergebnis Ihrer eigenen Aktivität genau benennen (wie »Hauptlieferanten bei den drei wichtigsten Kunden Ihrer Branche« oder »Mitarbeiter, die hinsichtlich der Kundenbetreuungsqualität im oberen Drittel liegen«).

Derartige Ziele konkret benennen zu können und alle Ressourcen der Organisation auf diese Ziele zu konzentrieren macht bereits einen wesentlichen Unterschied zwischen erfolgreichen und weniger erfolgreichen Unternehmen aus. Die Resonanz, die Konzepte wie »Balance Scorecard« oder »Werttreiber« in den letzten zehn Jahren gefunden haben, zeugt vom Bedarf an derartiger Orientierung – aber wie weit sind wir da teilweise noch von wirklicher Durchgängigkeit und Nachhaltigkeit entfernt? Für den Bereich der Führung haben wir bei Neuwaldegg die Scorecard-Idee weiterentwickelt, um Führungskräften ein Instrument in die Hand zu geben, ihrer eigenen Profession als Manager Fokus und Anreiz zu geben.

Diese ScoreCard dient im ersten Schritt dazu, Ihre konkreten Anliegen (generell oder für einen spezifischen Zeitraum) zu benennen – ein nicht zu schwieriges Unterfangen. Wenn im zweiten Schritt diese Anliegen jedoch hinsichtlich der damit angestrebten Wirkung (= beobachtbare Verhaltensweisen bzw. Veränderungen) konkretisiert werden sollen, wird die Sache meist schon schwieriger. Versuchen Sie es vielleicht selbst mit Anliegen wie »Team«, »Konfliktfähigkeit« und ähnlichem. Der dritte Schritt ist, zu jedem Anliegen die für die Zielerreichung notwendigen *eigenen* Aktivitäten zu überlegen und fest-

Führungs-ScoreCard

Anliegen	Wirkung/ Kenngröße	Führungs- Aktivitäten

Abbildung 1: Führungs-ScoreCard

zuhalten; dies ist nun nicht nur kognitiv anspruchsvoll, es enthält implizit auch die Botschaft: »Alles, was du ändern willst, bedeutet, daß zuerst du etwas/dich änderst.« Im dritten Schritt sind also nur jene Dinge gefragt, die die Führungskraft *selber* tun muß (und kann), um ihr Anliegen Realität werden zu lassen. Dies bedeutet einerseits, wirklich selbst die Verantwortung für das, was ist, und das, was sein soll, zu übernehmen, und andererseits – aus einem Verständnis der Systemdynamik heraus –, das persönliche Führungsrepertoire so zu adaptieren, daß erwünschte Wirkungen wahrscheinlicher werden. Eine basale »Landkarte« dieser Möglichkeiten bietet die folgende Übersicht. Die eingefügten Beispiele für Führungsaktivitäten beziehen sich bei Punkt 1 auf das Anliegen »Qualität der Arbeit« und bei Punkt 2 auf das Anliegen »Personalqualität« erhöhen.

Intention Form	Schließend/verbindlich	Öffnend/experimentell
Direkte Kommunikation – Anweisung	z.B.: 1. Arbeitsauftrag erteilen 2. Besetzungsentscheidung treffen	z.B.: 1. Pilot-Projekt beauftragen 2. Probezeit vereinbaren

Kontextsetzung –
Verfahren oder Struktur
	z.B.:
	1. Zielvereinbarungssystem
	    aufbauen
	2. Besetzungsassessment
	    beschließen
		z.B.:
		1. Entwicklungszentrum
		    gründen
		2. Entwicklungsassessment
		    etablieren

Metakommunikation –
Reflexion und Evaluation
	z.B.:
	1. Controlling-Gespräch
	    führen
	2. Jahresgespräch
	    führen
		z.B.:
		1. Meilenstein-Review
		    einführen
		2. Mentorship/Coaching
		    etablieren

Tabelle 1: Führungsrepertoire

3. Üben – was ist das?

In den Bereichen der (reproduzierenden) Kunst und des Sports gehen wir davon aus, daß für Spitzenleistungen ein Verhältnis zwischen Training und Auftritt von 5 bis 10 zu 1 notwendig ist – von Extremfällen wollen wir hier

absehen. Im Management geht man hier anscheinend von anderen Gesetzmäßigkeiten aus: Je höher der Platz in der Hierarchie, desto geringer in vielen Organisationen die Zeit für und der Status von Training und Lernen.

Der Tag/das Jahr ist ausgefüllt mit operativen Verpflichtungen, und selbst
schwierige neue Aufgaben (Übernahme eines anderen Unternehmens, Tren-
nungsgespräch von einem langjährigen Mitarbeiter, Rede vor einer größeren
Versammlung) werden quasi »on the job« erstmals bewältigt. Im Alltagsstreß
entwickeln sich Überlebensroutinen, die nicht mehr reflektiert und optimiert
werden. So verfestigt sich über die Zeit unbewußt ein spezifisches Verhal-
tensrepertoire – für die Manager selbst oft ein »blinder Fleck«, im Unter-
nehmen/bei den Mitarbeiterinnen und Mitarbeitern eine Quelle für viele
Anekdoten und Charakterisierungen.

Daß es wichtig ist, sich selbst mit der Wirkung des eigenen Tuns zu konfrontieren – dabei Rückmeldungen nicht nur über Ergebnisse, sondern auch
über den gesamten Wirkungsprozeß zu erhalten –, ist heute etabliertes Wissen jeder Trainingslehre. Nur auf der Grundlage einer fundierten Leistungs-
dokumentation lassen sich Erkenntnisse und dann Maßnahmen für gezieltes
Training und Verbesserung ableiten. Was im Bereich des Sports oder der dar-
stellenden Kunst selbstverständlich ist, ist im Management nach wie vor eher
die (positive) Ausnahme: Denken Sie nur an professionelle Projektreviews,

Abbildung 2: Landkarte: Führung als Profession

Evaluationen von Personalführung oder an eine detaillierte Videoanalyse, etwa der Rede des Vorstands anläßlich einer Kundenveranstaltung.

Während sich für Potentialträger und die »unteren« Führungsebenen langsam (aber doch) ein professionelles Verständnis von Managemententwicklung und Lernen etabliert, ist dies im oberen Management noch stärker der Eigeninitiative überlassen. Selbst den »lead« für die eigene Entwicklung zu übernehmen, dies zeichnet aus meiner Erfahrung erfolgreiche Führungskräfte aus. In Gesprächen können sie sehr genau benennen, auf welchen Überzeugungen ihre Arbeit beruht und mit wem und wodurch sie sich »fit« für die Zukunft halten. Eine entsprechende »Landkarte« (s. Abb. 2) kann diese Orientierung unterstützen, entscheidend ist jedoch, sich als Person und als Managementsystem ganz bewußt Felder und Zeiten des eigenen »Übens« zu organisieren.

4. Gesunder Wettkampf

Vermutlich ist nichts der Entwicklung von Personen, aber auch von Managementsystemen so förderlich wie die Möglichkeit, sich in einem Umfeld von Begabten und Engagierten entwickeln zu dürfen. Dieses Phänomen ist wahrscheinlich in allen Bereichen des Lebens anzutreffen; im Management sprechen wir hier von »Kaderschmieden«. In einzelnen Organisationen lassen sich meist schnell die Bereiche identifizieren, aus denen viele überdurchschnittlich erfolgreiche Personen hervorgegangen sind, was dann sehr oft auf die dort tätigen Führungspersönlichkeiten zurückgeführt wird. Diese haben sicher einen wesentlichen Anteil, doch in Gesprächen erzählen die Betroffenen selbst häufig von der spezifischen Atmosphäre von Wettbewerb *und* Kooperation, die sie dort mit anderen Kollegen verbunden hat, und sie sprechen davon, wie sie gelernt haben, durch außergewöhnlichen Einsatz und Kreativität mit diesen Kollegen – aber immer auch im Vergleich zu diesen – die Aufgaben zu bewältigen. Ähnlich berichten auch die Teilnehmer an unseren Lehrgängen, daß besonders interessante Peers »den Reiz und die Qualität ausgemacht« hätten.

Was für die persönliche Entwicklung gilt, scheint ähnlich auch für Managementsysteme zu gelten – gerade in Branchen, die ihre frühe Wachstumsphase hinter sich haben, wird Managementqualität zu einem entscheidenden Wettbewerbsfaktor, was zur Entwicklung und breiten Umsetzung von Systemen führt, die oft erst 10 bis 20 Jahre später zum Standardrepertoire werden.

Wesentlich für Spitzenleistungen scheint in beiden Fällen jedoch nicht der Wettbewerb an sich zu sein – nur in Verbindung mit einem raschen Diffundieren von Wissen entsteht diese besonders anregende und aufregende Welt der Kreativität und Leistung. Wettbewerb ist damit eher Antrieb, Energielieferant, während die große Zahl an anregenden Ideen, klugen Menschen und eine Atmosphäre des Muts und der Zuversicht für den Erfolg ausschlaggebend sind. Best Practice, Communities of Practice und ähnliches funktionieren daher nur dann, wenn sie Menschen und Systeme in einem Klima des Austauschs miteinander in Verbindung bringen, wohl wissend, daß am Ende des Tages jeder sein erworbenes Wissen auch wieder in seinem Sinne verwenden wird.

Sich als reifere Person oder als reiferes Unternehmen immer wieder solchen Abenteuern zu stellen, sich in immer wieder herausfordernden Situationen neu bewähren zu müssen bzw. zu können, dies eröffnet die Chance, an der Spitze zu bleiben.

5. Ein Träumer erkennt die Wirklichkeit

Diese eigenartige Paradoxie – Träume zu haben und darin die Wirklichkeit neu zu entdecken – unterscheidet die Großen von den Guten vielleicht am deutlichsten. Sich einerseits bedingungslos mit dem Neuen, dem Möglichen auseinanderzusetzen und andererseits den Realitäten ins Auge zu sehen, egal wie unerfreulich sie sein mögen, erfordert ganz besondere Charaktere und ausgeklügelte Managementsysteme. Gary Hamel (2002) beschreibt in *Leading the Revolution* eine Fülle von Methoden, um diese Herausforderung auch in Management- und Organisationssysteme zu verankern. Dabei geht es jeweils darum, möglichst viele Räume für Innovation und Experimente zu öffnen und gleichzeitig dies alles wieder an die Identität und den Sinn des Unternehmens rückzubinden.

An dieser Stelle eine Anmerkung zu den vielfältigen Diskussionen um Visionen und Innovationen: Sie entstehen/entstanden in den seltensten Fällen in Kreativ-Workshops oder Großveranstaltungen, sondern sind meist das Ergebnis von – oft jahrelangem – Suchen, Erproben, Verwerfen und Neubeginnen und vieler durchwachter Nächte oder intensiver Gespräche an allen möglichen Orten dieser Welt. Und manchmal erscheint die Zukunft auch dann, wenn wir uns wirklich darum bemühen, den Dingen auf den Grund zu gehen, und erkennen, daß die Realität, so wie wir sie lange gesehen haben, ganz einfach nicht vorhanden ist, aber in dieser neuen Wahr-Nehmung auch eine neue Möglichkeit entdecken, unsere Träume zu verwirklichen.

6. Freu Dich!

An den Schluß möchte ich eine Zeile aus einem der Bücher von H. Penick (Penick u. Shrake 1996, S. 28) stellen: »Golf zu spielen ist ein Privileg, keine Bestrafung!« Ähnlich sehe ich die Aufgaben im Management – aber auch die des Beraters: Sie sind eine der anspruchsvollsten, aber auch befriedigendsten Tätigkeiten, die es derzeit auf dieser Welt gibt, und wenn sich die Freude zumindest an vier Tagen in der Woche nicht mehr einstellen will, gilt wohl die alte Weisheit: »Love it, change it or leave it.«

7. Ausblick auf die Beiträge im Buch

- *Christian Baudisch: Start Making Sense! Wie Führungskräfte Sinn stiften können*
  Eine wichtige Funktion von Führung ist es, Sinn zu stiften. In diesem Beitrag beschreibt Christian Baudisch die Wichtigkeit von Sinn – insbesondere in komplexen, unsicheren Situationen – als handlungsleitendes Element.
- *Frank Boos, Marlies Lenglachner: »Blut ist dicker als Wasser.« Generationsübergabe in Familienunternehmen*
  Boos/Lenglachner beleuchten in ihrem Beitrag einen besonderen Veränderungsprozeß, die Nachfolgeproblematik in Familienunternehmen. Die hohe Mißerfolgsrate bei der Übergabe von Familienunternehmen wird auf die geringe Erfahrung, die fehlenden Routinen und die Art, wie der Übergabeprozeß gehandhabt wird, zurückgeführt. Die Autoren zeigen, warum für diesen Prozeß das Unternehmen und das Familiensystem unterschieden werden müssen und woran sich Unternehmerfamilien orientieren. Daran anschließend werden Erfolgsfaktoren für die Übergabe an die nächste Generation beschrieben.

■ *Frank Boos: Großgruppenarbeit heute: unser Ansatz im Vergleich*
In diesem Beitrag wird der Neuwaldegger Großgruppenansatz beschrieben und der Unterschied zu anderen Ansätzen aufgezeigt.

■ *Alexander Doujak, Thomas Endres, Horst Schubert: IT & Change mit Wirkung*
Zu Beginn zeigen die Autoren als langjährige Praktiker auf diesem Gebiet, wie eng IT- und Veränderungsprozesse miteinander verknüpft sind. Sie beschreiben das Wechselspiel von IT, Unternehmensstrategie und Geschäftsprozessen und die Herausforderung, die darin besteht, den adäquaten Fokus zu wählen. Die relevanten Handlungsfelder werden aus drei Perspektiven beleuchtet: aus der Perspektive der Anwender, der IT-Anbieter und der Beratung.

Start Making Sense!
Wie Führungskräfte Sinn stiften können

Christian Baudisch

1. Was macht noch Sinn?

Stellen Sie sich vor, Sie befinden sich mit allen Mitarbeiterinnen und Mitarbeitern Ihres Unternehmens in einem großen Raum. Plötzlich ertönt die Anweisung, jede(r) möge sich zu der Führungskraft stellen, von der er oder sie gerne geführt werden will. Gesetzt den Fall, niemand hätte etwas zu befürchten oder zu hoffen und alle Entscheidungen wären authentisch: Zu wem würden Sie sich stellen? Nach welchen Kriterien würden Sie auswählen? Zu welchen Teilen würden Kopf, Herz und Bauch bei dieser Entscheidung mitreden? Und: Wer würde sich zu Ihnen stellen?

Unter den meistgewählten Führungskräften wären vermutlich jene, denen es am besten gelingt, authentisch Sinn zu vermitteln und zu stiften (vgl. Bennis u. Thomas 2002, Goffee u. Jones 2000).

Zunehmende Deregulierung, vielfache Zugehörigkeiten und lose gekoppelte Bindungen sowie unübersichtliche Interessenlagen und vielfältige Entscheidungsalternativen – gerade in Veränderungsprozessen – erhöhen die Unsicherheit und relativieren die Bedeutung individuellen menschlichen Handelns. Konzepte wie Shareholder Value oder Instrumente wie die Balanced Scorecard eignen sich kaum zur Sinnstiftung. Um Sinn erlebbar zu machen, sind diese angebotenen Projektionsflächen für das Streben der Menschen nach Erfüllung zu »dünn«.

Weil es immer weniger übergreifende, einheitliche Sinnschemata sowie gesellschaftlich vorstrukturierte Antworten gibt, kommt der Konstitution von Sinn durch Kommunikation größte Bedeutung zu: Je komplexer und unübersichtlicher die Rahmenbedingungen, desto mehr entstehen Loyalitäten und Bindungen zwischen Menschen über sich ständig aktualisierende gemeinsame Sinnbezüge. Sinnstiftung, Sinnmanagement wird damit zu einer wichtigen, einer nach Luhmann »potenten« Form, Komplexität zu reduzieren. »Sinn ist Selektionszwang« (Luhmann 2002, S. 236): Sinnstiftung wird damit zur ureigensten Leistung der eigenen Wirklichkeitskonstruktion.

Accenture und Horx messen in einer Studie über die »Next Economy« – die nach der New Economy kommt, also eigentlich *jetzt* – der Spiritualität und Sinnstiftung für Unternehmen wesentlichen Einfluß bei. Dem heute in vielen Unternehmen konstatierten Mangel »an Seele, an gewachsenem ›Spirit‹« könne nur durch »Sinngebung über Marge und Mehrwert hinaus« (Accenture u. Horx 2003, S. 62) begegnet werden. Inspiration zu schaffen wird zur Aufgabe von Managern: »Besonders für die Bindung der Talente werden die ›Aura‹ und die ›authentische Mission‹ eines Unternehmens in Zukunft von entscheidender Bedeutung sein« (ebd.); »Spiritual Intelligence« wird zur entscheidenden Führungskompetenz (Senge et al. 1999, S. 552).

2. Head and Heart, Body and Soul

Eine befriedigende Antwort auf die Frage nach dem Sinn der eigenen Existenz scheint wichtiger denn je. Nicht nur für Individuen, auch für soziale Systeme wie Teams, Abteilungen oder auch Organisationen. Je klarer und nachvollziehbarer hier gemeinsame Antworten gefunden werden können – ohne den Versuch, Sinn zu oktroyieren –, desto eher befinden sich Werte, Strategien, Fähigkeiten und Handlungen im Einklang miteinander und geben damit Orientierung.

Menschliches Handeln und Sein entfaltet nur dann sein höchstes Potential, wenn die Handlungen sowie die eigene Identität mit den eigenen Sinnkategorien in Einklang stehen. Ziele und Strategien werden eher rational-kognitiv erfaßt und dementsprechend kopflastig verfolgt. Sich-Einlassen entsteht nur über Sinn. Der Sinnbezug definiert dabei den Rahmen des Entscheidens, Handelns und Commitments. Über Sinn läßt sich nicht rein rational argumentieren, Sinn will sinnlich wahrgenommen werden. Ob etwas Sinn macht, wird über die unterschiedlichen »Kanäle« von Geist, Körper und Seele wahrgenommen: »Around here, we think we're curing cancer« – so wird kein Arzt, sondern der Investmentbanker Charles Schwab zitiert (Hamel

2000, S. 108). Erlebter Sinn, »a transcendent purpose«, setzt die Energie frei, um Ziele zu erreichen, und erweist sich als das differenzierende Kriterium zwischen Leistung und Hochleistung (vgl. Hamel 2000, Bennis u. Biederman 1997).

Auf die Schattenseite sei hingewiesen: Was, wenn Unternehmen tatsächlich Sinnstiftung ermöglichen und diese Hochleistungen auch einfordern? »Today, we need whole persons – head and heart, body and soul« (Holmberg u. Ridderstråle 2000, S. 39). Welche Grenzen bleiben, wenn Mitarbeiter nicht nur mit »Haut und Haar«, sondern auch mit Seele und Herz vereinnahmt werden können?

3. Wie Sinn in Organisationen entstehen kann

Als Führungskraft klare Aussagen zu treffen – dies macht für mich Sinn, jenes macht für mich keinen Sinn – trägt wesentlich dazu bei, Orientierung zu schaffen und zu geben. Es geht darum, Wirkliches und Mögliches und damit vielleicht auch Unmögliches – welches ja zumindest denkmöglich ist – zu denken und zu kommunizieren, um damit die Möglichkeiten des Möglichen zu erweitern. Wenn andere Menschen, für welche die eigenen Ideen vielleicht bislang nicht denkmöglich waren, diese durchdenken und damit auch die Grenzen zwischen Unmöglichem, Möglichem und zukünftigem Wirklichen ein Stück weit verschieben, werden damit neue Wirklichkeiten konstruiert.

Sinnstiftung findet in Organisationen immer statt, in der Regel jedoch retrospektiv: Erst vergangene Handlungen (gleich, ob sinnvoll intendierte oder unerwartet sinnvolle, ursprünglich »sinnlose«) werden mit Sinn belegt. Dies geschieht, indem Mitarbeiter die Aktionen anderer interpretieren, während sie sich selbst verzweifelt ihren eigenen Sinn zusammenreimen (vgl. Weick 1995, 2000).

Der Erfolg organisatorischen Führungshandelns erweist sich darin, ob es gelingt, sich eigene, leitende Sinnkategorien zu erschließen und diese anderen anzubieten – und dabei gleichzeitig Räume zu schaffen, um sich über gemeinsamen Sinn zu verständigen und gemeinsamen Sinn zu erleben. Moderne rituelle Kommunikationsformen wie Storytelling, Open Space Technology oder Appreciative Inquiry bieten sich dazu an. Sie sollen, wie ihre archaischen, indigenen Formen, einen gemeinsamen »heiligen« Raum schaffen.

Ein Beispiel dieser rituellen Kommunikation, die darauf abzielt, individuelle und kollektive Sinnstiftung in sozialen Systemen herzustellen, ist »Dialogue«. Dieser ermöglicht ein Gespräch, das auf dem Prinzip beruht, jegliches Gesagte (und Nicht-Gesagtes) anzuerkennen und im Fortgang des Gespräches ein neues, bislang nicht wahrgenommenes Sinngewebe der gemeinsamen Gedanken zu entwickeln (vgl. Bohm 1998, Isaacs 1999). Martin Buber hat die Qualität des Sinn verwirklichenden »echten Gesprächs« mit seiner eigenen Wortgewalt beschrieben: »Das Wort ersteht Mal um Mal substantiell zwischen den Menschen, die von der Dynamik eines elementaren Mitsammenseins in ihrer Tiefe ergriffen und erschlossen werden. Das Zwischenmenschliche erschließt das sonst Unerschlossene.« (Buber 1979, S. 295)

Sinn ist immer nur höchst persönlich und sozial vermittelbar; Sinnstiftung ist keine Verkaufsveranstaltung von Führung, sondern eher das neugierige Unterfangen, die eigenen Orientierungsgrößen authentisch zu kommunizieren. Führungskräfte, die kollektive Sinnstiftung ermöglichen wollen, lassen sich auf diese Reise mit unsicherem Ausgang ein. Eine Reise, bei der Widersprüche, Paradoxien und auch lange erlebte Leere deutlich werden können – auch das macht Sinn.

Anforderungen an Führung

Was brauchen Führungskräfte, um Sinnmanagement zu leisten?
- Freien Zugang zu den eigenen Sinnquellen, ein entwickeltes Sensorium, die Fähigkeit zu Präsenz und Authentizität.
- Wahrnehmung und Erkenntnis, wie das eigene Sein authentisch und das eigene Handeln sinnstiftend sein kann.
- Die Bereitschaft, Zeit und Raum zu geben, gleichzeitig einen Rahmen zu schaffen und Kontrolle loszulassen, um ein Mehr an Möglichem und Unmöglichem zu denken und zu kommunizieren und damit die Handlungsräume zu erweitern, bei der gleichzeitigen, kollektiven Auseinandersetzung über die sinnvolle Selektion von möglichen und unmöglichen Möglichkeiten.
- Schließlich: Beobachtungsgabe erster und zweiter Ordnung (Beobach-

ten des Beobachtens) und kritisches Reflexionsvermögen darüber, welche Formen der Wirklichkeitskonstruktion Organisationen sowie ihre Manager als ihre Architekten und Sachwalter zur Verfügung stellen; welche kulturellen Spielregeln entstehen, worüber kommuniziert werden darf und welcher implizite und explizite Konsens darüber entsteht, welche – und von wem kreierten – Wirklichkeiten Sinn machen und machen dürfen.

»Blut ist dicker als Wasser«
Generationsübergabe in Familienunternehmen

Frank Boos, Marlies Lenglachner

1. Einleitung

Gemessen an ihrer wirtschaftlichen Bedeutung werden Familienunternehmen in der Öffentlichkeit kaum wahrgenommen. Da sie oft den öffentlichen Auftritt scheuen, ist man sich ihrer Relevanz, aber auch ihrer Stärken und Schwächen kaum bewußt. Hätten Sie etwa gewußt, daß 90 % aller Unternehmen Familienunternehmen sind und daß mehr als 50 % des Bruttoinlandprodukts und 60 % der Arbeitsplätze durch sie geschaffen werden?

Familienunternehmen besitzen viele Stärken (auf die wir im zweiten Teil dieses Artikels eingehen), sie haben jedoch gelegentlich auch Schwachstellen, an denen so manche scheitern. Eine dieser »Achillesfersen« ist die Übergabe an die nächste Generation. Anders als bei Publikumsgesellschaften erfolgt hier ein Wechsel in der Führung alle 30 bis 35 Jahre, und die Wahrscheinlichkeit, daß dieser Übergang gelingt, ist nicht sehr groß. Während noch 30 bis 50 % der Übergaben an die zweite Generation erfolgreich verlaufen, gelingen nur mehr 10 bis 12 % der Übergaben an die dritte Generation (vgl. auch Tab. 1). Die Gründe für diese hohe Mißerfolgsrate liegen nicht in der ungenügenden Qualifikation der Nachfolger oder in mangelndem fachlichen Wissen, sondern meist in der geringen Erfahrung und den fehlenden Routinen, wie der Prozeß der Übergabe gehandhabt werden soll. Unternehmen werden zum Schauplatz der Auseinandersetzung, weil die Familien die Konflikte nicht mehr lösen können und die traditionelle Stärke der Familie, ihre enge Verflechtung, gerade in dieser Phase als Hindernis wirksam wird.

Auffallend ist, daß dem Prozeß der Generationsübergabe in Familienunternehmen derzeit von den Unternehmerfamilien wenig Bedeutung beigemessen wird. Zur Regelung ökonomischer, betriebswirtschaftlicher und rechtlicher Belange wird selbstverständlich fachliche Unterstützung in Anspruch

	Anzahl	Arbeitsplätze	Anzahl der übergabereifen FU	Jährlicher Schnitt
Unternehmen insgesamt	2067000	30925000		
FU	1919000 (= 92,8% aller Unternehmen)	24432000 (= 79% aller Arbeitsplätze)	380000 (= 19,8% der FU insgesamt)	76000 (betrifft 966000 Arbeitsplätze)

Tabelle 1: Deutsche Familienunternehmen (FU) im Zeitraum 1999–2004 (IfM Bonn 2001)

Ursachen	Alter	Wechsel in andere Tätigkeit (z.B. durch familiäre Probleme)	Unerwartet (Krankheit, Tod, Unfall)	Summe
Zahl der übertragenen FU	32000	20000	24000	76000
In Prozent	42,5%	26,1%	31,4%	100%
Beschäftigte	411000	252000	303000	966000

Tabelle 2: Ursachen des Generationswechsels (IfM Bonn 2001)

genommen (Riedel 2000). Hier zeigt sich ein Charakteristikum der Führung von Familienunternehmen: Die Entscheidungen konzentrieren sich an ihrer Spitze. Es ist klar, wer sie trifft, doch wenn der Wechsel an der Spitze selber zur Debatte steht, offenbart sich die Schwäche dieses Modells. Gerade in dieser Phase würden die Entscheidungsträger dringend eine externe Sichtweise als Unterstützung benötigen, doch in Führungsfragen Hilfe zu suchen entspricht oft nicht dem Selbstverständnis von Familienunternehmen.

Es ist eine Führungsaufgabe Orientierung zu geben. Woran allerdings orientiert sich die Führung, besonders in Phasen des Wandels? Im zweiten Abschnitt dieses Artikels werden wir die Besonderheiten von Familienunternehmen beschreiben, und im dritten Teil zeigen wir, woran sich Unternehmerfamilien orientieren. Im vierten Abschnitt arbeiten wir dann jene Faktoren heraus, die zum Gelingen der Übergabe an die nächste Generation beitragen.

2. Besonderheiten von Familienunternehmen

Familienunternehmen sind Systeme, die beides, die Familie wie das Unternehmen, optimal vereinen wollen. Was sonst getrennt verläuft, findet hier einen fließenden Übergang. Dies stellt in allen wichtigen sozialen Belangen hohe Anforderungen an die Akteure. Familiensysteme erfordern ein permanentes Training der sozialen wie emotionalen Fähigkeiten im Alltag, der Wachsamkeit, des Umgangs mit vielfacher Interpretierbarkeit und vor allem in der Kunst der Metakommunikation. Darin kann die Stärke eines Familienunternehmens liegen: Neben der Erbringung der Leistung muß immer auch der soziale Kontext von systemrelevanten Mitgliedern mitbedacht werden.

Die besondere Situation von Familienunternehmen besteht darin, daß Familie und Unternehmen, Privates und Beruf im alltäglichen Leben über Jahrzehnte hinweg als Einheit eng verbunden gelebt werden. So sehen Familienunternehmen Maßnahmen wie Dienst nach Vorschrift oder gar Streiks nicht vor. In Familienunternehmen wird von jedem bzw. jeder – ob Familienmitglied oder Angestellte(r) – erwartet, daß alle Mitarbeiter sich immer auch ein bißchen als erweiterte Familienmitglieder fühlen und die Unternehmerfamilie eine intensive emotionale Beziehung zu den Mitarbeitern und zu deren Familien und den Bedürfnissen der Region hat (Voigt 1990). In Familienunternehmen werden Entscheidungen personalisiert getroffen und realisiert, formale Strukturen zeigen sich hingegen weniger stark ausgeprägt. Daß die Grenze zwischen dem Privaten und Beruflichen fließend verläuft, ist gleichzeitig auch wieder eine besondere Stärke von Familienunternehmen, die es dem Unternehmen in der Regel ermöglicht, besonders flexibel und kundenorientiert handeln zu können (z. B. angesichts neuer Regelungen der Ladenöffnungszeiten).

Diese Stärke, die Nähe und Überschneidung von Beruflichem mit Privatem, kann in der Phase der Übergabe zwischen den Generationen für den Prozeß jedoch behindernd wirken. Zu viele Beziehungsebenen können sich ineinander verstricken, alte emotionale Verletzungen und bisher unbeachtete oder scheinbar unbedeutende Situationen spielen plötzlich eine entscheidende Rolle und wirken stark auf den Prozeß der bevorstehenden Entscheidung ein (Müller, Höver u. Schmeckebiert 2002). Oft fällt es auch schwer anzuerkennen, daß Familien und Unternehmen unterschiedlich »ticken«. Diese Differenz ist in Familienunternehmen in der Tat verschwommen und für Familienmitglieder besonders schwer zu erkennen, da sie gewohnt sind, sich über diesen Unterschied hinwegzusetzen.

Zu den wichtigsten Unterschieden zwischen Familie und Unternehmen zählen (Simon 2002):

1. Im Unternehmen sind die Personen letztlich Mittel zum Zweck, denn das Unternehmen muß seine Zahlungsfähigkeit erhalten, egal wer dazu beiträgt. Es gilt, das Funktionieren der Rollen zu erhalten, die Personen sollten austauschbar sein.

   Genau umgekehrt verhält es sich in der Familie, dort stehen die Personen im Mittelpunkt, nicht die Funktionen. Gerade wenn eine Person nicht mehr »funktioniert«, springt ohne lange Diskussionen über Zuständigkeiten und Stellvertreterregelungen z. B. die Tochter für die kranke Mutter ein. In der Krise einzelner zeigt die Familie ihre wahre Stärke, Flexibilität und Stabilität.

2. Familienbeziehungen sind nicht kündbar. Familienmitglied ist man das ganze Leben lang. Selbst wenn jemand von der Familie verstoßen und von den Familienfeiern ausgeschlossen wird, bleibt er bzw. sie Teil der Familie.

   Was in der Familie fließend wechselt, sind Aufgaben, die Personen bleiben konstant. Durch die lockere Handhabung der Aufgaben gewinnt die Familie an Flexibilität. Die Mitgliedschaft in der Familie steht außer Frage, sie kann nicht durch Leistung erworben werden. Mitgliedschaft im Unternehmen hingegen basiert primär auf Leistung. Dementsprechend sind die Beziehungen im Unternehmen kündbar und haben absehbare Zeitperspektiven. Unternehmen müssen sich geradezu von einzelnen unabhängig machen, sie gewinnen ihre Flexibilität durch den Austausch der Personen und halten dabei die Aufgaben konstant.

3. Die beiden genannten Unterschiede führen dazu, daß die Balance von Geben und Nehmen in Familien viel langfristiger ausgerichtet ist (Mehrgenerationenperspektive, Familientradition). Damit ist auch die Bereitschaft wesentlich höher, sich für das Allgemeinwohl einzusetzen, anstatt nur auf den individuellen Nutzen zu achten, woraus sich einerseits die große Flexibilität und Wendigkeit der Familienunternehmen ergibt, was zum anderen aber auch eine Stelle großer Verletzbarkeit

darstellt. So kann z. B. die Forderung von Gehaltserhöhungen durch Manager von der Unternehmerfamilie leicht als Undankbarkeit oder Zumutung verstanden werden. In Personengesellschaften muß diese Balance von Geben und Nehmen erst verhandelt werden (Zielvereinbarungen, Bonussysteme, Prämien), erst recht in börsennotierten Unternehmen, wo die Austauschbarkeit der Personen und die kurzfristige Orientierung in den vergangenen Jahren offensichtlicher geworden sind und nicht selten tiefe Spuren in der Mitarbeiterloyalität hinterlassen haben.

4. Die Konfliktaustragung in Familien verläuft ebenfalls nach einem anderen Muster. Familien sind »näher dran« an den lebensprägenden Ereignissen wie Geburt, Kindheit, Hochzeit oder Tod, wodurch die Familienmitglieder emotionaler und intensiver aneinander gebunden sind, als dies bei Arbeitskollegen üblicherweise der Fall ist. Diese Nähe und wechselseitige Verflechtung, der hohe Stellenwert von persönlicher Loyalität und das große Machtgefälle führen häufig dazu, daß es keinen moderaten Umgang mit Konflikten gibt. Kleine Konflikte werden so lange übergangen oder »hinuntergeschluckt«, bis die Spannung zu groß wird und der Konflikt eskaliert. Um die Explosion das nächste Mal zu vermeiden, wird wieder geschluckt. Dieses Muster der Konfliktvermeidung und -eskalation ist in Familienunternehmen häufig anzutreffen.

3. Woran sich Unternehmerfamilien orientieren

Manager in Familienunternehmen können sich oft freier fühlen und müssen bei ihren Entscheidungen keine so große Rücksicht auf implizite Spielregeln und unsichtbare Vernetzungen im Familiengefüge nehmen. Familienmitglieder dagegen orientieren sich stärker an inneren Werten, Haltungen und Familientraditionen (implizite Steuerung), ebenso wie am Markt, und beurteilen eine mögliche Veränderung aus diesen vielfältigen Perspektiven. Solche sichtbaren wie unsichtbaren Orientierungspunkte gilt es bei Übergängen zu berücksichtigen (Boos 1991; LeMar 2001).

Der Unternehmerfamilie kommt im Übergabeprozeß besondere Bedeutung zu, denn auf ihr lastet in dieser Zeit besonderer Druck. Für die

Unternehmerfamilien sind Unternehmen und Familie nicht gleichwertig. Die Wertigkeiten in der Familie werden durch die Wertigkeiten im Familienunternehmen dominiert. Die Familie als autonomes System wird nicht wahrgenommen, denn die Unternehmerfamilie nimmt ihre Existenz als Familie oft nur in bezug auf das Unternehmen wahr. Dies ist für neu hinzukommende Familienmitglieder oft schwer zu verstehen und zu leben.

Ein Beispiel: Für einen Unternehmer war der Verlust des Unternehmensvorsitzes mit der unbewußten Angst verbunden, dadurch auch die Rolle des Familienoberhaupts abgeben zu müssen und damit Anerkennung, Einfluß und erworbene Vorrechte zu verlieren. Was geschah auf der Metaebene? Der »Senior« erwartete insgeheim, daß bei der Übergaberegelung für das Unternehmen ein anderes Familienmitglied aus der Nachfolgegeneration von sich aus die Auswirkung auf seine Rolle als Familienoberhaut anspräche, seine »Senior-Rolle« dadurch würdigte und bestätigte. Dies sprach er selbst jedoch nicht aus, und auch sonst sprach niemand darüber, was den weiteren Prozeß wesentlich beeinflußte und alle belastete. Der »Senior« »durfte« es von sich aus ja gar nicht ansprechen, man hätte sonst gegen die von ihm mitgeprägte Firmenkultur und Regel verstoßen, nicht etwas für sich persönlich einzufordern. Eine paradoxe Situation, die ohne externe Hilfe nur schwer zu lösen ist.

Die Übergabe von Familienunternehmen ist ein Prozeß des Wandels besonderer Art, denn:

- es steht viel auf dem Spiel: Entscheidungen über die Verteilung von Vermögen, langfristige Verantwortung für mehrere Generationen;
- es gibt selten positive, vorrangig negative Vorbilder aus dem Umfeld;
- Ängste, Befürchtungen, Mißtrauen steuern das Verhalten oft eher als Zuversicht, Freude, die Begeisterung über die neue Herausforderung;
- es gibt keine Routinen oder Rituale der Übergabe wie in Publikumsgesellschaften. Die jeweilige Vorgehensweise muß unternehmensspezifisch neu entwickelt und gestaltet werden;
- die Übergabe ist ein Schritt, der ab einem gewissen Zeitpunkt nicht mehr – z.B. durch die Absetzung des einen und Einsetzung eines Nachfolgers bzw. einer Nachfolgerin – rückgängig gemacht werden kann;
- es treffen mehrere Logiken aufeinander, die widersprüchliche Prioritäten fordern: einerseits die Logik der Familie und ihres Vermögens und andererseits die des Unternehmens und seiner Leistungen, seines

Erfolgs. Bestimmte Konzepte und Begriffe wie z.B. Rolle, Funktion, Werte können nicht einfach eins zu eins aus der Familie ins Unternehmen übernommen werden, auch wenn dies nicht selten versucht wird (Elstrodt 2003);

■ in dieser Phase wird die Geschichte des Familienunternehmens wieder lebendig, und viele der unaufgearbeiteten und emotional offengebliebenen Themen, Verletzungen, Ungerechtigkeiten, Fehler etc. tauchen im Prozeß der Veränderung wie aus dem Nichts wieder auf. Die Phase der Übergabe erweist sich als eine der wohl letzten in dieser Konstellation sinnvollen Gelegenheiten, sich darüber zu verständigen, um eine nachhaltige Veränderung für zukünftige Generationen der Unternehmerfamilie herbeizuführen.

4. Zum Gelingen der Übergabe an die nächste Generation

Die bei der Übergabe eines Familienunternehmens relevanten Fragestellungen lassen sich drei Bereichen zuordnen (Kantenwein et al. 2002):

■ dem juristischen (Regelung der Rechtsnachfolge und des Vermögens);
■ dem betriebswirtschaftlichen (Regelung des Managements im Betrieb);
■ dem Übergabeprozeß (Regelung der sozialen und emotionalen Prozesse).

Unserer Erfahrung nach gestaltet sich die Übergabe an die nächste Generation in Familienunternehmen leichter, wenn folgende Voraussetzungen gegeben sind:

1. Die Unterschiede in den Systemlogiken (der Familie[n] wie des Unternehmens) werden reflektiert, und es wird gemeinsam entschieden, was für welches System hilfreich und adäquat ist, was beibehalten, verworfen, geändert oder neu dazugenommen wird. Die Unternehmerfamilie lernt in dieser Phase, die Unterschiede zwischen Familie und Unternehmen zu verstehen, sie gedanklich auseinanderzuhalten und anzuerkennen, daß die Anforderungen der Übergabe in Familie wie Unternehmen eines unterschiedlichen Prozesses bedürfen.

Ein weiterer wichtiger Schritt besteht darin, die von der Familie

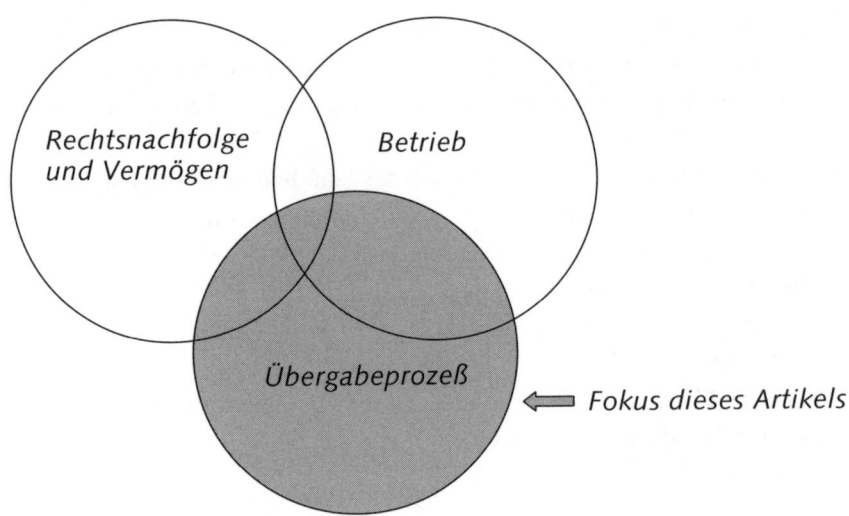

Abbildung 1: Zum Gelingen der Übergabe an die nächste Generation

bisher gelebte Abgrenzung zwischen Unternehmen und Großfamilie zu reflektieren. Dabei kann sowohl Bezug auf nicht berücksichtigte Personen (Geschwister, Halbgeschwister, weitere Verwandte, andere Nahestehende und Mitarbeiter) genommen werden als auch auf wesentliche zurückliegende Ereignisse, wie etwa Entscheidungen, die sich maßgeblich auf die derzeitigen Beziehungen und damit auf die Ebenen ihrer spezifischen Kommunikation im Alltag auswirken (z. B. vorangegangene Übergaben, Erbschaften, Meilensteine der Firmenentwicklung).

In der Arbeit mit Unternehmerfamilien stellen wir häufig fest, daß die Grenze in der Frage, wer in diese Veränderungsarbeit einzubeziehen ist und wer nicht, welche Themen bedeutsam sind und welche nicht, von der Unternehmerfamilie alleine oft zu eng gezogen wird (Lenglachner u. Schmitz 2003). Daran arbeiten wir mit der Unternehmerfamilie, wodurch sich der familiäre Bezugsrahmen/Familienkontext schrittweise erweitert. Zur Vorbereitung der realen Begegnungen – vor allem mit Personen, zu denen es aktuell keinen Kontakt gibt (Ausgegrenzte) – sind gut vorbereitete, abgestimmte Prozesse für mögliche nächste Schritte notwendig.

2. Die Übergabe von Familienunternehmen sollte als Prozeß der Veränderung und eines Miteinanderlernens auf drei bis zehn Jahren angelegt werden. Diese Zeit bietet die Gelegenheit, Klärung zu schaffen, sich in neue Rollen einzufinden und unternehmensspezifisches Wissen zu erwerben. Sie ermöglicht Übergebenden und Übernehmenden, sich mit den Vorstellungen über das Neue in der gemeinsamen Zukunft auseinanderzusetzen, gegenseitiges Vertrauen aufzubauen sowie Sicherheit und Orientierung zu gewinnen (Lenglachner u. Schmitz 2002).

3. Damit die Übergabe an die nächste Generation glückt und auf einem soliden emotionalen Fundament steht, muß auch die zurückliegende Übergabe thematisiert werden. Die Probleme, die durch die Entscheidungen bei der letzten Übergabe entstanden sind, wirken weiter. Man erwartet sich innerhalb des Familienverbundes dauerhaft Dankbarkeit, Liebe, Anerkennung und Verständnis und schafft somit eine emotional dichte Bindungskultur (Abhängigkeit). Rollen werden in Familien oft unbewußt oder aus falsch verstandener Liebe eingenommen, und es wird dadurch auf eigene Lebensqualität und Lebensperspektiven verzichtet. Solches Delegieren der Verantwortung für die Ziele des eigenen Lebens macht sehr oft abhängig und kann für so manche Lebensphase Unglück bringen. Die Scheu der Unternehmerfamilien, sich mit dieser Phase der Übergabe wieder oder sogar erstmalig intensiv auseinanderzusetzen, scheint uns ein wesentlicher Grund für die hohe Quote gescheiterter Übergaben zu sein.

4. Bei der Steuerung des Übergabeprozesses haben Familienunternehmen insofern ein großes Problem, als sie anders als etwa Publikumsgesellschaften meist kein neutrales Organ – wie z. B. den Aufsichtsrat – haben, das den Wechsel gestalten kann. Familienunternehmen müssen diesen alleine handhaben und stehen damit vor Fragen wie: Wer steuert den Prozeß der Übergabe? Gibt es ein gemeinsames Bild davon, wie die Übergabe erfolgen soll? Können Fragen dieser Art überhaupt besprochen werden, und wer »darf« diese stellen? Ab wann und wie übernehmen dann die Jüngeren die Steuerung? Wird davon ausgegangen, daß einfach ein »Schalter« umgelegt wird, oder soll der Wechsel in einem Prozeß des Sich-miteinander-Entwickelns-und-Hineinwachsens geschehen? Diese Fragen beschäftigen alle Beteiligten, sie sind aber schwierig auszusprechen und werden häufig tabuisiert. Sie adäquat

und zum richtigen Zeitpunkt anzusprechen ist daher eine wichtige Aufgabe im gemeinsam gestalteten Beratungsprozeß.

5. Gerade weil es in dieser angespannten Situation während der Übergabephase nicht leicht ist, mit allen Familienmitgliedern in Kontakt zu bleiben, ist verstärkte Kommunikation zwischen einzelnen Familienmitgliedern auch über implizite Voraussetzungen der Übergabe von großer Bedeutung. Ist die Kommunikation in der Unternehmerfamilie aber in dieser Phase gering, und werden wichtige Themen nicht ausreichend besprochen, dann verselbständigen sich Annahmen, Phantasien und Mißverständnisse. Gerade jetzt ist es notwendig, im Gespräch zu bleiben und die Fortschritte und Rückschläge, die Überraschungen, Freuden und Enttäuschungen besprechbar zu machen. Es geht ja nicht nur um objektive Tatbestände, sondern auch um Wahrnehmungen und Haltungen, die oft über Generationen hinweg das Geschehen mit beeinflussen. Ein reibungsloser, konfliktfreier Übergang von der einen auf die nächste Generation ist eher unwahrscheinlich. Es wäre auch riskant, dies einfach nur zu erwarten. Ein solcher gemeinsamer Veränderungsprozeß mit dem Ziel, eine gelungene Übergabe zu erreichen, erfordert Vertrauen in die anderen Familienmitglieder, in sich selbst wie in den gemeinsamen Veränderungsprozeß im Familienunternehmen.

5. Zusammenfassung

Sich mit dem Übergabeprozeß in Familienunternehmen gezielt auseinanderzusetzen ist angezeigt, wenn:

- Interesse am generationsübergreifenden Lernen besteht;
- verdrängte Konflikte Energien binden (Konfliktscheu in Familienunternehmen);
- die nächste Generation nicht einsteigen, sondern aussteigen will;
- der Familienzusammenhalt bedroht ist und sich Krisen anbahnen;
- persönliche Kränkungen bzw. Enttäuschungen überhand nehmen und sich der Kontakt zwischen den Mitgliedern der Unternehmerfamilie unhinterfragt reduziert;

- die verläßlichen Außenfeinde wegfallen;
- wichtige Familienmitglieder sich nicht mehr an Rollentraditionen halten;
- ein Manager statt eines Familienmitglieds die Nachfolge übernimmt, die Familie sich nicht abgrenzt und der Manager sich verführen läßt, indem er die Grenze seiner Rolle zuwenig beachtet;
- keine Trennung von Familienfunktion (Großvater, Mutter, Partner) und Unternehmensfunktion (Geschäftsführer, Gründer) vorgenommen wird;
- die ältere Generation denkt, die nächste Generation müsse den bisherigen Weg genauso fortsetzen (Übersteuerung/Grenzüberschreitungen), bzw. die Jüngeren meinen, einen völlig anderen Weg beschreiten zu müssen als die Vorgeneration;
- die ältere Generation die Übergabe gänzlich in die Hände der nächsten Generation legen will (Untersteuerung).

Der Titel unseres Artikels »Blut ist dicker als Wasser« ist ein bekanntes Sprichwort, der die besondere Intensität familiärer Bindungen zum Ausdruck bringt. Diese Intensität hat für Familienunternehmen viele Vorteile.

In der Phase des Generationswandels kann sich durch die Vermischung von Anliegen mit emotionalen Beziehungen der Übergabeprozeß um so zäher gestalten, ins Stocken geraten oder gar zum Stillstand kommen. Im Vergleich dazu fließt – um an das Bild des Sprichworts anzuschließen – Wasser leichter.

Aus unserer Erfahrung und den im Artikel geschilderten Aspekten empfehlen wir, dem Prozeß der Übergabe in Familienunternehmen von einer Generation auf die nächste besondere Aufmerksamkeit zu schenken. Nicht Eile, sondern Zeit und Raum für den gemeinsamen Entwicklungsprozeß führen hier zu nachhaltigem Erfolg. Erfolgreiche Familienunternehmen haben in den letzten Jahren viel in ihre Professionalisierung investiert. Dieses Engagement wird künftig auch für die Phase der Übergabe notwendig sein.

Großgruppenarbeit heute: unser Ansatz im Vergleich

Frank Boos

1. Einleitung

Großgruppenarbeit ist weder neu noch eine Erfindung der Unternehmensberater. Großgruppen gibt es schon sehr lang und in den unterschiedlichsten Kontexten, u. a. politischen, religiösen oder militärischen. In den letzten 50 Jahren ist Großgruppenarbeit von Sozialwissenschaftlern vor allem mit Kommunen durchgeführt worden, um Demokratie erlebbar zu machen. Traditionelle Großgruppenarbeit gibt es natürlich auch heute noch. Doch gibt es wichtige Unterschiede. Diese sind:

	Traditionelle Großgruppen	Großgruppenarbeit in unserem Sinn
Kommunikation	Frontal	Dialogorientiert
Anordnung der Sitze	Starr	Flexibel
Aufteilung der Gruppe	Eine große Gruppe	Viele Gruppen in der Gruppe
Abfolge des Geschehens	Sequentiell	Gleichzeitig
Art der Informations-verarbeitung	Zuhören und zusehen	Mitreden und mitgestalten

Die größte Unterscheidung zwischen traditionellem und unserem Ansatz liegt aber im Verständnis der Großgruppen. Wir verstehen Großgruppen bzw. Großgruppenarbeit als Interventionen, die auf Veränderung von Beobachtung abzielen. Großgruppen sind hochwirksame Interventionen und beruhen – wie andere Interventionen auch – auf Hypothesen, d. h. Annahmen über das System, dessen Eigenheiten und Entwicklung.

Eine alte Beraterregel lautet: »Eine gute Intervention wird vom Kunden zu einem Drittel erwartet, ist für diesen zu einem weiteren Drittel überraschend und bleibt im letzten Drittel für ihn unverständlich.« Diese Faustregel gilt auch für die Großgruppenarbeit.

2. Ebenen

Für die Gestaltung von Großgruppeninterventionen ist es hilfreich, drei Ebenen zu unterscheiden: die Makro- oder Gesamtebene (z. B.: Wie soll der dramaturgische Bogen für die Großgruppen gestaltet werden?), die Meso- oder Zwischenebene (z. B.: Wie strukturieren wir einen Arbeitsblock von 1,5 Stunden?) und die Mikroebene (z. B.: Wie soll die Rede, die nächste Ansage konkret lauten?).

Wie bei den Schichten einer Zwiebel sind die verschiedenen Ebenen miteinander verbunden. Manchmal gehen wir bei der »Enthüllung« von Großgruppen von außen nach innen vor, d. h. vom Generellen ins Konkrete, manchmal aber auch umgekehrt, d. h. wir sammeln Ideen über Mikrointerventionen und »hängen« sie dann an ihren Platz am »roten Faden«. Dieser »rote Faden«, die Dramaturgie, ist wie bei einem Theaterstück oder Konzert sehr wichtig. Auch hier hat sich die alte Lewinsche Formel bewährt: aufbrechen – visionieren – verankern.

3. Drei Unterschiede

Unser Ansatz unterscheidet sich von anderen Zugängen zur Großgruppenarbeit auch durch folgende Merkmale: Anstelle einer bestimmten Methode – einem Konstruktionsprinzip – steht bei uns die Hypothesenbildung im Mittelpunkt. Uns beschäftigen primär Fragen wie: Worum geht es hier? Was sind typische Muster und Beziehungsformen? An welchem Punkt seiner Entwicklung steht das System, und was soll durch die Großgruppen erreicht werden? Was können mögliche unerwünschte Effekte sein? Wieviel Energie zum Thema ist im System, und wo liegt sie? Wo wird es Widerstand geben, und wofür steht er?

Erst nachdem wir Hypothesen formuliert haben, entscheiden wir uns für die Arbeitsform, und diese kann auf der Mesoebene – d. h. von Arbeitseinheit zu Arbeitseinheit – wechseln. Statt eines standardisierten Ablaufs entwickeln wir ein maßgeschneidertes Design, das niemals ein zweites Mal unverändert eingesetzt wird.

Das zweite Merkmal unseres Ansatzes ist die Vorbereitungsgruppe. Um zu guten Hypothesen zu kommen, benötigen wir eine gute Gruppe aus der Organisation, möglichst heterogen zusammengesetzt und von uns begleitet. Diese Gruppe ist gleichsam ein Biotop, ist ein Resonanzkörper, der hilft, die »Nervthemen«, die latenten Fragen zu erfassen.

Unser Ansatz ist besonders geeignet für Menschen, die neugierig sind und gerne eigene Theorie und eigene Praxis verbinden wollen. Soll die Arbeit mit Großgruppen nicht nur ein einmaliges Strohfeuer sein, dann muß sie in einen größeren Sinnzusammenhang gestellt werden, und es müssen schon vor dem Beginn der Großgruppe die Schritte danach überlegt werden.

Das dritte Merkmal ist die Reflexion über das eigene Handeln und das aktuelle Geschehen. Hier geht es um Feedback, den Zusammenhang von Prozeß und Inhalt und das Lernen aus und an dem eigenen Tun. Deswegen bauen wir gerne Momente der Reflexion in die Großgruppenarbeit ein, z. B. Nachdenken in Kleingruppen, das Interventionsdesign »Sesselbarometer«, Bilder, Sketches, die die Veranstaltung selbst zum Thema haben, usw. Diese Reflexionen werden möglichst ummittelbar dem Plenum zur Verfügung gestellt.

4. Abschließend und zusammenfassend

Gruppenarbeit ist ein Balanceakt zwischen verschiedenen Polen, und zwar zwischen:

- vorgegebener Struktur und spontanem Prozeß;
- positiver Zukunftsarbeit und »negativer Problemorientierung«;
- Person und Kollektiv;
- Spannung und Ruhe sowie
- kognitiven und emotionalen Elementen.

IT & Change mit Wirkung

Alexander Doujak, Thomas Endres, Horst Schubert

Jedes größere IT-Projekt hat zumindest indirekt einen Veränderungsauftrag. Die enge Zusammenarbeit zwischen IT und Changemanagement scheint daher auf der Hand zu liegen – dennoch findet man in der Praxis zwei separierte Welten vor. Dies ist einer der wesentlichen Gründe, wieso wir 2001 das Kernteam »IT & Change mit Wirkung« gegründet haben. Im Sinne einer »inspirierenden Partnerschaft« entwickeln wir aus den Blickwinkeln »Anwender-Unternehmen«/»IT-Technologie-Unternehmen« und »Change-Berater« das Grundthema mittels Internet-Plattformen, Workshops und Symposien weiter.

Daß die Annäherung der drei Perspektiven keine leichte ist, zeigen ausgeprägte, wechselseitige Vorurteile, die Gruppen anläßlich eines Symposiums herausgearbeitet haben – eine Auswahl:

Vorurteile gegenüber IT-Experten	Vorurteile gegenüber Anwendern	Vorurteile gegenüber Change-Beratern
»IT-Experten sind Autisten, nehmen die reale Welt nicht wahr, sehen die Menschen hinter den Rechnern nicht.«	»Anwender stecken mitten in der ›Matsche‹ und erwarten rettende Engel.«	»Change-Berater sind Soft-Fuzzis, sie bringen keine meßbaren Ergebnisse.«
»Sie versprechen das Paradies auf Erden, es kommt aber nur Technologie heraus.«	»Ahnungslos, resistent, fordernd. Je hierarchisch höher, desto ahnungsloser sind die Anwender.« –	»Change-Berater haben eine irreale, präpotente Abgehobenheit – denn sie wissen nicht, was sie tun.«
»›Das haben wir gleich‹ – und dann dauert es ewig – IT-Experten unterschätzen Zeiterfordernisse sträflich.«	»Anwender sind prinzipiell ›veränderungs-avers‹, wollen eigentlich keine Veränderung.«	»Sie sind sehr strategisch – in der Umsetzung sind sie nicht mehr da.«

Vorurteile gegenüber IT-Experten	Vorurteile gegenüber Anwendern	Vorurteile gegenüber Change-Beratern
»IT-Experten sind ›Schrauber‹, sie können nicht beraten.«	Der typische Anwender: »›Wünsch dir was‹ bei gleichzeitigem kurzsichtigem Kostenbewußtsein.«	»Wenn man ›Change‹ hört, läuft man rot an.«

Was sich die Gruppen wechselseitig attestierten: Berührungsangst!

1. Ausgangslage

Seit den 50er Jahren ist IT im betrieblichen Umfeld nicht mehr wegzudenken. In der Vergangenheit diente sie meist der Automatisierung von Abläufen. Im operativen Betrieb wurden Daten IT-gestützt verwaltet, der Computer diente als »Steuerungseinheit«, und der Anspruch, die realen Abläufe im IT-System abzubilden, legte die Rolle der IT klar fest. »Die Abläufe werden von den Fach-Experten gesteuert und gestaltet, und irgendwer bringt dann die Daten ins IT-System, um dort ein Abbild der Abläufe entstehen zu lassen. Der Computer steuert dann die optimierten Prozesse«. – Diese Sichtweise ist überholt, auch das Bild des »steuernden Computers« entspricht nicht der heutigen, komplexen Verwendung des »Werkzeugs IT« in Organisationen.

IT ist inzwischen ein Produktionsfaktor, der die Wettbewerbsfähigkeit wesentlich mitbestimmt. Die Gestaltung von IT bewegt sich dabei im Spannungsfeld von notwendiger Vorlaufzeit bei der Herstellung und Implementierung von Informationstechnologie und den kurzfristigen Anforderungen der Kunden und Märkte. IT und IT-Architekturen müssen vor diesem Hintergrund langfristig durchdacht und klug angelegt sein, damit zum richtigen Zeitpunkt die notwendige Prozeßunterstützung und Performance zur Verfügung steht. Die Entscheidungen zur Gestaltung von IT, die man in einem Unternehmen heute trifft, legen den Grundstein für die Wettbewerbsfähigkeit von morgen.

Bei vielen Veränderungsprojekten verzichten Unternehmen allerdings auf den Einsatz von Informationstechnologie und somit auf wesentliche Hebelwirkung und Verbesserungspotential. Ebenso werden IT-Projekte oft ohne Berücksichtigung der Veränderungen durchgeführt, die sich dadurch im

Unternehmen ergeben. Bis zu 50 Prozent der Projekte der Informationstechnologie in Unternehmen mißlangen oder mußten abgebrochen werden, 40 Prozent der IT-Projekte konnten nur mit erheblichen Mehrkosten abgeschlossen werden – so das Resümee einer umfassenden, Ende der 90er Jahre fertiggestellten Studie der University of Dublin, die Daten aus 27 Quellen, aus einem Beobachtungszeitraum von 19 Jahren, zusammengefaßt hat. Sie bestätigt, was viele Unternehmen beschäftigt: Die Umsetzung von IT-Projekten im Unternehmensalltag ist schwierig und allzuoft zum Scheitern verurteilt.

Die Liste mißlungener IT-Projekte ist lang, noch länger ist die Liste der Ursachen und Faktoren für die eklatanten Fehlschläge bei der Umsetzung von IT-Projekten. Laut Studien sind 90 Prozent der Probleme bei der Umsetzung von IT-Projekten »personenbezogener und organisatorischer« Natur. Besonders negativ wirken sich die spürbare Kluft zwischen Management und klassischen IT-Fachleuten und die daraus entstehenden wechselseitigen Schuldzuweisungen aus. Manager werfen IT-Fachleuten häufig mangelnden Geschäftssinn vor, diese wiederum behaupten, ihr Topmanagement schätze die Rolle der IT im Geschäft nicht richtig ein. Bei einer Umfrage in Großbritannien gaben 73 Prozent der IT-Experten sogar an, die Geschäftsführung hätte überhaupt keine Ahnung von Informationstechnologie.

Die Ursachen der Probleme mit IT-Projekten sind vielfältig. Wesentliche Probleme sind:

- Es mangelt an leitenden Geschäfts- und Technologiestrategien.
- Bereits existierende Systeme, Verhaltensmuster, Gewohnheiten und Vorgangsweisen werden zuwenig berücksichtigt.
- Der jeweilige Wissensstand sowie die jeweilige Erfahrung und Haltung des Managements und der IT-Experten sind zu unterschiedlich.
- Es besteht mangelnde Aufmerksamkeit bei der Implementierung des Systems sowie bei der Zusammensetzung und Effizienz des Projektteams.
- Es stehen zuwenig organisatorische Ressourcen und Unterstützung zur Verfügung.
- Das Augenmerk richtet sich zu stark auf die Verwaltung von Kosten und zuwenig auf das Gestalten von Nutzen.

2. Handlungsfelder

Neuartige Anwendungen erfordern auch neue Prozeß-Architekturen für die Vorbereitung und Einführung der IT und das Management des Betriebs. Dies gilt vor allem dann, wenn die IT-Lösungen über Unternehmensgrenzen hinaus Bedeutung haben. Es gibt Applikationen, deren Tragweite auf den ersten Blick gar nicht unmittelbar erkennbar ist und deren volles Potential erst dann erschlossen werden kann, wenn auch die existierenden Geschäftsmodelle im Unternehmen weiterentwickelt werden. Daß bei solchen Projekten zugleich auch Veränderungen im gesamten Unternehmen erforderlich sind, die weit über den IT-Bereich hinausgehen, wird oft nicht konsequent durchdacht: Dabei sind IT-Fachleute ebenso stark gefordert wie Manager und Changemanager. Denn für die Umsetzung sind häufig klassische IT-Fachleute zuständig, mit dem ihrer Profession entsprechenden Fokus. Auf der anderen Seite haben aber auch die Personal- und Organisationsentwickler eine große Scheu davor, sich mit IT-relevanten Themen zu beschäftigen.

Aber nicht nur, daß das Veränderungspotential von IT-Projekten zuwenig beachtet wird, schafft Probleme. Die Tatsache, daß in den meisten Unternehmen die IT-Verantwortung und -Kompetenz in ganz anderen Bereichen angesiedelt ist als die Geschäftsprozeß- und Change-Verantwortung, ist Ursache für viele unkoordinierte Entscheidungen und Vorgehensweisen, die verhindern, daß das große Veränderungspotential von IT in Verbindung mit Change-Know-how genutzt wird. Nach wie vor existieren vielerorts separate Welten, die voneinander abgeschottet funktionieren. Nicht allzuviele Unternehmen haben einen IT-Verantwortlichen direkt im Topmanagement, und es glaubt – salopp formuliert – in bezug auf das Changemanagement sowieso fast jeder, daß er sich auskennt. Tatsächlich ist das Change-Know-how aber alles andere als gut verankert. Zudem ist vielen nicht bewußt, daß die Verbindung von IT und Change beiden Perspektiven nützen kann. Es bedarf der Kombination verschiedener Kompetenzen, um das zu schaffen, was man von solchen IT-Projekten und Change-Projekten erwartet: Effizienzsteigerungen, Einsparungen, Vereinfachungen, besseren Service, gesteigerte Kundenzufriedenheit und -bindung, verbesserte Abläufe in Unternehmen etc. Schließlich betrifft ein solches IT-Projekt alle: von den Kunden, die zugleich auch Anwender sein können, über die Mitarbeiter im Unternehmen, die damit arbeiten werden, bis zum Topmanagement.

In dieser Konstellation ist ein ganzer Mix von Kompetenzen erforderlich, nämlich Strategie-Know-how, betriebswirtschaftliches Know-how, IT-Know-how und Change-Kompetenz. Zu gestalten ist dabei die Form der Koppelung dieser unterschiedlichen Perspektiven. So entsteht eine moderne Interpretation von Informations- und IT-Management.

Aus diesen unterschiedlichen Anforderungen ergeben sich 5 Handlungsfelder (siehe Abb. 1), die wir im Folgenden näher betrachten.

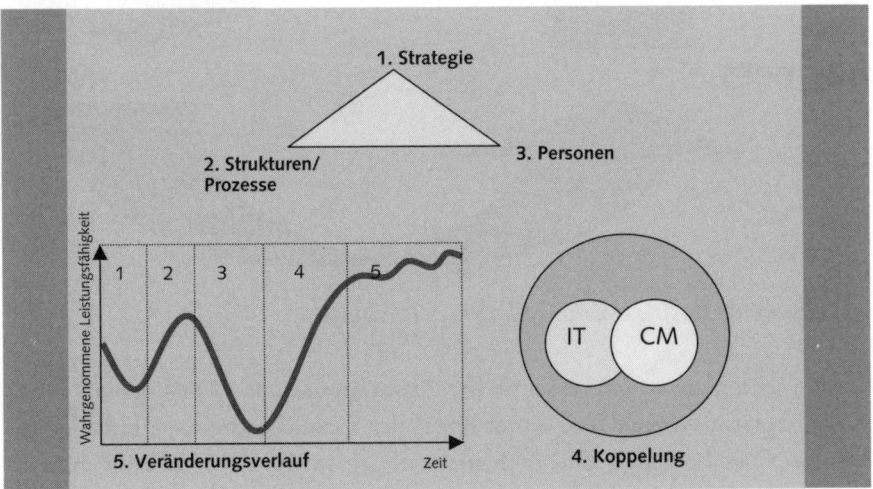

Abbildung 1: Handlungsfelder IT & Change mit Wirkung

2.1 Handlungsfeld Strategie: Business drives IT drives Business

Vor dem Hintergrund der Veränderungen in den Märkten, der Technologie und dem Verhalten der Stakeholder steigt der Stellenwert strategischer Überlegungen hinsichtlich der Gestaltung beider Dimensionen: Geschäftsprozesse und IT-Prozesse. Der Schlüssel für erfolgreiche Projektdefinitionen liegt nicht in der Vollständigkeit der Businessanforderungen und auch nicht in der perfekten IT-Lösung, sondern in der Wechselwirkung von Businessbedarf und IT-Möglichkeiten, die einander gegenseitig inspirieren. Durch professionelles Zusammenwirken der unterschiedlichen Perspektiven kann es gelingen, eine gemeinsame Sprache, ein gemeinsames inhaltliches Verständnis und gemeinsame Ziele zu entwickeln. Es ergibt sich die Möglichkeit, gemeinsam nach Chancen zu suchen und Kostentreiber zu vermeiden. Dieses integrierte und simultane Arbeiten macht die Phase der Auftrags- und Projektklärung scheinbar komplexer, stellt aber aus unserer Sicht eine wertvolle Investition in tragfähige Lösungen dar.

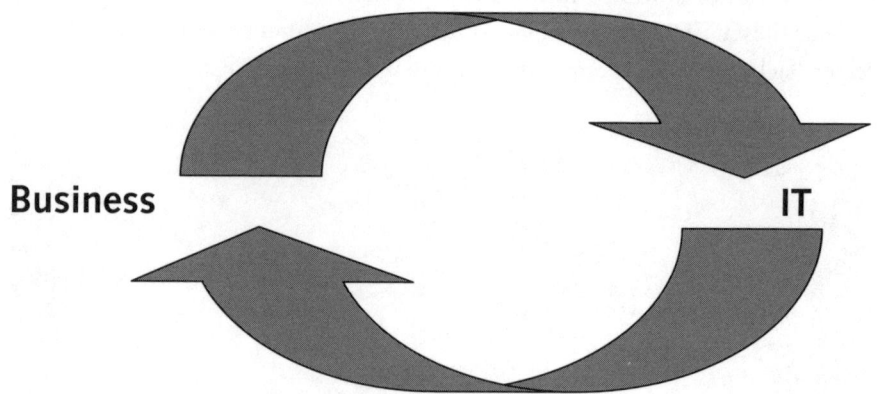

Abbildung 2: Business drives IT drives Business

Auf Projektebene ist ein wesentlicher Ansatzpunkt das »Vorschalten« einer Strategiephase vor die Neu-Konzeption der Geschäftsprozesse und der IT-Lösung. Dies bedeutet, daß man nicht gleich in die IT-Umsetzung hinein-springt, sondern grundlegend überlegt, wie man z. B. die Kundenbeziehungen langfristig gestalten will. In dieser Phase erscheint es uns wichtig, daß alle relevanten Stakeholder (Topmanagement, Vertreter der unterschiedlichen Geschäftsbereiche, Anwender, IT-Hersteller, Kunden, Lieferanten ...) in einem gemeinsamen Gestaltungsprozeß zusammenarbeiten. Dies verschiebt zwar den Start des klassischen IT-Projekts nach hinten, kann aber eine bedeutende Reduzierung der Durchlaufzeit bewirken und sichert insbesondere die Busi-ness-Wirkung der IT-Lösung ab.

Um wirksame Veränderungen anzustoßen, aber auch zu stabilisieren, ist diese Rückkoppelungsschleife auch in der Organisationsstruktur zu verankern. Auf strategischer Ebene gibt es dafür einzelne Beispiele wie Vorstandscouncils zum Thema »Prozesse und IT« oder »Digital Transformation Boards« mit der Funktion, die Umsetzungskraft zu verstärken. Auf der Fachebene gibt es z. B. IT-Ansprechpartner oder die geteilte Prozeß-Eigentümerschaft zwischen tech-nologischem und Anwendungsfokus. Derzeit ist in den meisten Organisationen eine solche Rückkoppelung jedoch nur bruchstückhaft realisiert, ganzheitliche Architekturen werden hier noch viel Potential erschließen.

2.2 Handlungsfeld Strukturen/Prozesse: lineare Umsetzung funktioniert nicht (mehr)

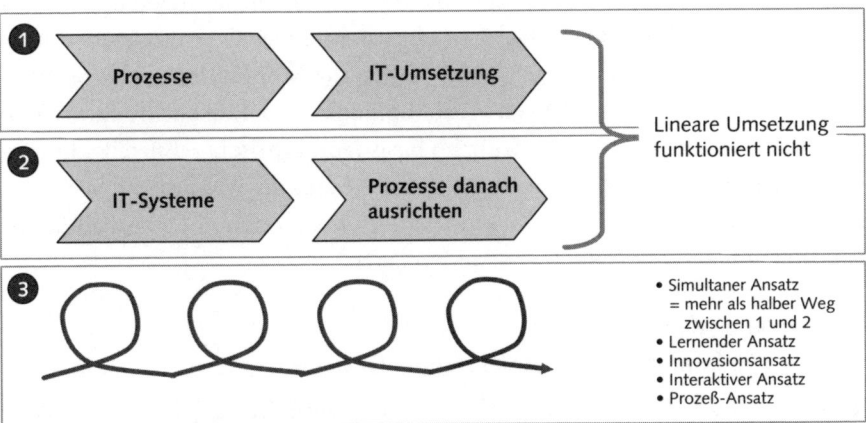

Abbildung 3: Lineare Umsetzung funktioniert nicht (mehr)

In der Übersicht dargestellt, sehen wir eine fundamentale Veränderung in der Gestaltung und dem Zusammenwirken von Veränderungsprozessen und IT-Einführungsprojekten: Die klassische Herangehensweise war geprägt von Arbeitsteilung und linearer Reihenfolge – hier die Geschäftsprozesse, dort die IT oder erst die Theorie, dann die Umsetzung nach Plan. Die Schränke und Computerablagen sind gefüllt mit Konzepten, die nie realisiert wurden, weil sie ohne Bezug zu den Machbarkeiten in den neuen Systemen und Organisationen erstellt wurden. Heute wird immer klarer, daß die steigende Komplexität (zeitlich, technologisch, sozial) nicht nur durch formelle Standardisierungen und mechanische Reihung bewältigt werden kann. Im besonderen gilt dies für die soziale Dimension der Prozesse. Auch Standard-IT-Lösungen brauchen auf die Situation angepaßte, gegebenenfalls maßgeschneiderte Einführungsprozesse, um ihre Wirksamkeit auszuschöpfen. Dabei bleibt und entsteht Raum für strukturierte Vorgehensweisen und Wiederholbarkeit in den Methoden. Tragfähige Rollenverteilungen ermöglichen dabei eine zielorientierte Umsetzung.

Die klassische Herangehensweise sieht ein »unabhängiges Konzept« vor, das durch Experten und Mächtige gestaltet und entschieden wird. Dabei wird strikt zwischen Konzept und Umsetzung unterschieden. Die späteren Umsetzer sind maximal als Interviewpartner »eingebunden«, nicht aber als Mitgestalter. Mit *simultanem Ansatz* meinen wir eine Herangehensweise, die Lernen integriert, in kleineren Schritten voranschreitet. Die laufende Interaktion zwischen relevanten Stakeholdern ist ein wesentliches Gestaltungsmerkmal. Eine »simultane« Herangehensweise bedeutet die Mitgestaltung aller wesentlichen Beteiligten, einen aktiven Aushandlungs- und Entscheidungsprozeß. Wir plädieren nicht für ausschließlich »basisdemokratische« Entscheidungen – im Gegenteil, das Topmanagement hat die Aufgabe, wesentliche Strukturentscheidungen schnell und »klärend« *top down* zu fällen. Die Qualität der Entscheidungen wird jedoch eine andere.

2.3 Handlungsfeld Personen:
von »Einbindung« zum gemeinsamen Gestalten

IT vermittelt die Illusion, über die Technik das Verhalten der Menschen aktiv verändern und kontrollieren zu können. In dieser Illusion ist es möglich, Stakeholder in IT »einzubinden« und sie sozusagen auf intelligente Weise vor vollendete Tatsachen zu stellen. Doch die Logik der IT-Systeme und die Logik der Nutzer sind sehr verschieden. Nach einem erfolgreich umgesetzten Projekt werden die neuen Abläufe nicht nur vom IT-System, sondern auch von den beteiligten Mitarbeitern unterstützt. Ein wichtiger Maßstab für die Evaluation der Business-Wirkung eines IT-Projekts ist die Akzeptanz durch die Anwender und die Wirkung, die im Unternehmen entsteht.

Das »Erlebbar-Machen« von Veränderungen wird auch auf der Ebene virtueller Zusammenarbeit Bedeutung gewinnen. Es geht um neue kreative Formen, wie man IT-Systeme einführen kann, wie man die Mitarbeiter erreichen kann, nicht nur um »Systembedienungsschulungen«. Die aktive Gestaltung der Kundenbeziehungen ist von zentraler Bedeutung. Ein Beispiel aus der Praxis: das Kundenparlament. Die Kunden unterhalten sich über die Entwicklung des eigenen Unternehmens, ihre Erwartungen und das Partner-Unternehmen oder das Projekt und geben Feedback zu Erlebtem. In diesem Setting hören die Projektverantwortlichen nur zu. Es kommt zu keiner Rechtfertigung, zu keiner Entschuldigung – alles, was der Kunde sagt, hat als wichtige Information seinen Platz. In einer Strategieklausur werden diese Themen dann unternehmensintern weiterentwickelt und in die Gestaltung der Kundenbeziehung integriert.

2.4 Handlungsfeld Kopplung: eng gekoppelt ist nicht immer gut gekoppelt

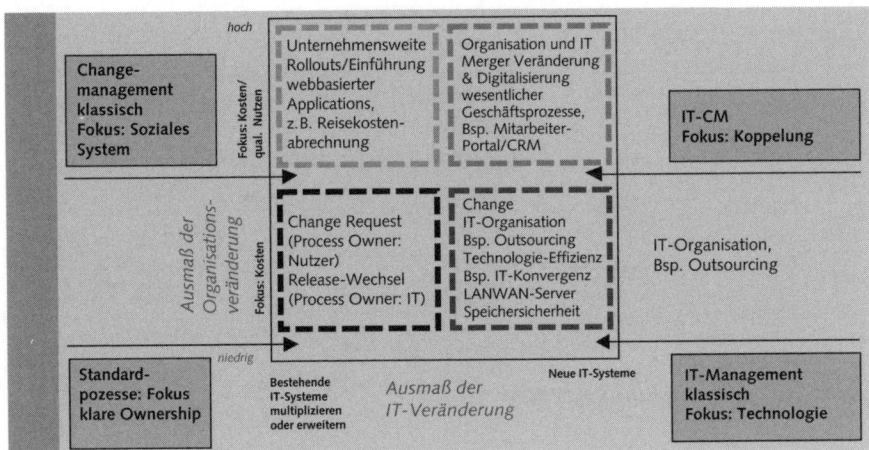

Abbildung 4: Landkarte IT- und Organisationsveränderung

Auf der Suche nach adäquaten Formen des Zusammenspiels von IT-Projekten und Change-Initiativen kann eine »Landkarte« Orientierung geben. Wir unterscheiden bei einer bestimmten Ausgangssituation nach dem Ausmaß der Organisationsveränderung und dem Ausmaß der Veränderung der IT-Systeme. Beide Dimensionen erscheinen uns wichtig bei der Auslegung eines Projekts. In der Abbildung wird klar, daß das unterschiedliche Ausmaß der Veränderung von IT bzw. der Organisation unterschiedliche Schwerpunkte im Fokus des Managements zur Folge hat:

■ Im ersten Quadranten stellt sich die Frage nach klarer Ownership, entweder durch die IT oder durch die Nutzer.

■ Im linken oberen Quadranten ist das soziale System klar im Fokus – klassisches Changemanagement, in dem die IT eine reine Unterstützungsfunktion hat.

■ Der rechte untere Quadrant beschreibt klassisches IT-Management, in dem die Technologie die Gestaltungsrolle hat.

■ Der rechte obere Quadrant ist der Bereich, in dem sich die Koppelungsfrage am deutlichsten stellt, da sowohl IT wie auch die Organisation massiv verändert werden. Die einzelnen Koppelungsformen stellen wir in der nächsten Abbildung dar.

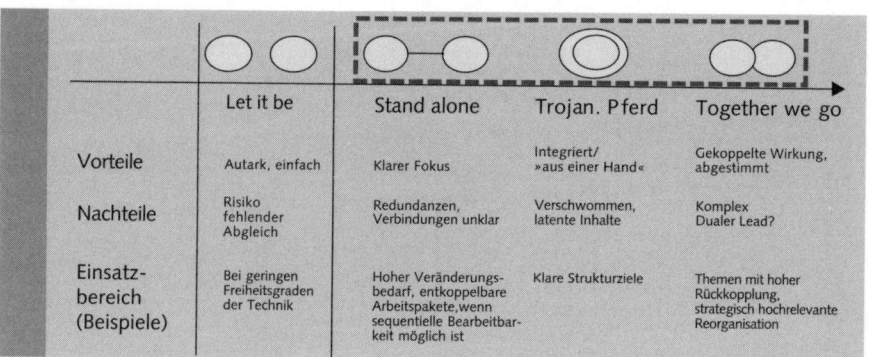

Abbildung 5: Koppelungsformen

Wir unterscheiden folgende prototypische Koppelungsformen:

■ »Let it be«: IT und Change-Vorhaben sind nicht miteinander gekoppelt, es gibt keine beabsichtigten Verbindungen.
■ »Stand alone«: Es gibt eine lose Koppelung z. B. durch regelmäßigen Informationsaustausch oder Mitarbeiter in beiden Projekten etc.
■ »Trojanisches Pferd«: Das IT-Projekt, das CM »mitmacht« oder *vice versa*, ohne dies jedoch explizit auszuschildern.
■ »Together we go«: eine gemeinsam abgestimmte Architektur und Steuerung.

Im Zuge der Gestaltung der Architektur für Veränderungsprozesse kommt der Frage nach der Art der Verkoppelung eine zentrale Bedeutung zu. Bei diesem Punkt wird deutlich, dass Change-/IT-Know-how auch für Entscheidungsträger, die z. B. in Lenkungsausschüssen arbeiten, wichtig ist. Das richtige »Aufsetzen« der Koppelung ist ein wesentlicher Erfolgsfaktor.

2.5 Handlungsfeld Veränderungsverlauf: IT in unterschiedlichen Rollen

Wenn wir uns Veränderungsprozesse ansehen, wie sie im unten abgebildeten Phasenmodell (vgl. Heitger u. Doujak 2002, S. 227 ff.) prototypisch dargestellt sind, kann man im Verlauf einzelner Phasen unterschiedliche Wirkungen von IT und IT-Projekten nutzen.

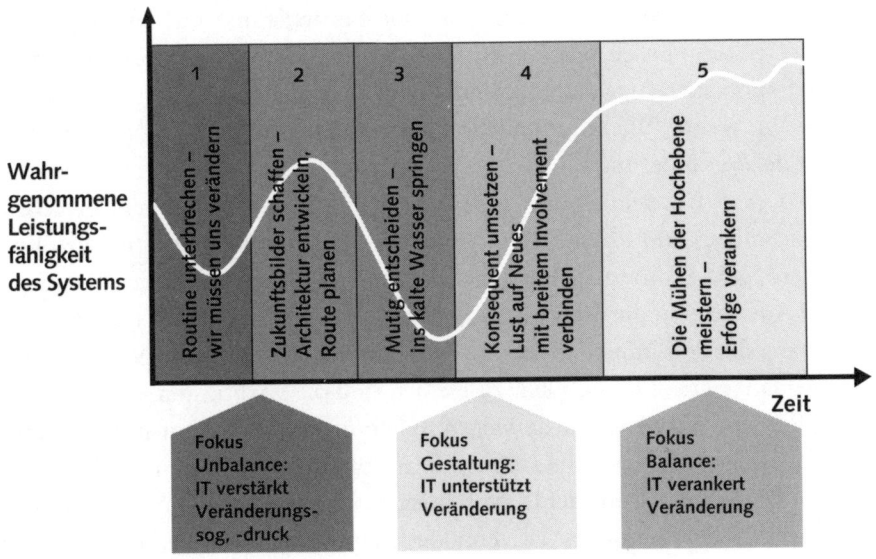

Abbildung 6: Phasenmodell von Veränderungsprozessen

Phase 1 (Routine unterbrechen – wir müssen uns verändern) und *Phase 2* (Zukunftsbilder schaffen – Architektur entwickeln, Route planen) bedeuten: Loslassen des Bisherigen, des Alltags, der Routine in der Überzeugung, daß der Erfolg von heute auch der Mißerfolg von morgen sein kann. Langsam kristallisiert sich ein Zukunftsbild heraus.

In dieser Phase kommt der IT die Rolle des Aufrüttelns zu. Es geht darum, die Kraft der IT zu nutzen, um zu Beginn der Veränderung Unbalancen herzustellen und durch das Herstellen von Ungleichgewichten (Unbalance) Energie für Veränderung freizumachen, damit diese beschleunigt wird. Gerade dieses Ungleichgewicht können IT-Initiativen verstärken. Ein solches Aufrütteln kann z. B. darin bestehen, daß bestehende Prozesse radikal hinterfragt und im Sinne der Umsetzung mit Informationstechnologie verbessert werden oder daß als Vision neue Geschäftsmodelle entwickelt werden, die nur mit IT gestaltbar sind. IT übernimmt hier eine Katalysatoren-, aber auch eine Impulsfunktion.

In *Phase 3* (Mutig entscheiden – ins kalte Wasser springen) wird die Veränderung durch erste Umsetzungsschritte konkreter, faßbarer. Es gilt, bestehende, nicht mehr adäquate Lösungsmuster zu »überlernen« und neu zu gestalten. Die IT übernimmt nun eine Gestaltungsfunktion. Die Versprechen der ersten Phasen werden im Zusammenspiel mit den Gestaltern der Geschäftsprozesse eingelöst, (hoffentlich) lernfreudige Strukturen entwickeln die Lösung weiter. Wichtig: schnelle Pilotprojekte, die auch die IT-Umsetzbarkeit der Veränderung zeigen.

In *Phase 4* (Konsequent umsetzen – Lust auf Neues mit breitem Involvement verbinden) und *Phase 5* (Die Mühen der Hochebene meistern – Erfolge verankern) geht es um breite Implementierung und Verankerung, den systematischen Ausbau und die Stabilisierung des Neuen. Phase 4 und 5 dauern länger als alle davor – immer wieder Schwung in den Prozeß zu bringen und im Changemanagement konsequent zu bleiben sind die wichtigsten »Treiber« in diesen Phasen. Wir heben sie deswegen so hervor, weil viele Transformationsprojekte in der 3. Phase – viel zu früh für nachhaltige Veränderung – beendet werden. Die Schlüsselrolle der IT besteht jetzt darin, die neuen Lösungen möglichst breit zu etablieren und zu verankern. Optimierung ist als selbstlaufender Prozeß auf breiter Ebene sehr wichtig. Dabei kommt der IT eine eher stabilisierende Wirkung zu. Wiederholbarkeit, Steuerbarkeit und Transparenz werden wichtiger, die konsequente Umsetzung wird durch flächendeckende Systeme mit großer Reichweite unterstützt und sichergestellt. Der Erfolg vieler Change-Projekte entscheidet sich in diesen beiden Phasen.

3. Anwender-Praxisbeispiel:
Lufthansa – Personalarbeit im Mitarbeiterportal eBase

3.1 Business drives IT

Das Mitarbeiterportal eBase wird zu einem unverzichtbaren Teil der täglichen Arbeit aller »Lufthanseaten« werden. eBase vereinfacht und beschleunigt Kommunikation und Prozesse und belebt den Wissensaustausch untereinander. Der Nutzen für das Business treibt die IT. Unter dem Begriff »Arbeit und Leben« werden übergreifende Themen und Prozesse der Personalbereiche verfügbar gemacht. Damit soll für alle »Lufthanseaten« die Zusammenarbeit mit ihren »Personalern« einfacher werden.

Das gilt auch für Persönliches: eine Mitarbeiterin oder ein Mitarbeiter hat geheiratet. Ein Klick auf »Familie & Partner« bietet Hilfestellungen bei allen anstehenden Fragen und HR-Prozessen (Human-Resources-Prozesse). So kann nicht nur eine Namens- oder Adreßänderung auf Mausklick organisiert werden, sondern der Partner kann auch gleich für begünstigte Flüge angemeldet werden. Mitarbeiter und Personalbereiche sparen Zeit und Kosten.

eBase erleichtert auch die Aus- und Weiterbildung. Die Angebote aller Bildungsanbieter im Konzern sind in Datenbanken zusammengefaßt, die über eBase zugänglich sind. Mitarbeiterinnen und Mitarbeiter können alle Kurse nach Kriterien wie Art des Bildungsprogramms, Zeitraum, Dauer, Ort oder Veranstalter im Intranet durchsuchen – und vergleichen. Die Buchung der Kurse ist auf Mausklick möglich, Anmeldungen werden online an die Bildungsanbieter weitergeleitet. Eine deutliche Zeitersparnis für Mitarbeiter und Bildungsanbieter.

3.2 IT drives Business

Diese Möglichkeiten zur Prozeßgestaltung durch eHR haben auch deutliche Herausforderungen an die Konzeption der Personalarbeit zur Folge. eHR orientiert sich an Ereignissen wie Heirat, Umzug oder Bildungsbedarf, den sogenannten »Events«. Diese Events lösen Arbeitsprozesse aus, die notwendig sind, um diese Bedürfnisse in solchen Situationen zu unterstützen. Das Arbeiten mit eHR erfordert die durchgängige Gestaltung der notwendigen Arbeitsprozesse und die Schaffung der IT-Voraussetzungen vom Mitarbeiterzugang bis zu den Backendsystemen. Die Prozeßorientierung im Personalwesen nimmt zu und mit ihr die Möglichkeit zur Organisation in Shared Services.

3.3 Destabilisierende und stabilisierende Wirkung von IT bei den Veränderungen

Klassischerweise war es für einen Mitarbeiter nötig, auch bei relativ kleinen administrativen Fragestellungen Kontakt mit dem Personalwesen aufzunehmen. Bei all dem Aufwand war es für den Personaldienst möglich, sozusagen im »Vorbeigehen« einen Teil seiner Betreuungsarbeit mit abzudecken. Diese

Personalarbeit auf Basis von zufälligen Gelegenheiten verliert mit eHR einen Teil ihrer Grundlage. Daher bedarf es guter Überlegungen, wie strukturierte, sogenannte »wertige« Personalarbeit in Zeiten von eHR bei Lufthansa angelegt sein wird. In diesem Sinn destabilisiert die Existenz von eHR die Arbeitsweisen früherer Zeiten, bietet aber gleichzeitig die Chance, die neu entstehenden Personalprozesse für große Mitarbeitergruppen in identischer, reproduzierbarer Qualität anzubieten, und wirkt dadurch wieder stabilisierend.

3.4 Gemeinsames Gestalten als Schlüssel zum Erfolg

Die Entwicklung der neuen HR-Prozesse erfordert geeignete Arbeitsweisen. Im Portal sind Prozesse für viele Mitarbeiter zugänglich, und die Einbindung verschiedener Business Units ist Teil der Portalstrategie. Die »HR-Shared Service«-Angebote profitieren von der Akzeptanz bei Mitarbeitern und Personaldiensten. Eine gemeinsame Gestaltung, die den unterschiedlichen Bedürfnissen Rechnung trägt, ist wichtig und eröffnet die Chance, Harmonisierung und Standardisierung maximal umzusetzen. Gewachsene, individuelle Unterschiede sind in solchen Phasen konsequent zu hinterfragen. Es geht um die gemeinsame Gestaltung von HR-Prozessen, welche die Möglichkeiten der IT-Unterstützung optimal nutzt. Dies beinhaltet die Option, die wichtigen Merkmale der HR-Prozesse sicherzustellen und im Lauf der Jahre entstandene, manchmal nicht mehr nötige Komplexität zu reduzieren.

4. Praxisbeispiel: IT-Unternehmen: Solution-Provider-Ansatz der SAP

Viele Unternehmen haben sich strategisch für SAP als Softwareanbieter im betriebswirtschaftlichen Bereich, aber auch in den Kernprozessen entschieden. Die Erwartungen richten sich in einem ersten Schritt auf einen zuverlässigen Betrieb der Systeme bei geringen Kosten, dann aber auch auf operative Effizienz und Durchsatz.

4.1 IT als Produktionsfaktor

IT als Produktionsfaktor erfordert integrative Gesamtlösungen und Prozeß-Know-how. Dies beinhaltet die dauerhafte Weiterentwicklung der Systeme und Prozesse und hat das Ziel, wirtschaftlichen Nutzen zu erzielen. Neue Technologien sind oft nützlich und erschließen weitergehende Möglichkeiten, sind aber kein Selbstzweck und stehen in diesem Sinn nicht im Vordergrund.

Die SAP hat sich daher grundlegend geändert und diesen Anforderungen gestellt. Der Wandel hin zur Gesamtbetrachtung wurde in Österreich in den Jahren 1999 und 2000 vollzogen. Lösungsverständnis, aber auch Projektmanagementkultur mußten von innen heraus entwickelt und im täglichen Handeln verankert werden. »Kunden bzw. Kundenpotentiale kennen und deren Bedürfnisse gezielt adressieren«, dies ist *der* CRM-Anspruch schlechthin (CRM: Customer Relationship Management).

4.2 IT- und Changemanagement – die Kluft verringern

Als IT-Unternehmen der neuen Form unterstützt SAP Veränderungen bei Kunden, beginnend bei technischen Aufgaben bis zum Lösungs- und Prozeßdesign. Die Lösungsarchitektur wird als stimmiges Gesamtkonzept angelegt und kann bereits in der Strategiefindung beginnen, so daß die Veränderungsfähigkeit und damit auch die Wettbewerbsfähigkeit der Zukunft unterstützt wird. *Eine lineare Umsetzung funktioniert häufig nicht mehr.* Viele Projektschritte wie z.B. das Einbinden von Key-Usern oder die Endanwenderschulung werden heute mit ganz anderen Konzepten und Methoden unterstützt als beispielsweise noch vor drei bis vier Jahren. »Ein Projekt gilt heute als erfolgreich, wenn nicht nur das neue System die neuen Abläufe unterstützt, sondern auch die betroffenen Menschen die neuen Abläufe leben.« Um die *wesentlichen Stakeholder mit im Boot* zu haben, sollte bei großen Veränderungen jedenfalls ein Change-Team durch unabhängige Experten unterstützt werden.

4.3 Business drives IT

Bei SAP bestimmt das zukünftige Kundengeschäft die Entwicklung. So erfolgt die Softwareentwicklung über kooperativ angelegte Pilotierungsprojekte, bei denen die Anliegen von Einzelkunden oder Kundengruppen (Usergroups) die Grundlage bilden. Dies ist eine wirkungsvolle Form für anwen-

dende Unternehmen, Veränderungen und Erweiterungen der Software anzuregen und mit zu gestalten, ohne selbst diese Entwicklungen durchführen zu
müssen.

4.4 IT drives Business

Die vorhandenen Lösungen werden häufig aber auch genutzt, um rasch das
»Wissen in der Software« nutzbar zu machen. Gerade bei Prozeßverände-
rungen sind vorgedachte Konzepte eine gute Unterstützung und Orientierung.
Die Unterstützung beginnt dabei bereits im Strategiefindungsprozeß und im
Design der Projekte.

Bei Vorhaben, die sich über längere Zeiträume erstrecken oder mehrere
Systeme (technisch und sozial) betreffen, hängt der Erfolg nicht mehr alleine
von den einzelnen Elementen und Personen ab, sondern von einem professionellen Miteinander.

5. Praxisbeispiel Change-Beratung

Aus der Sicht der Beratung von IT-Projekten bzw. Unternehmen, die große
bzw. viele IT-Projekte parallel zu Change-Vorhaben durchführen, kann man
drei Ebenen unterscheiden. Alle diese Formen haben ihre eigene Dynamiken

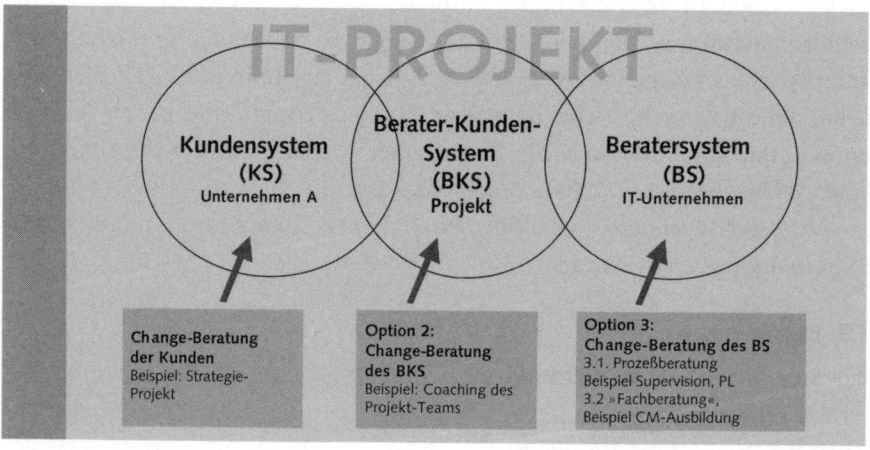

Abbildung 7: Berater-Kunden-System

und erfordern jeweils andere Strukturen. Ausgehend von einer in der systemischen Beratung bereits »klassischen Typologie (vgl. Heitger u. Doujak 2002, S. 115 ff.; Jarmai 2001, S. 239 ff.; Königswieser, Exner u. Pelikan 2001, S. 197 ff.), bedeutet dies:

5.1 Option 1: Beratung des Kundensystems (Unternehmen A)

Die Change-Berater beraten das Kundensystem direkt, ohne eine Koppelung zum Projekt des Technologieanbieters bei demselben Kunden. Ein Beispiel dafür wäre die unabhängige Beratung des Unternehmens A (Anwenderunternehmen) in Hinblick auf die Unternehmensstrategie, wobei der Konnex zwischen Strategie und IT in dieses Projekt integriert wird, aber strukturell unabhängig zur IT-Implementierung läuft. Bisher ist diese Koppelung eher als »Schnittstellen-Thema« bearbeitet worden.

Was tun? (Optionen)
- Aktive Impulse der Change-Berater in Richtung der Gestaltung dieser Integration von IT-Themen in Veränderungsprozesse – die Koppelung von IT- und Change-Prozessen strategisch entscheiden (siehe Vier-Felder-Matrix);
- Dialogforen einrichten wie z. B. Projektmärkte, in denen Vernetzungen und wechselseitige Verstärkungsmöglichkeiten aufgezeigt und bearbeitet werden;
- »Business drives IT drives Business« als expliziten Prozeß etablieren, d. h. den Strategieprozeß neu gestalten;
- die Wirkung von IT in den unterschiedlichen Veränderungsphasen gut nutzen: für den Start des Wandels, für die Erzielung von quick wins und für die Verankerung des Wandels.

Wann ist diese Form empfehlenswert?
- Bei bestehenden, langjährigen Kundenbeziehungen, in denen sich ein erfolgbewährtes Kooperationsmuster etabliert hat;
- wenn der Hauptfokus der Veränderung nicht auf der IT liegt bzw. von dieser ausgeht.

5.2 Option 2: Beratung des Berater-Kunden-Systems (IT-Projekt)

Eine Beratung des Berater-Kunden-Systems bedeutet, daß die Change-Berater beide Unternehmen (A+B) in ihrem gemeinsamen Vorhaben beraten. Als Experten für die Gestaltung von Veränderungsprozessen entwickeln sie z. B. mit den Kunden die Kommunikationsarchitektur für das Projekt, moderieren wichtige Entscheidungsmeetings oder gestalten Kundenparlamente mit dem Ziel, die Business- und Erfolgsorientierung zu stärken. Diese Position ist sicherlich die sozial komplexeste der drei Optionen. Die Zusammenarbeit ist strukturell eine (zur Dynamik neigende)Triade.

Der Anspruch, eine gemeinsame Entwicklungspartnerschaft zu leben, erfordert ein sehr professionelles Umgehen mit beiden Partnern. Transparenz, aber auch regelmäßige Reflexion und strategische Diskussionen sind wesentliche Erfolgsfaktoren.

Was tun? (Optionen)

- Klares Contracting mit beiden Parteien (am Start/periodisches Re-Contracting vereinbaren);
- Fokus auf die Projektarchitektur (den Widerspruch zwischen klar strukturiertem, sequentiell vorgehendem, inhaltlich fokussiertem Projektmanagement und prozeßorientiertem, sozial fokussiertem Changemanagement prozeßhaft integrieren – beide Pole sind wichtig);
- Vorgehen in »Schleifen«: intensives Lernen aus Pilotprojekten und Prototypen organisieren/lineares Vorgehen auf dessen Wirkung hinterfragen;
- die »Kunden der Kunden« sichtbar machen, in einen produktiven Austausch bringen: Sounding Boards, Kundenparlamente.

Wann ist diese Form empfehlenswert?

- Wenn beide Parteien die Beratung beauftragen;
- wenn genügend Aufmerksamkeit, Schlüsselpersonen und Ressourcen für die Form der Beratung mobilisierbar sind (CM-Beratung nicht als »Beiwagerl«).

5.3 Option 3: Beratung des Berater-Systems (IT-Unternehmen)

Die Beratung des Unternehmens B (BS) ohne direkten Kontakt zu dessen Kunden (Anwender-Unternehmen) ist die dritte Option. Die Change-Berater arbeiten in einer Metaposition und unterstützen die Technologieberater durch Coachings oder arbeiten mit den Accountteams an kundenbezogenen Strategien. Als Change-Experten geben sie ihr Wissen in Form von CM-Curricula weiter. Die Herausforderung liegt hier in der maßgeschneiderten Lösung für IT-Anbieter und dem Aufbau von Branchenwissen, das sich wiederum auf die IT-Branche und deren Kundenbranchen (z. B. Finanzdienstleister) bezieht.

Was tun? (Optionen)

- Coaching-Architekturen etablieren: Einzelcoachings/Teamcoachings;
- Projekt-Werkstätten mit Fallsupervision, mit Inputs zu Changemanagement-Aspekten;
- CM-enabling der IT: maßgeschneiderte Ausbildungs-Curricula für IT-Unternehmen;
- IT-enabling der Change-Berater: die Verwendung von IT-Werkzeugen für das CM lernen und umsetzen (online communities, cooperation tools ...);
- Outside in: Workshops mit dem Fokus »Kunde & Strategie«, davon abgeleitet Schwerpunkte in Strukturen, Prozessen, Mitarbeitern und Kultur.

Wann ist diese Form empfehlenswert?

- Wenn es auf Kundenseite wenig positive Vorerfahrung oder Anschlußfähigkeit an CM gibt, der direkte Nutzen nicht klar wird;

Selbsteinschätzung von Beraterinnen und Beratern

Über die Beratungsdimensionen und -optionen hinaus stellt sich die Frage nach der Haltung von Change-Beratern in Hinblick auf den Umgang mit Informationstechnologie.
Als Anregungen bieten wir folgende Fragen zur Selbsteinschätzung an:

- *Welches Grundgefühl löst das Wort IT bei mir aus? Ist dieses angenehm/unangenehm?*

- *Wie nehme ich IT-Projekte in meiner Beratungspraxis wahr: gar nicht/als black box/ als Bedrohung/als Chance?*

- *Kenne ich die wesentlichen IT-Optionen für die Unterstützung von Change-Prozessen?*

- *Meine persönliche Beratungsvision: Welchen Stellenwert/welche Bedeutung kommt in diesem Spektrum der IT bei?*

- *Welchen Stellenwert hat IT für den Erfolg meiner Kunden?*

■ Wenn die IT-Berater bereits Changemanagement-Kompetenz aufgebaut haben und der Kunde »alles aus einer Hand« bevorzugt.

6. Roter Faden und Ausblick

Wir haben in diesem Artikel (siehe Handlungsfelder) und in der bisherigen Arbeit des Themencenters folgende Aspekte besonders vertieft:

■ das Wechselspiel von IT, Unternehmensstrategie und den Interessen der Geschäftsprozesse (»Business drives IT drives Business«);
■ die Veränderung in der Gestaltung von IT-Projekten (»Lineare Umsetzung funktioniert nicht mehr«);
■ den Personen-Fokus im Rahmen von IT- und Veränderungsprojekten (»Von der Einbindung von Personen zum gemeinsamen Gestalten«);
■ die Rolle der IT für Veränderungsprozesse in Unternehmen (»IT in unterschiedlichen Rollen«) und
■ die Formen der Koppelung von IT- und Change-Aktivitäten (»Eng gekoppelt ist nicht immer gut gekoppelt«).

In einem Zukunftsausblick wagen wir folgende Thesen:

■ »Digital Transformation«: In der umfassenden Digitalisierung von Geschäftsprozessen liegt ein riesiges Potential. Viele Unternehmen stehen erst am Beginn. Hier geht es um eine völlig neue Zusammenarbeit von Business- und IT-Managern. Die Funktion der IT verändert sich vom Kostenfaktor zum Integrationstreiber, Beschleuniger, Vernetzer, strategischen Innovator etc.
■ »Collaboration«: Technisch schon lange verfügbar, werden virtuelle Formen der Zusammenarbeit nicht nur in multinationalen Unternehmen in der Alltagsarbeit verankert. Dies verändert auch die Möglichkeit der Change-Interventionen in Organisationen, das Interventionsrepertoire verändert sich. Die virtuelle Arbeit über Unternehmensgrenzen hinweg verändert auch die Zusammenarbeit in Beratungsprojekten.

- »Subjektiven Nutzen erlebbar machen«: IT erzeugt oft Verlustängste in bezug auf persönliche Autonomie, Know-how, Freiraum etc. Der Vorteil von Transparenz, Standardisierung, Integration liegt vor allem auf einer gesamtunternehmerischen Ebene. Für die Akzeptanz der IT durch die Anwender und damit ihre Wirksamkeit wird es zunehmend wichtig, erlebbaren persönlichen Nutzen zu gestalten.

Literatur

Accenture u. M. Horx (2003): *Accent on the Future.* Veröffentlichte Studie. Wien (Accenture).

Bennis, W. u. P. Biederman (1997): *Organizing Genius: The Secret of Collective Collaboration.* Reading, Mass. (Addison-Wesley).

– u. R. J. Thomas (2002): Crucibles of Leadership. *Harvard Business Review*, September 2002, S. 39–45.

Bohm, D. (1998): *Der Dialog. Das offene Gespräch am Ende der Diskussionen.* Stuttgart (Klett-Cotta).

Boos, F. (1991): *Zum Machen des Unmachbaren. Unternehmensberatung aus systemischer Sicht.* In: H. Balck u. R. Kreibich (Hrsg.): *Evolutionäre Wege in die Zukunft.* Weinheim (Beltz).

Buber, M. (4. Aufl. 1979): *Das dialogische Prinzip.* Heidelberg (Verlag Lambert Schneider) (Zitat aus »Elemente des Zwischenmenschlichen«).

Collins, J. u. J. Porras (1994): *Built to Last. Successful Habits of Visionary Companies.* New York (Harper Business).

– u. – (2001): *Good to Great. Why Some Companies Make the Leap … and Others Don't.* New York (Harper Business).

Drucker, P. (1993): *Die postkapitalistische Gesellschaft.* Düsseldorf u. Wien (Econ).

– (1995): *Die ideale Führungskraft.* Düsseldorf u. Wien (Econ).

– (2000): *Die Kunst des Managements.* Düsseldorf u. Wien (Econ).

– (2002): *Was ist Management?* Düsseldorf u. Wien (Econ).

Elstrodt, H. (2003): Keeping the Family in Business. *The McKinsey Quarterly* 4, S. 94–103.

The Family Firm Institute (2003): Family Business in the US. http://www.ffi.org/looking/fbfacts_us.cgi, Stand 20.02.2003.

Goffee, R. u. G. Jones, G. (2000): Why Should Anyone Be Led by You? *Harvard Business Review*, September/Oktober, S. 63–70.

Hamel, G. (2000): Reinvent your company. *Fortune*, 12. Juni 2000, S. 103–120.

– (2002): *Leading the Revolution. How to Thrive in Turbulent Times by Making Innovation a Way of Life.* New York (Plume).

Heitger, B. u. A. Doujak (2002): *Harte Schnitte, neues Wachstum. Die Logik der Gefühle und die Macht der Zahlen im Changemanagement.* Frankfurt a. M. u. Wien (Redline Wirtschaft bei Ueberreuter).

Holmberg, I. & J. Ridderstråle (2000): Sensational Leadership. In: S. Chowdhury (Hrsg.): *Management 21C. Führung, globales Business und Organisation im 21. Jahrhundert.* München u. a. (Financial Times-Prentice Hall), S. 33–44.

Institut für Mittelstandsforschung Bonn (IfM) (2003): Unternehmensnachfolge in Deutschland (Statistiken). http://www.ifm-bonn.org, Stand 20.02.2003.

Isaacs, W. (1999): *Dialogue and the Art of Thinking Together*. New York (Currency Doubleday).

Jarmai, H. (2001): Die Rolle des externen Beraters im Change Management. In: Beratergruppe Neuwaldegg (Hrsg.): *Best of Neuwaldegg. Artikel aus 21 Jahren Beratergruppe Neuwaldegg*. Wien (Selbstverlag), S. 235–248.

Kantenwein, T., S. Freiherr von Bechtolsheim, A. Maier u. M. Priemer (2002): *Profi-Handbuch Nachfolge in Familienunternehmen. Alterssicherung – Nachfolger – Finanzen. So treffen Sie die richtige Wahl*. Regensburg (Walhalla Fachverlag).

Königswieser, R., A. Exner u. J. Pelikan (2001): Systemische Intervention in der Beratung. In: Beratergruppe Neuwaldegg (Hrsg.): *Best of Neuwaldegg. Artikel aus 21 Jahren Beratergruppe Neuwaldegg*. Wien (Selbstverlag), S. 197–214.

LeMar, B. (2001): *Generations- und Führungswechsel in Familienunternehmen. Mit Gefühl und Kalkül den Wandel gestalten*. Berlin (Springer).

Lenglachner, M. u. C. Schmitz (2002): Corporate Reconciliation. Normale Krisen und krisenhafte Normalität in Unternehmen heute. *Hernsteiner* 2, S. 11–15.

– u. – (2003): (Re-)Organisieren. *Hernsteiner* 2, S. 20–24.

– u. – (2004): Der rezeptfreie Raum – Lösungen in komplexen Situationen. *LO* (Lernende Organisation), Nr. 18, April, S. 38–42.

Luhmann, N. (2002): *Einführung in die Systemtheorie*. Hrsg. von Dirk Baecker. Heidelberg (Carl-Auer-Systeme).

Meyer, A. (1999): Als wär's ein Stück von mir. Die emotionale Seite der Unternehmernachfolge. *Organisationsentwicklung Spezial* 3, S. 40–47.

Müller, H., V. Höver u. G. Schmeckebiert (2002): Man schiebt das so vor sich her wie einen Schneepflug. Generationswechsel im Handwerk. *Wirtschaftspsychologie* 4, S. 21–23.

Penick, H. u. B. Shrake (2. Aufl. 1996): *Und spielst du Golf, bist du mein Freund*. München (BLV).

– u. – (1997a): *Das kleine rote Buch*. München (BLV).

– u. – (4. Aufl. 1997b): *Golf Inspirationen*. München (BLV).

Riedel, H. (3. Aufl. 2000): *Unternehmensnachfolge regeln*. Wiesbaden (Gabler).

Senge, P., A. Kleiner, C. Roberts, R. Ross, G. Roth u. B. Smith (1999): *The Dance of Change*. New York (Currency Doubleday).

Simon, F. (1999): Familien, Unternehmen und Familienunternehmen. Einige Überlegungen zu Unterschieden, Gemeinsamkeiten und den Folgen. *Organisationsentwicklung Spezial* 3, S. 48–55.

– (Hrsg.) (2002): *Die Familie des Familienunternehmens. Ein System zwischen Gefühl und Geschäft*. Heidelberg (Carl-Auer-Systeme).

Voigt, J. (1990): *Familienunternehmen. Im Spannungsfeld zwischen Eigentum und Fremdmanagement*. Wiesbaden (Gabler).

Wechsung, S. u. S. Poppelreuter (2002): Change Ability. Psychologische Beratung bei der Lösung von Nachfolgeproblemen in Familienunternehmen. *Wirtschaftspsychologie* 4/2002, S. 15–20.

Weick, K. E. (1995): *Sensemaking in Organizations*. Thousand Oaks (Sage).

– (2000): *Making Sense of the Organization*. Oxford (Blackwell Business).

Wimmer, R., E. Domayer, M. Oswald u. G. Vater (1996): *Familienunternehmen. Auslaufmodell oder Erfolgstyp?* Wiesbaden (Gabler).

Teil IV:
Coaching

Coaching in Veränderungsprozessen

Barbara Heitger, Joana Krizanits, Cornelia Hummer

Einleitung

Coaching gewinnt in Veränderungsprozessen immer mehr an Bedeutung. Vor dem Hintergrund einer geänderten Relation zwischen Organisation und Person wird die Person in der Dynamik von Veränderungen zunehmend wichtiger. An Akteure von Change und die Involvierten sind vielfältige Rollenanforderungen und Zumutungen gerichtet, sie haben es mit Widersprüchen und Konflikten zu tun. Coaching wird zu einem immer mehr genutzten Raum für die Auseinandersetzung der Person mit ihrer beruflichen Einbettung. Es geht um Fragen der Zugehörigkeit und Identität, der Rollenaushandlung, um Anforderungen an die eigene Person, um die emotionale Dynamik, die in Changeprozessen auftritt, sowie die neuen Logiken, Ordnungen und mentalen Modelle, mit denen man als Person im Zuge von tiefgreifendem Wandel konfrontiert ist. Im ersten Teil dieses Aufsatzes werden daher Kontexte und Themen geschildert, die Personen in Veränderungsprozessen bewegen und die deshalb ins Coaching eingebracht werden: Was geschieht in Veränderungsprozessen? Was bedeutet das für die Relation *Organisation – Person*? In welcher Form kann Coaching für die Träger des Wandels, die ja immer zugleich Gestalter und »Gestaltete« sind, nützlich sein?

Da der Begriff Coaching mittlerweile sehr populär geworden ist und sehr viele Dienstleistungen als Coaching bezeichnet werden, beschreiben wir im zweiten Teil unsere Definition von systemischem Coaching: Was sind die wichtigsten Prinzipien bzw. welche Haltung steckt dahinter? Wie wird es organisiert – als Bestandteil der Führungsrolle oder als Coaching durch externe Coaches? Was sind die zentralen Unterschiede zu Therapie, Beratung, Training, Supervision und Führung? Was sind die Eckpfeiler, an denen sich der Coachingprozeß orientiert, um welche Ebenen geht es dabei?

Damit Coaching in Veränderungsprozessen eine wirkungsvolle Intervention darstellt, müssen bestimmte Voraussetzungen erfüllt sein, die wir im dritten Teil dieses Artikels behandeln. Es geht um Anforderungen sowohl an den Coach als auch an das Unternehmen. (Wir verwenden den Begriff *Unternehmen* hier synonym für soziale Systeme der Wirtschaft und des Nonprofitbereichs.) Die Anforderungen an den Coach wachsen, wenn im Coachingkontrakt der Schwerpunkt auf dem Gestalten von »Veränderungen im Unternehmen« liegt. Das ist vor allem dann der Fall, wenn die Träger des Wandels – also Führungskräfte, Projektmanager, Schlüsselpersonen – gecoacht werden. Coaches brauchen dabei nicht nur ein personenorientiertes, systemisches Interventionsrepertoire, sondern auch ein solches für soziale Systeme. Zudem ist es notwendig, daß sie Verständnis für Führungs-, Organisations- und Changekonzepte mitbringen, da sonst die Gefahr besteht, daß das Coaching zu stark personenzentriert bleibt und Organisationsdynamiken nicht mitdiagnostiziert werden, weil sie ohne theoretische Landkarte außer Blick geraten. Diese Dimension von Coachingkompetenz gewinnt außerordentlich an Bedeutung.

Der Auftragsklärung und dem Contracting, einer weiteren wichtigen Voraussetzung für effektives Coaching, kommt im Kontext von Veränderungen besondere Bedeutung zu, da sie für Stabilität im Coachingsystem sorgen. Coaching findet dann im Rahmen eines offenen Auftrags statt, wie das auch bei vielen Veränderungsprozessen der Fall ist. Damit ist das Contracting nicht nur einmal zu Beginn zu klären, sondern als ein laufender Prozeß bei jeder Coachingarbeit anzulegen: Woran arbeiten wir? Was ist der Auftrag? Was sind die Ziele des Coaching? Was ist die Rolle des Coachs, sind Erwartungen an ihn? Womit ist das Thema verknüpft? Welche Bedeutung hat das Heimatsystem des Coachs bzw. des Klienten? Welche Regeln definieren wir für das Setting? Wie gehen wir mit Themen für eine mögliche Unternehmensentwicklung um? Etc. Der Offenheit des Coachingauftrags muß eine breitere Wahrnehmungs-, Theorie- und Interventionspalette des Coachs gegenüberstehen. Das ist insofern bedeutsam, weil viele Coaches entweder aus dem Therapie- oder Supervisionsbereich kommen oder aber ehemalige Manager sind, die zwar sehr viel Erfahrungswissen und Management-Know-how mitbringen, aber oft keinen systemischen Hintergrund haben. Für beide Gruppen geht es darum, ihr jeweils spezifisches Know-how, wenn es um das Coachen von Personen in Veränderungsprozessen von Organisationen geht, um die jeweils andere Perspektive zu erweitern, so daß sie möglichst wirksam sein können.

Nach einem Resümee und Ausblick auf kommende Entwicklungen geben wir abschließend einen kurzen Überblick über die Coaching-Beiträge in diesem Buch.

1. Modern Times

Erinnern Sie sich an den Film, in dem Charly Chaplin uns nicht zum Lachen gebracht hat? Er zeigt eine endlose Folge von Maschinen und Zahnrädern, durch die das Individuum wie durch eine Wäschemangel läuft und aus der es am Ende völlig ausgewrungen herauskommt. Das ist das Bild von der Relation *Organisation – Person*, wie es die erste und zweite industrielle Revolution definiert haben: Eine übermächtige, auf ihre Regelhaftigkeit konzentrierte Bürokratie reduziert das Individuum auf seine Stelle und deren formal definierte Aufgaben.

Wie würde heute ein solcher Film über die Relation *Organisation – Person* aussehen? In welche Bilderwelten würde er uns führen, welche Szenen würde er uns zeigen? Hätten wir etwas zu lachen? Oder wäre er ein Action Film, Sportberichterstattung, ein Drama, ein Thriller, eine Soap Opera, etwas Lyrisch-Sophistisches für Cineasten? Würde *ein* Film überhaupt ausreichen?

Die Relation *Organisation – Person* hat sich in vielfältiger und vieldeutiger Weise radikal verändert. Wertschöpfung findet heute viel unsichtbarer statt als früher: in komplexen Prozessen von Entscheidung, Wissensentwicklung und -vernetzung und in Umsetzungsprozessen, die sich an einen meist mehr oder weniger turbulenten »Markt« ankoppeln müssen. Organisationen und Personen sind einander näher gekommen, doch ihre Bindung ist zugleich loser geworden; sie nutzen einander mehr denn je als wechselseitige Impulse und Irritation für Entwicklung. Die Beziehung *Person–Organisation* ist widersprüchlicher und anspruchsvoller geworden.

Unternehmen brauchen flexiblere und auf Marktentwicklungen schnell und kompetent antwortfähige Organisationen, die zugleich stabil und verläßlich sind. So entsteht ein Spannungsfeld und eine Herausforderung für alle, die Organisationen mit ihren Strukturen und Prozessen weiterentwickeln. Unternehmen brauchen Führungskräfte und Mitarbeiter, die sich auf solche Organisationen einlassen und die Commitment und Engagement entwickeln. Die Funktionen von Individuen in Organisationen sind nicht mehr wie früher an feste, stabile Rollen gebunden; die Entwicklung geht in Richtung Repersonalisierung – nicht das rein formale Erfüllen einer (bürokratisch) definierten Rolle ist gefragt, sondern die Person mit ihren ganzen Fähigkeiten: kognitiven, sozialen, unternehmerischen. Ihre Loyalität und ihr Einsatzwillen sind ebenso gefragt wie die Fähigkeit und Bereitschaft, den Kontrakt mit den Unternehmen immer wieder zu variieren, bis hin zur Trennung. Damit sind Personen als Mitglieder von Organisationen viel mehr Veränderungen ausgesetzt als früher – mit allen positiven Entwicklungschancen, aber auch Risiken, die damit verbunden sind. Und auf die Personen kommt es schlußendlich an, wenn es um wirksame Veränderung geht – Erneuerung gelingt erst dann, wenn sie vom Bestehenden akzeptiert wird. Wieviel Veränderung »vertragen« wir überhaupt, heißt die Frage heute eher als in Zeiten von Chaplins »Modern Times«. Nicht umsonst titelte das *Managermagazin* zum Jahreswechsel 2004 (Buchhorn 2004, S. 130): »Haltlos im Chaos – der stürmische Umbruch in den Unternehmen reißt die Menschen mit sich fort.«

Change ist zugleich Ursache und Wirkung dieser neuen Form der Kopplung von Organisation und Person. Beschäftigen wir uns also zunächst mit der Relation *Organisation – Person* in Paradigmen von Veränderung und beleuchten wir, was Coaching – als Raum für die Auseinandersetzung der Person mit dieser Relation – jeweils zum Gegenstand hat.

1.1 Changemodelle: von der Person als Umwelt der Organisation zur Organisation als Umwelt der Person

Je radikaler und umfassender Change ist, desto stärker ändert sich auch die Relation *Organisation – Person*. Das betrifft vor allem die Akteure von Change: die Initiatoren von Change, die Pilotierer, die internen Berater und Berater aus PE, OE und Unternehmensentwicklung, Führungskräfte und Schlüsselpersonen ohne formale Rolle in Veränderungsprozessen sowie schließlich alle, deren Beitrag gefragt ist und deren berufliche Identität sich dadurch wandelt.

In einem *Paradigma evolutionären Wandels* bleibt die Grundlogik der Organisation bestehen. In diesem Paradigma läßt sich die Relation *Organisation – Person* wie gewohnt konstruieren: Die überwiegende Zahl der Impulse kommt aus der Organisation bzw. aus den eingeübten Organisationsroutinen. Sie »bleiben im Rahmen« (Veränderungen erster Ordnung: besser, schneller, effizienter werden).

In einem *Paradigma radikaler und umfassender Transformation* verändern sich zentrale Elemente der Unternehmensidentität: Ziele, Strategie, Vision, Geschäftsmodelle, aber auch Strukturen, Prozesse, Systeme, die handelnden Personen und nicht selten die normative Basis. Die Organisation in ihrer operativen Geschlossenheit kann die Veränderung ihrer eigenen Identität nur aus sich selbst antreiben. Auch wenn der »case for action« durch kritische Widersprüche aus den Umwelten legitimiert ist – Unternehmen brauchen Personen, die diese Widersprüche besetzen und Identität umbauen. Im Extremfall radikaler Transformation – beispielsweise beim Turnaround – wird die Relation *Organisation – Person* »auf den Kopf gestellt«: die überwiegende Menge der Impulse kommt aus der Perspektive aufmerksamer Mitarbeiter, von den Personen, die den Wandel »betreiben«. So gesehen wird auch die Organisation zur Umwelt der Personen, die aus ihrer Funktion im Unternehmen heraus Veränderung zweiter Ordnung (anders werden – andere Metaentscheidungen) voranbringen bzw. anstoßen. Transformationen stellen das soziale System und die mit und in ihm agierenden Personen radikal in Frage – in ihrer Identität, ihren Strukturen, Fähigkeiten, Potentialen und Mustern.

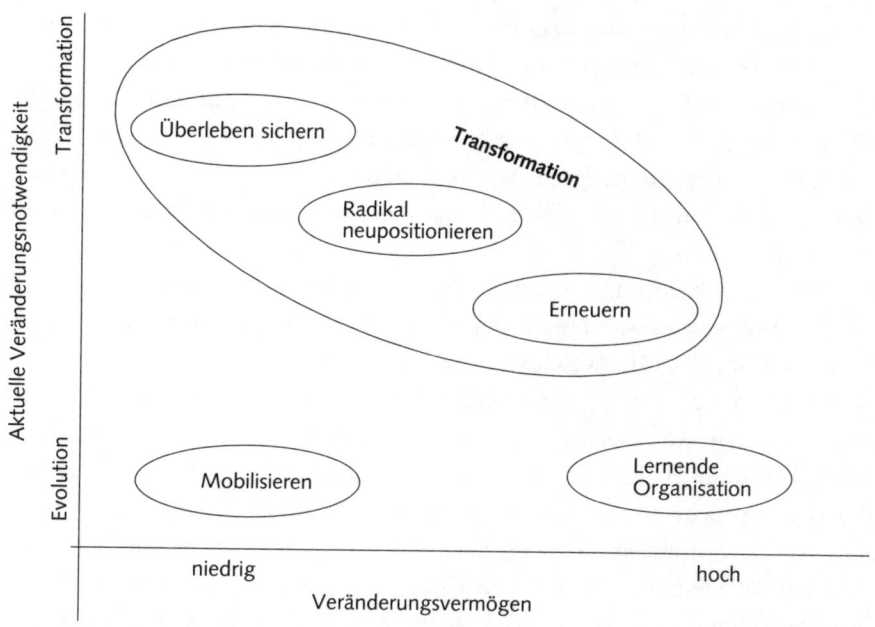

Abbildung 1: Changekonzepte und die Relation Organisation – Person

Nicht selten wird diese Infragestellung als Abwertung und Kritik des Bisherigen wahrgenommen.

Wie sind die Akteure von Veränderungsprozessen von der Relation *Organisation – Person* betroffen, und welche konkreten Anliegen und Themen bringen sie ins Coaching ein?

1.2 How do you hit a moving target? Keep calm? Keep moving? Keep aiming? Keep shooting?

Ähnlich herausfordernd sind Unternehmen, in denen Change im Sinn der Lernenden Organisation evolutionär ins Tagesgeschäft integriert stattfindet. Solche Unternehmen müssen sich für ihren Erfolg schnell und flexibel auf neue Situationen einstellen und agieren in dynamischen und komplexen Branchen. Sie sind auf dezentrale Selbststeuerung und eine Kultur angewiesen, die ihre Entwicklungsfähigkeit und Erneuerung stärken (Lernende Organisation). Die Entscheidungs- und Handlungsprogramme solcher Organisationen sind offener und kontextabhängiger. Der einzelne hat in seinem Umfeld bei der Umsetzung der Strategie ins Tagesgeschäft mehr Konkretisierungs- und Entscheidungsarbeit zu leisten als in anderen stärker reglementierten Organisationen. Im Blick aufs Ganze und über die Zeit wirken solche Unternehmen widersprüchlicher: Was für Situation A gilt, gilt nicht für Situation B, und Situation C wird wiederum ein anderes Verhalten erfordern; was gestern galt, gilt heute nicht, und das Morgen wird uns überraschen. Die Plätze in der Struktur sind in Bewegung, lange vor und nach den formal durchgezogenen Umstrukturierungen. Wie der einzelne seine Rolle gestaltet und ausfüllt, ist und bleibt offener.

Das gilt auch für Funktionen, an die Unternehmensentwicklung adressiert ist, wie Führung bzw. Management insgesamt – und ebenso für Strategie, Organisation, PE, OE. Welche Führungskraft, welcher interne Berater weiß wirklich, was von ihm erwartet wird, was wie sanktioniert werden wird oder wie allgemeine Aufträge oder offene Themenstellungen auf der Ebene konkreter Handlungen zu realisieren sind? Es liegt an ihnen, sich einen Reim auf die Widersprüche zu machen, die in der Organisation entlang der Ambivalenz von Bewahren und Veränderung verlaufen. Zu einem guten Teil hängt ihre Wirkungsfähigkeit von ihrem Platz in der Struktur ab, aber auch von ihrer Vertrauenswürdigkeit und Akzeptanz als Person und von den Kompetenzzuschreibungen an sie. Zudem davon, wie sie mit sich selbst und anderen umgehen, wie sie – systemisch gesprochen – »intervenieren«, wenn es um Veränderung geht; wo sie auf »entscheiden, gestalten, umsetzen« und wo sie auf »sich entwickeln lassen« setzen.

Das bedeutet, daß eine Person Widersprüche, Rollenunschärfen und -ambiguitäten – bzw. wie sie damit umgeht – mit sich selbst aushandeln muß. Wenn die maximale Konkretisierung des Rollenskripts »gestalten statt verwalten« heißt, ergeben sich auch viele Freiräume, die Arbeit im Unternehmen im Sinne einer persönlichen Entwicklungsfläche zu gestalten. Die Ansprüche an die Person in der flexiblen Gestaltung ihrer Aufgabe, Kompetenz und Verantwortung steigen damit.

Coaching ist auch hier ein vielgenutzter Raum, konkrete Handlungskontexte zu klären, um eigene Gestaltungsanliegen optimal zu steuern.

1.3 Mehr Nähe bei weniger Bindung

Der materiell-psychologische Vertrag zwischen Unternehmen und Mitarbeitern wird in Zeiten des Wandels umfassend erneuert. Als Metapher beschreibt er, wie sich die Relation zwischen Person und sozialem System (Unternehmen, NPO) aus der Perspektive beider Vertragspartner in der Bilanz von Geben und Nehmen, Angebot und Nachfrage ausgestaltet und wie sie jeweils »bilanziert« wird. Oft wird erst in Zeiten der Veränderung bewußt in der Frage Bilanz gezogen – von beiden Seiten, Unternehmen und Mitarbeitern –, ob die vielfältigen »Währungen«, die in diesem Kontrakt gehandelt werden, in der Gegenwart und der eingeschätzten Zukunft in etwa »gleich wiegen«. Für das Unternehmen mag es um Währungen wie Commitment, Leistungsbereitschaft, Kompetenz, Umsetzungsstärke, Wissen und vor allem Wertschöpfung gehen, für den Mitarbeiter um Währungen wie Freude an der Arbeit, Verdienst- und Entwicklungsmöglichkeiten, Sicherheit, Zugehörigkeit, Herausforderung, Berufsidentität, Arbeiten mit geschätzten Kollegen/Vorgesetzten etc. Geht es um Transformationen, also nicht nur um evolutionäre Veränderung, so bedeutet das für die Involvierten jedenfalls einen markanten Eingriff in diesen ungeschriebenen, aber gelebten Vertrag.

Mit der notwendigen Veränderung im Verhalten der Mitarbeiter sind oft auch andere Änderungen verbunden: zu erneuern sind die inneren »Landkarten«, die Bilder, Vorstellungen von dem, was das Unternehmen ausmacht, über Erfolg und über die Art und Weise des Geschäfts. Wenn das Unternehmen andere Erwartungen an den Mitarbeiter hat, dann heißt das natürlich auf der anderen Seite auch, daß jeder Mitarbeiter für sich entscheidet: »Stimmt die ›Rechnung‹ noch für mich? Stimmt die Balance zwischen Geben und Nehmen? Um welche Währungen geht es bei dieser Veränderung? Welche Optionen, Möglichkeiten und Perspektiven gibt es für mich? Was gibt es zu gewinnen, was muß aufgegeben werden?« Die Gestalter des Wandels sind besonders intensiv mit dieser Dynamik konfrontiert, einmal für sich selbst und andererseits auch in ihrer Verantwortung als Führungskraft, als interner Berater, als Trainer, Projektleiter oder Changemanager. Sie sind zugleich »Gestaltete«, weil sie auch selbst betroffen sind, und Gestalter, die mit allen Konflikten, die in ihrem Umfeld aus diesem Neu-Aushandeln entstehen, konfrontiert sind.

Der psychologisch-materielle Kontrakt zwischen Organisation und Person, der die Vielfalt der materiellen und immateriellen Währungen regelt (Heitger u. Doujak 2002, S. 47 ff.), betrifft besonders zwei große widersprüchliche Themen: Nähe und Bindung – in Transformationsprozessen wird dieser Kontrakt oft radikal, in Lernenden Organisationen kontinuierlich erneuert.

Organisation und Person sind einander einerseits näher gekommen: Organisationen wollen nicht mehr nur Anwesenheit und Ausführung, sie brauchen »den ganzen Menschen« mit seinem Wissen, seinem Können, seinem Wollen, seiner Kreativität, seiner Gestaltungskraft. Zugleich wollen sie andererseits aber auch mehr Flexibilität bis hin zur Lösung von Verträgen. Individuen suchen persönlichen Halt, sinnstiftende Tätigkeiten und Identität in Organisationen, sie suchen Bindung und ebenso auch Freiraum, Autonomie. Die Dichotomie von Beruf und Freizeit hat sich in vielen Branchen überlebt, was die Frage der Balance zwischen beiden Lebensbereichen nicht leichter macht. Die Leistungsverdichtung ist in allen Berufskontexten spürbar und fordert Individuen stärker als früher. In dem Maß, wie Primärgruppen (Stichworte: kleine Familienverbände, Patchwork von Lebensabschnittspartnerschaften, gestiegene Mobilität, hoher Anteil an Single-Haushalten ...) und ebenso orientierungsstiftende gesellschaftliche Institutionen wie Kirche (Religion) oder Parteien (Politik) an Bedeutung verlieren, werden Organisationen bzw. Gruppen in Organisationen zu den Orten, mit denen Grundbedürfnisse nach Zugehörigkeit, Werteverbundenheit und Erwachsenensozialisation verbunden werden.

Das Bedürfnis nach Orientierung, Sinn und »Haltegriffen« für die eigene Identität und Lebensorganisation wächst und bezieht sich auch auf die Unternehmen. Nicht umsonst gehört »Sensemaking in Organizations« (Weick 1995) zu den zentralen Managementaufgaben. Sinn ist nicht – wie im 19. und 20. Jahrhundert – durch institutionelle Angebote als »Gesamtentwurf« durch Kirche, Partei, Gewerkschaft, die Zugehörigkeit zu einer sozialen Schicht etc. gleichsam »abrufbereit« organisiert, sondern entsteht als Gesamtbild durch das Zusammenspiel von Kommunikation, Reflexion und Handlung in sozialen Systemen. Trendbegriffe wie »Ich-Aktie« oder »Jeder ist sein eigener Lebensunternehmer« verweisen aus der Perspektive des Individuums auf diesen Zusammenhang.

Das bedeutet für die Beziehung *Organisation – Person*, daß sie einerseits durch mehr Nähe charakterisiert ist, andererseits aber durch eine losere Form der Bindung. Die Zeit zwischen Eintritt und Austritt umfaßt nur mehr selten ein ganzes Arbeitsleben, sie wird, statistisch gesehen, immer kürzer. Für das Individuum wird das Berufsleben zu einem Patchwork von Organisations-Zugehörigkeiten. Unternehmen bieten heute viel weniger Sicherheit, Kontinuität und Identität als früher. In den 70er und 80er Jahren z. B. gab es ein verstärktes Bedürfnis nach mehr Freiraum zur persönlichen Weiterentwicklung innerhalb der Organisation. Heute bieten Unternehmen ihren Mitarbeitern wesentlich weniger »Haltegriffe«. Früher konnte man die klare Aussage treffen: »Ich arbeite von 8 bis 17 Uhr, ich weiß, wer ich bin, was ich kann, es ist völlig klar, wie die Leute mit mir umgehen und welche Rolle ich habe«. Das gab enorme Sicherheit im Alltag. Heute wird oft jährlich umorganisiert. Es kann sein, daß man seinen Arbeitsplatz verliert, genauso aber ist es möglich, daß man plötzlich zu den »Rising Stars« im Unternehmen gehört und um die Welt geschickt wird, um eine herausfordernde Aufgabe nach der anderen zu lösen. Mitarbeiter müssen somit öfter ihre Rollen und Funktionen wechseln. Zudem trennen sich Unternehmen heute viel schneller als früher von ihren Mitarbeitern, wenn ein Arbeitsverhältnis aus Unternehmensperspektive nicht mehr den erwarteten Nutzen bringt.

Vor dem Hintergrund der Entwicklung »Mehr Nähe bei weniger Bindung« ist Veränderung ein Katalysator, der Nähe und Bindung neu »aufmischt« und in Turbulenzen bringt. Formal kann man es so betrachten, daß Organisation und Personen einander wechselseitig stärker als Irritation für Entwicklung nutzen – aber was heißt das für die Menschen und ihre Bedürfnisse nach Veränderung einerseits und nach Stabilität andererseits?

Veränderung führt zu einer Fülle von neuen Anforderungen an die Person: das Lernen neuer Aufgaben, die Bewältigung herausfordernder Schwierigkeiten, das Aufgeben von liebgewordenen Gewohnheiten, das Aufrechterhalten eines hohen Leistungsoutputs über eine längere Zeit. Das kann als *Eustress* erlebt werden – »mit Haut und Haaren« in Herausforderungen aufzugehen, eigene, neue Potentiale zu entdecken, zu lernen – oder als *Distress*, wenn man sich als überfordert und der Fremdbestimmung ausgesetzt erfährt.

In diesem Sinn fordern Unternehmen heute viel mehr als früher, was Sigmund Freud »Ich-Stärke« genannt hat. Als Mitarbeiter braucht man die Fähigkeit, sich selbst und sein Umfeld zu verstehen und sich selbst in der Relation zum Umfeld in seiner jeweiligen Dynamik produktiv weiterzuentwickeln. Man muß Zielkonflikte, Widersprüchlichkeiten, Offenheit, Diffusität, oft auch Doppelbotschaften aushalten; man muß bis zu einem gewissen Grad Abstand bewahren können, wenn z. B. in der Organisation Angst vorhanden ist oder wenn Aggression gleichsam »in der Luft liegt«, und muß zugleich in solche Situationen »hineinspringen« und in ihnen gestaltend agieren.

In Zeiten von Change überprüfen und hinterfragen beide Seiten – Organisation und Personen –, was Zugehörigkeit bedeutet. Viel Veränderung bringt viel Erschütterung und lockert die Selbstverständlichkeit von Zugehörigkeit. Organisationen trennen sich von Mitarbeitern, Personen kündigen ihre Mitgliedschaft auf. In tiefergreifenden Changeprozessen ist der konkrete materiell-psychologische Kontrakt zwischen Organisation und Mitarbeitern im Hinblick auf Bindungen im Umbruch. Durch Fusionen, Umstrukturierungen, Personalabbau werden langjährige Arbeitsbeziehungen getrennt, Personen werden aus ihren sozialen Netzen gerissen und nach Reißbrettlogik neuen Gruppen zugeteilt. Das Team fehlt: der Rückhalt, das Vertrauen, die Sicherheit, gemeinsam geteilte Werte und Alltagsroutinen. Um ein Bild aus dem Bereich des Automobils anzuwenden: Der Beginn in der neuen Gruppe ist gruppendynamisch ein »Kaltstart« – bei operativ heißlaufendem Motor. Fällt die Gruppe oder eine gute Führungsbeziehung als Bindeglied zwischen Organisation und Individuum aus, wird auch die Verbindung zur Organisation brüchig; die Organisation bietet weniger emotionalen Halt und weniger Stabilität für die eigene Identität (Heitger u. Doujak 2002, S. 71).

Im Coaching geht es dann um den Verlust, um Loyalitätskonflikte zwischen alten und neuen Arbeitsbeziehungen oder um die Frage: »Wie kann ich für mich einen wirksamen Platz im neuen sozialen System finden?« Coaching wird oft dann gesucht, wenn die Komplexität »zuviel« wird: wenn die Person sich nicht mehr abgrenzen kann, Privatbereich und Beruf nicht mehr in Balance ist oder ein Burnout besteht; wenn der dynamische Wechsel von Distanz (gesamthafte Außensicht, Selbstbeobachtung) und Nähe (Entscheiden und Handeln) in Gefahr ist, aus dem Lot zu geraten, und damit Optionen und Wirkungspotential verlorengehen. Wenn die Spanne zwischen *Denken/Reflexion – Kommunikation – Entscheidung/Handlung* gegen Null schrumpft, weil Turbulenzen und Zeitdruck so stark wahrgenommen werden, dann ist Coaching besonders gefragt, denn es schafft in einer organisierten Auszeit mit einem Experten Distanz, neue Perspektiven und damit neue Optionen. Das gilt auch für das Erneuern des materiell-psychologischen Kontrakts für sich und in ganz konkreten Aushandlungen mit dem Unternehmen. Auch dafür bietet Coaching eine gute »Probebühne«. Der wachsenden Herausforderung an Personen in Veränderungsprozessen entspricht die wachsende Bedeutung von Coaching als Raum konzentrierter, personenbezogener Arbeit an der Relation *System – Individuum*.

1.4 Die spezifischen Zumutungen der Organisation an die Akteure von Change und worum es beim Coaching in Veränderungsprozessen geht

Die Akteure von Change sollen ihrer Zeit voraus sein. Sie sollen die Organisation durch die Turbulenzen der Gegenwart in die »sichere Zukunft« führen. De facto entsteht »Zukunft« unterwegs, über Entscheidungen und Rückkopplungen. Akteure von Change können vor allem die Wegstrecke von Veränderung abstecken, indem sie die relevanten Widersprüche so besetzen, daß sie der Entwicklung Richtung geben. Als Person für Widersprüche stehen bedeutet u. a., es keiner Seite recht zu machen. Es heißt auch oft genug, daß man für sich selbst immer wieder Orientierung schaffen muß. Beides sind Themen für Coaching: das Verstehen von Kontexten und Ausloten von Entscheidungsräumen und der Umgang mit der Irritation, die man bei anderen auslöst.

Die einzelnen Phasen des Changeprozesses (vgl. Roth 2000, S. 15 ff.) führen zu schwierigen Rollenanforderungen; so geht es darum:

- den »case for action« und den Sinn konsequent zu kommunizieren und oft weiterargumentieren zu müssen, auch wenn man gerade scheinbar eines Besseren belehrt wird;
- Aggression und oft persönliche Verunglimpfung – vor dem Hinter-

grund der Auflehnung der Mitarbeiter gegen schlechte Nachrichten – zu erleben und dennoch klar und stabil zu bleiben;

- nicht der Versuchung anheimzufallen anzunehmen, daß sich im Unternehmen mit der rationalen Erkenntnis, daß Veränderung notwendig ist, gleich schon das Verhalten ändern würde;

- das »Tal der Tränen« in seiner oft langen Dauer zu akzeptieren und in dieser Phase nicht Geduld und Kraft zu verlieren;

- aus Erfolgen und Rückschlägen zu lernen, jeweils Klarheit darüber zu gewinnen, wo man beim einmal gesetzten Veränderungsziel bleibt und wo neues Aushandeln, Adaptieren sinnvoll ist.

Coaching bietet immer wieder Raum, um Rollenklarheit und Handlungsoptionen für die Gestaltung der konkreten Phasen zu gewinnen.

Mit der Steuerung allein ist es jedoch nicht getan, durchläuft man doch selbst als Akteur von Change alle diese Phasen und ist dazu noch der Wirkung der Zeitversetztheit dieses Prozesses ausgesetzt, weil man den anderen immer schon einen Schritt voraus ist. Vielleicht muß man in der eigenen »Trauerphase« sozusagen »in die Abwehr« der anderen gegen Veränderung kommunizieren. Im Coaching geht es dann um das Anliegen: Wie werde/bleibe ich steuerungsfähig?

Schließlich braucht man als Akteur von Change einen langen Atem: man muß sich immer wieder mit Interesse und Engagement gleichsam denselben Film ansehen – bis auch die letzten Gruppen im Unternehmen ihren Veränderungsprozeß durchlebt haben. Im Coaching geht es z. B. um die irritierende Zuschreibung der Bezeichnung »kalte Macher« an die Akteure der Veränderung und darum, sich die Empathie *und* die Konsequenz der Umsetzung zu erhalten.

1.5 Im Wechselbad der Gefühle

Im Wandel gehen die Wogen der Emotionen hoch. Angst, Unsicherheit, Sorgen, Ärger und Aggression, Enttäuschung und Trauer, Aufbruchstimmung, Freude und Mut – all diese Emotionen haben ihre eigene Logik (Heitger u. Doujak 2002, S. 120 ff.) und sind notwendige Elemente und Motor für die persönliche Veränderung. Als Akteur von Change geht es darum, entsprechend der Logik der Gefühle Steuerung »aufzusetzen«: darum, Räume zu schaffen für die Auseinandersetzung mit Angst und Sorge, das Moment der

Aggression zu nutzen, um die Anliegen für die persönliche Zukunft zu thematisieren, darum, der Trauer Zeit und Raum zu geben, emotional präsent zu sein und Halt zu geben, Freude und Aufbruchstimmung für symbolisches Management zu nutzen. »Steuerung bei Emotionen« ist anspruchsvoll und schwierig, weil sich Emotionen nicht direkt steuern lassen – man kann nur Kontexte und Attraktoren für sie schaffen. Das Eingehen auf Emotionen anderer ist zumal dann schwierig, wenn es einem selbst »dreckig« geht.

Den Akteuren von Change wird zugemutet, ihre Emotionen zum einen zu beherrschen und sie zum andern vorbildlich zu leben. Einerseits schreibt ihr Rollenskript vor, bei eigener Angst und Sorge nicht zu fliehen, sondern zu bleiben und Sicherheit zu geben, bei eigenem Ärger und Aggression reflektiert zu bleiben und Distanz zu diesen Gefühlen zu haben, trotz Sorgen oder Trauer aktiv und außenorientiert zu sein. Andererseits steht gerade der Unsicherheit von Veränderung, dem »Nicht-Wissen«, was kommen wird, das Glauben, das Vertrauen, gegenüber. Glaubwürdigkeit wird nicht an der Überzeugungskraft von Zielen gemessen, sondern an der Authentizität und »Greifbarkeit« von Personen. Emotionen gehören so zum »Code« des ganzen Systems. Wie Führungskräfte mit ihren Emotionen umgehen, wird unmittelbar decodiert: Was ist neben der inhaltlichen die emotionale Botschaft und das Beziehungsangebot? Darauf richtet sich die ganze Aufmerksamkeit. Das ist der Beobachtungsfokus: »Meinen die, was sie sagen, oder machen sie uns etwas vor?«

Coaching ist ein wichtiger Raum, um sich mit den eigenen Emotionen auseinanderzusetzen – und mit dem Überbrücken von Widersprüchen, das die Change-Rolle abverlangt, wenn es darum geht, in solcher Intensität nach außen wirksam agieren und zugleich nach innen soviel mit entwickeln zu müssen. Für diese Intensität ist ein wiederum sehr intensives Nutzen von Auszeiten erforderlich, damit nämlich Selbstbeobachtung und Beobachtung des eigenen Systems möglich werden und um damit Distanz und neue Handlungsoptionen zu gewinnen und an den eigenen Perspektiven arbeiten zu können.

Es geht vor allem darum, dem Klienten im Coaching die Möglichkeit zu geben, zwischen Gefühlen wie Lust und Frust, Gewinnen und Verlieren, zwischen Bewahren und Verändernwollen hin- und herzupendeln, bis sich das Neue einstellt. Systemisch betrachtet geht es im Coaching um das Pendeln zwischen »Problemsystem« und »Lösungssystem« – als Probehandeln für gelungene Interventionen, die zu Person und System »passen«.

2. Was Coaching ist und was nicht

Coaching ist zu einem Modebegriff geworden. Oft ist nicht klar, welche Grundannahmen und welche teils unterschiedlichen Ziele, Methoden und Anlässe damit verbunden sind (vgl. Backhausen u. Thommen 2003, S. 202 ff. Zur Entwicklung des Coaching-Begriffs siehe auch den Orientierungsartikel von Boos, Heitger, Hummer zu »Veränderung – systemisch« sowie Backhausen u. Thommen 2003, S. 205).

Professionalisierung und Genauigkeit sind angesagt, um Klarheit darüber zu gewinnen, wer wem als Coach welche Unterstützung bzw. Dienstleistung anbieten kann. So können Führungskräfte als »Coaches« vor allem dort wirkungsvoll arbeiten, wo es darum geht, ihre Mitarbeiter, deren Entwicklung und selbständiges Agieren zu stärken (»Hilfe zur Selbsthilfe«) – aber immer nur im Rahmen ihrer Führungs- und Ergebnisverantwortung im Unternehmen. Das heißt: anders als ein externer Coach kann sich eine Führungskraft nicht allparteilich und neutral an die Coachingarbeit machen. Unter den durch externe Coaches Gecoachten finden sich primär Führungskräfte (36 %), Topmanager und Manager der 2. Ebene (22 %) sowie Schlüsselpersonen (19 %) (Böning 2002, S. 35, zit. in Backhausen u. Thommen 2003, S. 211).

Zur Klärung unseres Verständnisses von *systemischem Coaching* geben wir im folgenden eine Definition und grenzen den Begriff von den Bereichen Therapie, Beratung, Training, Supervision und Führung ab.

Systemisches Coaching ist die Einzelberatung einer Person und hat die lösungs- und ergebnisorientierte Stärkung des Klienten, seiner Orientierung, seiner Leistungsfähigkeit und seiner Optionen im jeweils konkret vereinbarten Kontext zum Ziel. Grundlage ist der mit dem Klienten bzw. Auftraggeber geklärte Coachingkontrakt. Wesentliche Merkmale des systemischen Coaching sind:

- Ressourcenorientierung,
- Lösungsorientierung,
- Wirkung im Klientensystem als Erfolgskriterium,
- Umsetzungs- und Handlungsorientierung bei gleichzeitiger Allparteilichkeit des Coachs gegenüber unterschiedlichen Wirklichkeitskonstruktionen und Lösungsvarianten.

Coaching ist nicht Therapie: Coaching ist abzugrenzen von einer Therapie. Therapie bedeutet, jemanden, der krank oder besonders geschwächt ist, zu heilen. Im Coaching steht jedoch kein Bild von einer Krankheit oder Störung der Person im Hintergrund, und es arbeitet nicht mit dem Fokus auf dem familiären Herkunftssystem oder unbewußten persönlichen Mustern.

Coaching ist nicht Beratung: Die Unternehmensberatung hat das System im Blick, Personen sind »relevante Umwelten«; der Klient ist das Unternehmen oder ein Unternehmensbereich. Beim Coaching hingegen steht die Person im Vordergrund, es geht um die Relation *Person – Organisation*. Unternehmen und Organisation sind relevante Kontexte.

Coaching ist nicht Training: Im Training geht es um Weiterentwicklung und Vertiefung von individuellen Fertigkeiten und Qualifikationen. Es ist in Veränderungsprozessen dann wichtig, wenn es um »neues Können« geht. Das gilt es zu erlernen und intensiv einzuüben. Im Training gibt es einen »Wissenden« und einen »Nicht-Wissenden«, und es geht darum, Wissen weiterzugeben bzw. mit den Erfahrungen der Lernenden zu verknüpfen. Beim Coaching hingegen geht es um Hilfe zur Selbsthilfe, also um die Erweiterung des Lösungsrepertoires auf seiten des Klienten für konkrete, zu gestaltende Situationen.

Coaching ist nicht Supervision: In Supervisionen wird fallbezogen aus Sicht eines professionalen Subsystems (Ärzte, helfende Berufe, Berater etc.) das Rollenrepertoire reflektiert und erweitert. Es geht darum, wie Personen ganz konkret ihre Rolle reflektieren und professionell gestalten.

Coaching ist nicht Führung: Der gemeinsame Aspekt von Coaching und Führung ist der Umgang mit Möglichkeiten und Grenzen geplanten Wandels (vgl. Backhausen u. Thommen 2003, S. 134). Der Manager, die Führungskraft, befindet sich jedoch seinen Mitarbeitern gegenüber insofern in einer anderen Position als ein Coach, als er selbst ziel- und ergebnisverantwortlich ist. Auch der Manager kommt natürlich in »Coachingsituationen«, in denen es darum geht, Mitarbeiter zu fördern und ihnen Hilfe zur Selbsthilfe zu geben; aber seine Möglichkeit zu coachen ist dabei begrenzt durch seine primäre Funktion, Führungskraft zu sein. Als Führungskraft kann man nur da coachen, wo es für die Zielerreichung, für die man verantwortlich ist, förderlich ist, und dies nur soweit, als es im Rahmen der hierarchisch geprägten Beziehung *Führungskraft – Mitarbeiter* möglich ist.

Beim Coaching im engeren Sinn steht der Coach in keiner anderen Rolle zum Coachee als genau in dieser Coaching-Rolle. Das heißt, unabhängig und neutral sowohl gegenüber dem System des Klienten, zur Person des Klienten als auch zu möglichen Lösungen. Führungskräfte »teilen einen Großteil der Selbstverständlichkeiten des Unternehmens und damit zugleich den beschränkenden blinden Fleck. Hier zeigt sich die Bedeutsamkeit der Beobachtung 2. Ordnung als die entscheidende Professionalität eines externen Coachs« (Backhausen u. Thommen 2003, S. 150).

Und: Coaching ist keine never-ending story: Dauer und Abstände der Coachingsitzungen sind im »Kontrakt« vereinbart – oft fünf bis zehn Sitzungen in einem halben Jahr. Die zeitliche Eingrenzung ist möglich, weil Coaching eine ganzheitliche, gestalthafte Intervention in ein spezifisches System *Person–Organisation* bei einem inhaltlich definierten Arbeitsbündnis zwischen Coach und Klient ist.

Inhaltlich kann es um die ganze Vielfalt der Themen gehen, die die Relation *Person – Organisation* bestimmen, und zwar (nach Dilts):

- *Ebene der Umwelt:* Kontext- und Rollenklärung, Diagnosearbeit zum System (Umwelten, Strategie, Struktur, Relationen und Kultur);
- *Ebene der Verhaltensweisen:* Handlungsmuster erkennen (eigene, in der Organisation und in der gemeinsamen Interaktion), Handlungsoptionen gewinnen;
- *Ebene der Fertigkeiten, Fähigkeiten:* »Stärken und Schwächen« auf Situationen anwenden, klären, wo bewährte Anpassungsstrategien funktional oder dysfunktional sind, neue Handlungsstrategien entwickeln und ausprobieren;
- *Ebene der »Glaubenssätze«, Werte, Einstellungen, Überzeugungen, Paradigmen:* mentale Modelle identifizieren, Herauskristallisieren der für die persönliche Identität zentralen Werthaltungen;
- *Ebene der Identität, Identifikation, Bindung, Zugehörigkeit:* Arbeit mit Dilemmata, z. B. Werte und Zugehörigkeit betreffend. Fragen von Abschied und Neubeginn, Entwurf persönlicher Zukunftsbilder;
- *Ebene der Sinngebung:* Erfahrungen der Verbundenheit und des Ausgerichtetseins; geht die Beziehung *Person – Organisation* einem Ende zu, oder gestaltet sie sich grundsätzlich neu, so kann ein tiefergreifender Prozeß notwendig sein, der den Schwerpunkt auf die Phasen der Identität und Sinngebung legt.

Wenn es darum geht, mit dem Klienten Interventionen/Optionen für sein Agieren zu entwickeln, können alle diese Ebenen involviert sein.

3. Voraussetzungen für erfolgreiches Coaching in Veränderungsprozessen

3.1 Was macht einen guten Coach aus, wenn es um Coaching in Veränderungsprozessen geht?

Wenn im Coachingkontrakt der Fokus auf dem Gestalten von Veränderungen im Unternehmen liegt, wachsen damit auch die Anforderungen an den Coach. Dann geht es darum, das klassisch-systemische Coachingrepertoire zu erweitern (vgl. u. a. Weiss 1988, Jäger 2001, Looss 2002, König u. Volmer 2002, Isert u. Rentel 2000, Fallner u. Pohl 2001, Fischer-Epe 2002). Dazu ist es notwendig, Kompetenz und damit auch mentale Modelle zu veränderungsrelevanten Themen zu entwickeln:

- *Verständnis unterschiedlicher Changekonzepte – evolutionärer und radikaler – mit ihrer jeweils spezifischen Dynamik:* Jemand, der Träger von Wandel in Veränderungsprozessen coacht – also Führungskräfte, Projektmanager, Schlüsselpersonen etc. –, braucht eine »innere Landkarte« zu unterschiedlichen Changekonzepten, um sich orientieren zu können. Unterschiedliche Changesituationen und -bedarfe haben jeweils andere Ziele, erzeugen unterschiedliche Dynamiken in der Organisation und führen zu unterschiedlichen Anforderungen, Belastungen, aber auch Herausforderungen und Entwicklungschancen für Personen. Für die Arbeit des Coachs ist es wichtig, daß er sich in diesem »Dschungel der Changekonzepte« zurechtfindet (vgl. Heitger u. Doujak 2002, S. 27 ff.).
- *»Logik« von Organisationen, Teams und Personen, wenn es um Veränderung und Übergänge geht – Dynamik typischer Phasen:* In Changeprojekten werden typische Phasen durchlaufen – sowohl auf der Ebene der Organisation als auch auf der einzelner Teams und Personen –, die nicht linear nacheinander verlaufen, sondern iterativ (d. h. die Phasen werden immer wieder durchlaufen). Der Vorteil von Phasenmodellen liegt darin, daß sie typische »Gesetzmäßigkeiten« aufzeigen. Sie

entlasten, schaffen Vergleichsmöglichkeiten und führen dazu, daß Emotionen besser eingeordnet werden können (vgl. Heitger u. Doujak 2002, S. 227 ff.).

■ *General Management Know-how – was sind die zentralen Treiber und Gestaltungsdimensionen von Unternehmenssteuerung und -entwicklung:* Um den Coachee bei seinen Anliegen unterstützen zu können und ihm bei der Lösungsfindung zur Seite zu stehen, ist es hilfreich, auch über die wichtigsten Treiber und die Gestaltungsdimensionen von Unternehmenssteuerung und -entwicklung Bescheid zu wissen. In welchem Umfeld bewegt sich der Coachee, mit welchen Fragestellungen, Problemen, Möglichkeiten ist er konfrontiert?

■ *Selbstreflexivität – was sind eigene Muster des Coachs im Umgehen mit und Gestalten von Veränderung:* Um professionelle Distanz zu bewahren, die es dem Coach ermöglicht, den Coachee allparteilich und neutral zu begleiten, ist es wichtig, sich über eigene Muster im klaren zu sein. Was sind die eigenen typischen Muster, wenn es um Veränderung von Organisationen und Personen geht?

3.2 Voraussetzungen auf seiten des Unternehmens

Wenn wir nun Coaching als ein Instrumentarium betrachten, das ein Unternehmen insgesamt anbietet, sind zu seiner Institutionalisierung Fragen in bezug auf Strategie, Struktur, Kultur und Personen zu bearbeiten (Abb. 2; vgl. Backhausen u. Thommen 2003, S. 232 ff.).

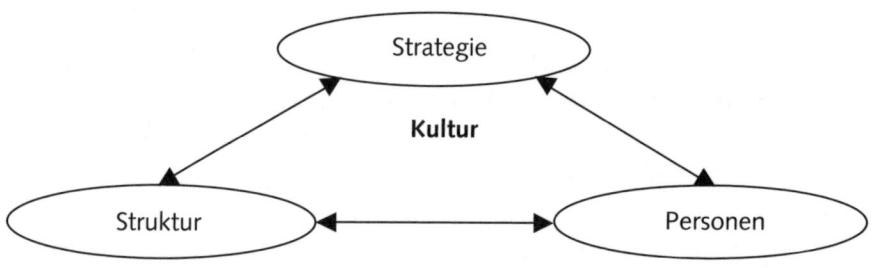

Abbildung 2: Voraussetzungen auf seiten des Unternehmens

Es handelt sich um folgende Fragen:

- *Strategische Voraussetzungen:* Klarheit über die strategischen Ziele: Welche personalstrategischen und veränderungsorientierten Ziele werden mit dem Coaching verfolgt?
- *Strukturelle Voraussetzungen:* Hier geht es um die Festlegung der Verantwortlichkeiten einzelner Stellen im Unternehmen für Coaching und um die Gestaltung des Gesamtprozesses eines Coaching-Programms (Auftraggeber, Klienten, Spielregeln, Vertraulichkeit, Budgets, Coachpool und -auswahl, Qualitätssicherung ...).
- *Unternehmenskulturelle Voraussetzungen:* Die Kultur beeinflußt die Akzeptanz im Unternehmen und die grundsätzliche Ausrichtung des Coaching. Eine Lern-, Veränderungs- und Vertrauenskultur wirkt sich im allgemeinen positiv auf den Coachingprozeß aus. Wie die Inanspruchnahme von Coaching interpretiert wird, ist entscheidend: ist es etwas gleichsam für »Hochleistungssportler« und damit Ausdruck von Stärke oder etwas für »Bedürftige« und damit Ausdruck von Schwäche?
- *Personen:* Wer nimmt Coaching in Anspruch?

3.3 Sorgfältige Auftragsklärung – Contracting als Prozeß

Die Auftragsklärung ist ein zentrales Element des Coaching. Sie ist nicht nur einmal zu Beginn vorzunehmen, sondern begleitet den gesamten Coachingprozeß (siehe Abb. 3).

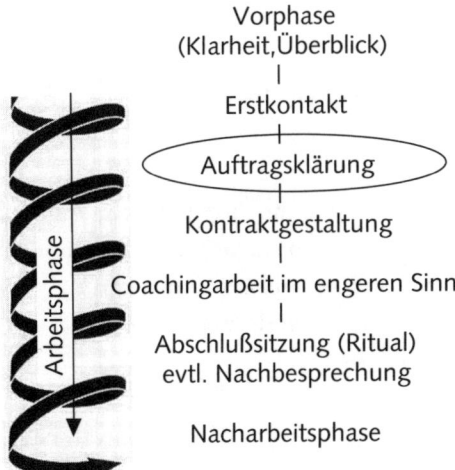

Vorphase
(Klarheit, Überblick)
|
Erstkontakt
|
Auftragsklärung
|
Kontraktgestaltung
|
Coachingarbeit im engeren Sinn
|
Abschlußsitzung (Ritual)
evtl. Nachbesprechung

Nacharbeitsphase

Arbeitsphase

Abbildung 3: Der Coachingprozeß – Auftragsklärung

Bevor man an der konkreten Fragestellung, die Teil des Coaching-Kontrakts ist, arbeitet, gilt es, den Kontext des Coaching zu klären. Was ist der Auftrag? Was sind die Ziele des Coaching? Woran arbeiten wir, in welchen Rollen, was erwarten wir voneinander? Das gilt es im Contracting zu Beginn zu klären und – das ist das Besondere, wenn es um Coaching in Veränderungsprozessen geht – in jeder Coachingsequenz wieder zu erneuern. Eine solche Klärung spielt, wenn es um Veränderung geht, insofern eine Rolle, als dadurch das Arbeitssystem Coaching Stabilität und Orientierung bekommt. Wenn die Wellen überall sehr hoch gehen, ist das besonders wichtig.

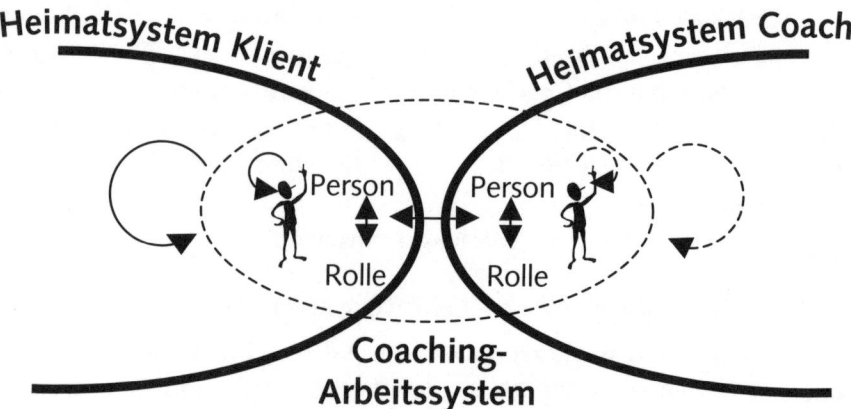

Abbildung 4: Stabilität im Coaching-Arbeitssystem durch sorgfältige Auftragsklärung

Zur Auftragsklärung – dem Contracting – gehören also:

- Klärung des Kontextes/Diagnose;
  - Person bzw. Rolle/Funktion des Klienten im Unternehmen;
  - persönlich relevante Themen (Muster, Erfahrungen mit Veränderung, Perspektiven, andere relevante persönliche Umwelten);
  - Diagnose des Unternehmens und der Veränderung;
- Ziele des Coaching – Indikatoren für Erfolg;
- Rolle des Coachs;
- Definition des Auftrags zwischen Coach und Klient (inkl. Zeitrahmen, Ökonomie, Spielregeln).

Erst durch die Klärung dieser Aspekte entsteht ein stabiles Arbeitsbündnis und Coachingsystem. Beim Coaching in Veränderungsprozessen wiederholt sich dieses Contracting üblicherweise in jeder Sitzung – die Turbulenzen der Veränderung finden sich im Coaching wieder. Deswegen sind die Stabilität des Coachingsystems und Vertraulichkeit als Spielregeln so besonders wichtig.

Als Coach muß man sich auch Klarheit darüber verschaffen, was der Klient mit dem System, zu dem der Coach selbst gehört, verbindet. Welche Bilder entstehen beim Klienten, und was heißt es für den Coach selbst, hier zu coachen? In welcher Rolle ist man als Coach dem Klienten gegenüber, und wie verträgt sich das mit dem Coachingprozeß? Dazu gehört eben auch, daß sich der Coach über sein eigenes »Heimatsystem« Gedanken macht, darüber, wie es vom Klienten wahrgenommen wird und was damit an Erwartungen verbunden wird.

Wesentlich ist: Der Coach behält die Verantwortung für die Definition der Arbeitsbeziehung zwischen Coach und Coachee, sonst kann er seine Leistung nicht erbringen. Im Zuge der Auftragsklärung verhandelt er und sorgt für Rahmenbedingungen: Klärung der Ausgangssituation, (vorläufiges) Ziel und Prozeß der Zielerreichung, Vereinbarung zu Honorar, Zeit (Termine, Dauer), Raum, klare Beziehungen und Rollendefinitionen der Involvierten (Auftraggeber, Klient, Coach), Definition der Regeln im Setting selbst.

Beim Coaching in Veränderungsprozessen ergeben sich immer wieder Situationen, in denen es mindestens drei, wenn nicht sogar vier Beteiligte gibt:

- den Coach,
- den Coachee,
- eventuell eine HR-Abteilung, die einen Coachingpool einrichtet und sich dafür verantwortlich fühlt, daß es gute Spielregeln gibt und kompetente Coaches vorhanden sind, die weitervermittelt werden können,
- eventuell ein Auftraggeber, der seine Mitarbeiter zum Coaching schicken möchte.

Auch hier ist der Coach dafür verantwortlich, mit allen Beteiligten solche Kontrakte zu schließen, die ihm mit dem Klienten ein produktives Arbeiten ermöglichen und diesen seine Wirksamkeit im Unternehmen entfalten lassen. Zu beachten ist hierbei:

1. Risikocheck – keine Problemdelegation von Konflikten und Führungsthemen ins Coaching; nicht »Diener zweier Herren« im Coaching sein (Loyalitätskonflikte); keine Korrumpierbarkeit, insbesondere nicht der Vertraulichkeit.
2. Alle Vereinbarungen müssen den Beteiligten transparent gemacht werden können.
3. Die Faustregel lautet: Spielregeln und Vereinbarungen mit allen Beteiligten treffen, die jeweils alle stärken.

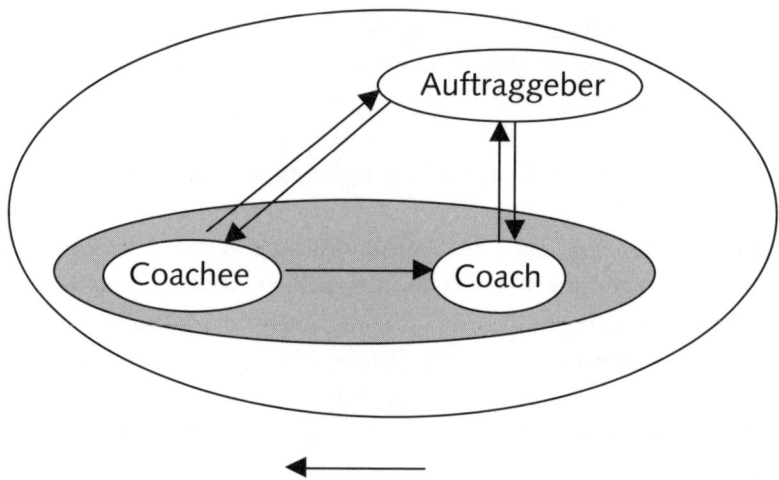

Abbildung 5: Konstellationen im Coaching

Coaching in Veränderungsprozessen konzentriert sich auf die Person, aber streift natürlich notwendigerweise immer Unternehmensthemen. Welche Möglichkeiten bestehen dann für Unternehmen, die Coaching als Instrument einsetzen, um Themen für die Unternehmensentwicklung aus dem Coaching zu gewinnen, ohne dem *persönlichen* Coaching »untreu« zu werden? Folgende Punkte möchten wir hierzu nennen:

■ Am Ende des Coaching wird vereinbart, was an unternehmensspezifischem Feedback weitergegeben wird.
■ Die HR-Abteilung fragt von sich aus bei den Coachees nach.
■ Der Gecoachte gibt von sich aus Rückmeldung an die jeweils betroffenen Stellen.

■ Jedes Jahr findet ein Treffen aller Coachees statt, um gemeinsam zu analysieren, was bei ihnen an unternehmensspezifischen Themen vorgekommen ist. Die Ergebnisse werden dann wieder anonymisiert und den Coachees ebenso wie den Auftraggebern/der HR-Abteilung zur Verfügung gestellt. Damit werden die persönliche Sphäre und die Sphäre des Unternehmens respektiert.

4. Resümee und Ausblick

Die Relation *Organisation – Person* hat sich tiefgreifend verändert. Organisationen und Personen sind einander näher gekommen. Bei radikalen und umfassenden Transformationen kommen oft zentrale Impulse von den handelnden Personen. Gleichzeitig tun sich Widersprüche, Rollen- und Wertkonflikte sowie Fragen der Identität viel intensiver und deutlicher auf: Probleme, die insbesondere für die Personen, die den Wandel initiieren, gestalten und vorantreiben sollen, ohne externe Unterstützung schwer zu bearbeiten sind. Deshalb wird Coaching im Zuge von Veränderungsprozessen immer wichtiger. Viele Unternehmen bieten ihren Mitarbeitern zunehmend Unterstützung in Form von Coaching an.

Die Auftragsklärung, das Contracting, ist in Veränderungsprozessen ein laufender Prozeß, weil es darum geht, im Coachingprozeß aktuell auf die *persönliche* Seite der Turbulenzen von Veränderungen einzugehen. Das verlangt von Coaches weitere Professionalisierung und umfassendere Kompetenz – der Offenheit des Coachingauftrags muß daher eine breitere Leistungspalette der Coaches gegenüberstehen. Coaching in Veränderungsprozessen – als weitere Professionalisierung einer eigenständigen Berufsrolle – bekommt mehr Gewicht und erfordert die Integration von klassisch-systemischem Interventionsrepertoire, Changemanagementkompetenz und Unternehmenssteuerungswissen sowie persönlicher Selbstreflexion. Umfassende Qualifikationen des Coachs und ein professioneller Fokus auf den Prozeß des Coaching, die Auftragsklärung, die Beziehungsebene und Rollenklarheit zwischen Coach und Coachee, all dies ist daher mehr denn je essentiell.

Darüber hinaus kommen auch Führungskräfte, die Veränderungsprozesse steuern oder darin involviert sind, verstärkt in Coachingsituationen. Dabei geht es darum, zu erkennen und zu entscheiden, inwieweit sie ein Coaching

aus ihrer Funktion (Ergebnis- und Mitarbeiterverantwortung) heraus überhaupt leisten können und wollen. Dafür müssen sich auch Führungskräfte mit
Coaching-Know-how vertraut machen und es so einsetzen, daß sie zugleich
ihrer Managementverantwortung treu bleiben. Besonders wertvoll ist Coaching-Know-how in der Führung überall dort, wo Mitarbeiter sich in hohem
Ausmaß selbst steuern und Handlungsspielräume und Entscheidungen eigen-
ständig gestalten.

5. Die Beiträge zu Coaching

■ *Hella Exner, Alexander Exner: Das »PUB-Gespräch« (persönliches unter-*
nehmenszentriertes Beratungsgespräch) als Genese von Unternehmens-
beratung und Coaching
Dieser Beitrag behandelt die Frage, ob Berater im gleichen Projekt auch
als Coach arbeiten können. Die beiden Autoren definieren zunächst Unternehmensberatung, Coaching und Therapie und grenzen diese Bereiche
voneinander ab. In der Beratung ist das Unternehmen der Klient, im Coaching der Mensch. Daraus folgt für die Autoren, daß Beratung und Coaching zwei voneinander getrennte und zu trennende Vorgänge sind. Das
PUB-Gespräch beschreibt eine Mittelposition zwischen Beratung und Coaching. Die Autoren arbeiten dafür die besonderen Bedingungen für das
Gelingen heraus – der Berater konzentriert sich auf den Menschen als
Handlungsträger, der eine relevante Umwelt des Klientensystems darstellt,
und versucht dann die Ergebnisse dieses Gesprächs in den Beratungsprozeß einzubinden.

■ *Joana Krizanits, Ulrike Gamm: Ordnung in der Organisation – wie*
Change die Ordnung auf den Kopf stellt und wann das in Ordnung ist
Die Autorinnen verwenden einen unüblichen Ordnungsbegriff, um Irritationen und Unbalancen in Organisationen, die sonst unverständlich bleiben, begreifbar und behebbar zu machen. In diesem Beitrag wird Ordnung
auf Basis und in Weiterführung der Arbeiten von Insa Sparrer und Matthias Varga von Kibéd als das Gefüge von Wertigkeiten und Wichtigkeiten in einem System gesehen, das den relativen Einfluß von Personen und
Subsystemen im Gesamtsystem in der Organisation bestimmt. Die Auto-

rinnen schildern einige alltägliche Störungen von Ordnung sowie Ordnungsstörungen in den Themenbereichen »Führungswechsel«, »Besetzung von Führungspositionen« und »Personalabbau« und zeigen, wie sie sich auf das Leistungsklima auswirken. Change »wirbelt« die Ordnung in Organisationen auf, erzeugt Un-Ordnung und Um-Ordnung. Die Autorinnen geben Tips für Interventionen zur Verminderung von Ordnungsstörungen, sie vertreten die These, daß Ordnung für die Organisationsmitglieder ein impliziter Bezugsrahmen ist, an dem diese ihr Handeln ausrichten.

■ *Hella Exner: Resonanzarbeit – zarte Signale, starke Impulse*
Resonanz ist ein natürliches Phänomen in der Beratung wie auch im Coaching. Hella Exner beschreibt in ihrem Beitrag, was darunter zu verstehen ist, und geht darauf ein, wie die Resonanz produktiv genutzt werden kann.

Das »PUB-Gespräch«
(persönliches unternehmenszentriertes Beratungsgespräch)
als Genese von Unternehmensberatung und Coaching

Hella Exner, Alexander Exner

1. Vorbemerkung

Wir haben diesen Artikel im Verlauf seiner Entstehung mit vielen Kolleginnen und Kollegen besprochen. Fast immer ergaben sich intensive Diskussionen.

Als die größte Schwierigkeit im Bestreben, an die Kernaussagen dieses Aufsatzes heranzukommen, hat sich das oft sehr unterschiedliche Selbstverständnis von Beratern – das Verständnis davon, was denn Coaching sei – herausgestellt. So messen Coaches, zu denen primär Menschen mit beruflichen Anliegen aus eigener Initiative kommen, die das Coaching aus der eigenen Tasche bezahlen, dem Coaching eine völlig andere Bedeutung bei als solche, zu denen Unternehmen ihre Mitarbeiter entsenden, oder als Unternehmensberater, die mit Personen, die in Veränderungsprozesse involviert sind, Coachinggespräche führen.

Unsere Einladung an Sie, liebe Leserinnen und Leser, lautet nun, für kurze Zeit – sagen wir für eine gute halbe Stunde – Ihre Vorstellung von Coaching beiseite zu lassen, unseren Ausführungen zu folgen und unsere Ideen als Impulse zu nehmen.

2. Einleitung und Überblick

Mit diesem Aufsatz möchten wir in eine Art Grauzone vordringen, die uns in unserer praktischen Arbeit intensiv beschäftigt hat. Und zwar handelt es sich um die Zone im Grenzbereich zwischen Unternehmensberatung und Coaching, die dann entsteht, wenn im Rahmen von Veränderungsprozessen mit Personen Beratungsgespräche geführt werden, durch die der Eindruck erweckt wird, die Person stehe als Klient im Zentrum. Während sich Unternehmensberatung eindeutig auf das soziale System als »Gegenstand« der Beratung richtet und Coaching auf die Person in ihrer beruflichen Rolle bzw. Funktion, besteht in diesem »Grenzbereich« – wie wir es immer wieder erlebt haben – sowohl auf der Berater- als auch auf der Klientenseite Unklarheit darüber, ob denn nun der Mensch oder das Unternehmen der Klient sei.

Gesprächssituationen dieser Art ergeben sich im Rahmen von Veränderungsprozessen unweigerlich, weil sich in Unternehmen, die sich verändern, auch die Anforderungen und Erwartungen – vor allem an die Entscheidungsträger und Führungskräfte – verändern. Dadurch entsteht wiederum Veränderungsbedarf bei diesen Rollenträgern, und es ist daher naheliegend, daß Berater, die derartige Prozesse initiieren, vorantreiben und begleiten, von den betroffenen Personen angesprochen werden, weil diese das Bedürfnis haben, über ihre veränderte Situation und ihre neue Rolle im sich wandelnden Unternehmen zu sprechen.

Wir möchten für diese Gesprächssituation den Begriff *PUB-Gespräch* (persönliches unternehmenszentriertes Beratungsgespräch) einführen: Hierbei führt ein Berater mit einer Person aus dem Klientensystem ein durchaus persönliches Gespräch, das jedoch eindeutig die Zielsetzung hat, dem Auftrag der Unternehmensberatung zu dienen und nicht primär der Person. Die Abkürzung PUB schafft durch die mit dem englischen *pub* (Kneipe, Gasthaus) gleiche Buchstabenfolge eine passende Assoziation, weil eine Kneipe ein durchaus geeigneter Ort ist, um ein solches Gespräch – mit all seinen Chancen und Risiken – in Gang zu bringen. Grafisch könnte man die Situation folgendermaßen darstellen.

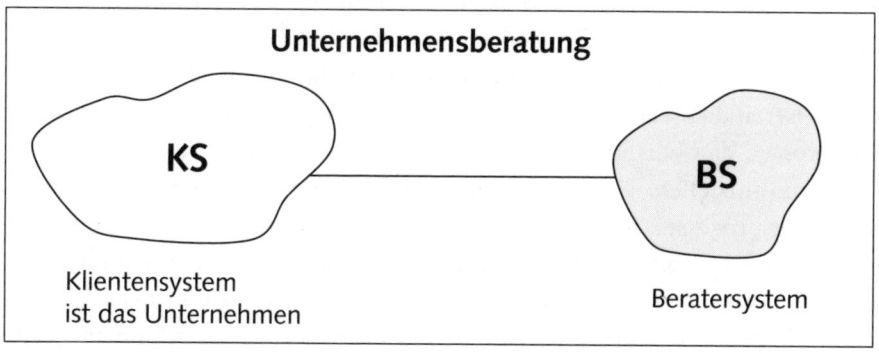

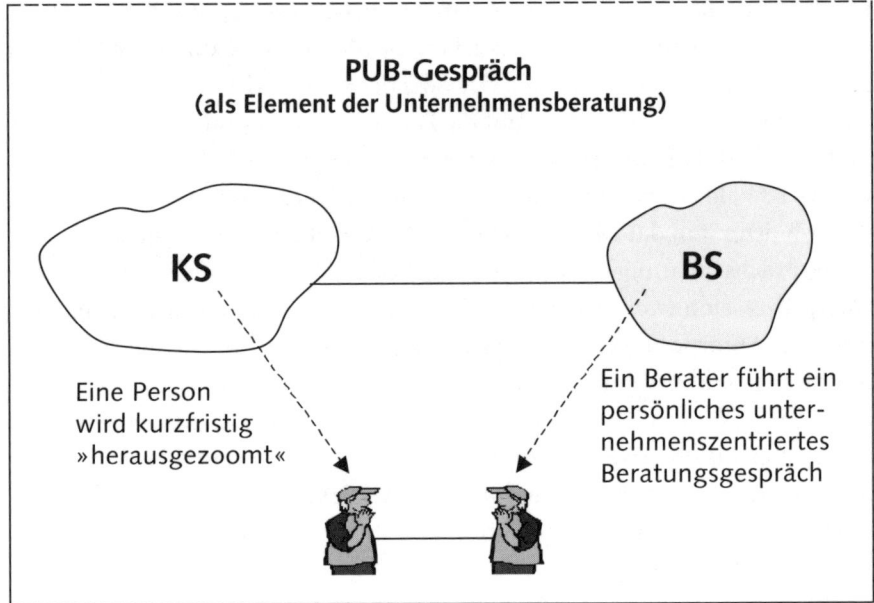

Abbildung 1: PUB-Gespräch

Solche persönlichen Beratungsgespräche entstehen gewollt und ungewollt im Rahmen eines Beratungsprozesses. Sie können mächtige Interventionen darstellen, zu Hoffnungen und Verpflichtungen führen. Wir hatten lange Zeit Schwierigkeiten, diese Gespräche in unser Beratungs- und Coachingmodell einzuordnen, es gab dadurch Konflikte im Beratersystem und Effizienz-verluste in der Beratung, und wir weckten auch bei den Gesprächspartnern Erwartungen hinsichtlich persönlicher Beratung, die zwangsläufig in Enttäu-schung mündeten. Wir haben versucht, aus dieser unbefriedigenden Situation herauszukommen und für uns Klarheit zu finden, und möchten Ihnen nun hier unseren diesbezüglichen Diskussionsstand vorstellen. Es ist uns wichtig zu betonen, daß wir mit der Idee des PUB-Gesprächs nicht etwa eine Lehr-meinung aufstellen, sondern einen Ausschnitt unseres gemeinsamen Ent-wicklungsprozesses, mit Theorieansätzen unterlegt, darstellen wollen.

Als Hintergrund ist sicherlich auch unser Zugang zur Beratung und zum Coaching bedeutsam: Vor etwa zehn Jahren haben wir begonnen, gemeinsam Beratungsprozesse in Unternehmen durchzuführen. Unsere Zusammenarbeit, ursprünglich von sehr unterschiedlichen Zugängen geprägt – einerseits kommen wir von der Unternehmensberatung, andererseits vom Coaching her –, war und ist anstrengend, wenngleich außerordentlich fruchtbar, da wir den Umgang mit den Gesprächspartnern aus sehr unterschiedlichen Perspektiven betrachteten. Immer wieder reflektierten wir unsere Interventionen und unterzogen deren Seriosität – und zwar vor allem die des anderen – einer sehr strengen und genauen Prüfung. Zu unseren permanenten Diskussionsthemen zählten u. a. die Fragen: »Wie sieht das Zusammenspiel zwischen Coaching und Beratung aus? Ist eine Kopplung von Coaching und Beratung überhaupt möglich?« Ursprünglich waren wir der Meinung – die auch sehr stark von unserem gruppendynamischen und systemischen Zugang geprägt war –, daß eine extreme Abstinenz (hinsichtlich persönlicher Gespräche) gegenüber dem Klientensystem eine unverhandelbare Prämisse sei. Dies führte zu der Folgerung, daß der systemische Berater mit den Menschen im Klientensystem kein privates Wort wechseln sollte. Diese beraterische Abstinenz war für uns *die* Lehrmeinung. Im Laufe der Zeit sind wir davon etwas abgerückt und zu der Überzeugung gelangt, daß das persönliche Gespräch ein wertvolles Element im Beratungsprozeß sein kann.

Aber welche Bedeutung hat das persönliche Gespräch? Was ist das Coaching? Bei der intensiven Untersuchung der Begriffe »Beratung« und »Coaching« und deren Abgrenzung (siehe Abschnitt 5 dieses Beitrags) sind wir zu dem Schluß gekommen, daß Coaching innerhalb eines Beratungsprozesses nicht möglich ist. Coaching geht über die Beratung hinaus, weil es für den Coachee (den Klienten des Coachs) auch eine ganz persönliche Entlastungs- und Reflexionsbasis bietet – es sollte aber keinesfalls die Form einer Therapie annehmen.

Aufgrund dieser Auseinandersetzungen haben wir den Begriff »PUB-Gespräch« entwickelt. Viele gemeinsam bearbeitete Beratungsfälle waren dafür wegweisend. So entstand ein neues Interventionselement, welches wir bewußt in die Architektur des Beratungsprozesses einbauen.

3. Wie der Begriff PUB-Gespräch zustande kam

Wie kamen wir zu dem Begriff? Wie immer ist die Praxis der beste Lehrmeister.
Ein Ereignis:

> Im Zuge eines Workshops zur Strategieentwicklung eines Unternehmens wurde in Untergruppen gearbeitet. Der Eigentümer, der auch unser Auftraggeber war, mußte parallel dazu die Aufgabenstellung allein bearbeiten. Wir, die Berater, hatten inzwischen Zeit für einen Kaffee. Einer von uns kam bei dem Eigentümer vorbei, der die Gelegenheit wahrnahm, um dem Berater eine Frage zu stellen. Daraus entwickelte sich ein persönliches Gespräch, das sich für den Beratungsprozeß als höchst relevant und meinungsbildend erwies. Der Auftraggeber öffnete sein persönliches »Sorgensackerl« (siehe Abschnitt 6), indem er seine Ambivalenz gegenüber einigen Mitarbeitern darstellte. Aufgrund des kurzen Gesprächs (»Um was geht es wirklich?«) konnte der Auftraggeber eine klare Entscheidung treffen. Im Berater-Staff entbrannte anschließend sofort eine heftige Diskussion zum Thema »Loyalität«: Wem hat sie in dieser Sequenz gehört – dem Eigentümer oder dem Unternehmen?

Aufgrund dieses und etlicher vergleichbarer Geschehnisse merkten wir, daß es um die Klärung folgender Begriffe ging (siehe Abschnitt 4):

- systemische Unternehmensberatung;
- Coaching;
- Therapie.

Im Zuge dieser Begriffsklärungen erkannten wir, daß wir einen zusätzlichen Begriff einführen mußten, um für uns selbst Klarheit und Professionalität zu gewährleisten. So kreierten wir den Begriff »PUB-Gespräch« als Bezeichnung für ein persönliches – jedoch letztlich unternehmenszentriertes – Beratungsgespräch. Das PUB-Gespräch hat – unter der Prämisse, der Unternehmensberatung zu dienen – folgende Funktionen:

1. Aus Sicht des Beraters dient das Gespräch dazu,
   - seine eigene Anschlußfähigkeit an das Klientsystem (Informationen bekommen, sozialen Kontakt herstellen/erhalten) zu erhalten bzw. zu erhöhen;
   - den Gesprächspartner nachhaltig bezüglich seiner Rolle im Veränderungsprozeß zu motivieren.
2. Aus Sicht des Gesprächpartners des Beraters bietet das PUB-Gespräch die Möglichkeit, sich hinsichtlich seiner Rolle/Funktion/Wirkung im Unternehmen besser orientieren zu können.

4. Definition von Unternehmensberatung, Coaching und Therapie

Plakativ ausgedrückt, kamen wir bei der Unterscheidung dieser drei Begriffe zu folgenden Ergebnissen:

- Die *systemische Beratung* sieht den Menschen als *Mittel – Punkt!*
  Dabei ist »Mittel« nicht im tayloristischen Sinn (Mensch, Maschine, Material) zu verstehen. Der Mensch ist insofern »Mittel« für ein soziales System, als er die Handlungen transportiert (siehe Abschnitt 8).
- Das *Coaching* betrachtet den Menschen als *Mittelpunkt*
  und sieht das Unternehmen als Mittel – Punkt! Hier ist das Unternehmen für den Menschen »Mittel« im Sinne einer äußerst relevanten Umwelt.
- Die *Therapie* begleitet den Menschen bis zu seinem *Mittelpunkt.*
  Die Diskussion, was der Mittelpunkt des Menschen sei, überlassen wir der jeweiligen Theorie und Praxis der Therapeuten.

5. Gemeinsamkeiten von und Unterschiede zwischen Coaching und Unternehmensberatung

So wie wir systemisches Coaching und systemische Unternehmensberatung verstehen, gibt es ein gemeinsames Fundament beider (vgl. Abb. 2, S. 250).

Auf der *Ebene der Haltung* (a) (siehe Abschnitt 9) ist der Respekt des Beraters bzw. des Coachs vor der Einzigartigkeit und Autonomie seines

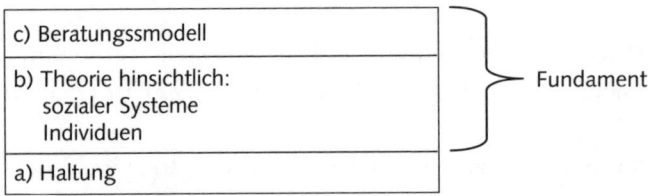

Abbildung 2: Gemeinsamkeiten von Coaching und Unternehmensberatung

Gegenübers ein wesentliches Element, egal ob es sich um eine Person oder ein soziales System handelt. Bei der *Theorie hinsichtlich sozialer Systeme bzw. Individuen* (b) (siehe Abschnitt 9) werden gleiche Beobachtungskategorien angewandt. Das *Beratungsmodell* (c) (siehe Abschnitt 9) basiert auf:

- einer eindeutigen Festlegung, wer als Klient (-ensystem) fungiert;
- einer klaren Abgrenzung zwischen Klient und Berater;
- einer präzisen Vorstellung davon, was eine Beraterintervention ist.

Trotz dieser sehr wesentlichen Gemeinsamkeiten, die auch eine hohe Anschlußfähigkeit zwischen Unternehmensberatung und Coaching herstellen, gibt es unserer Meinung nach einen gravierenden Unterschied zwischen Coaching und Unternehmensberatung, der in der folgenden Abbildung dargestellt ist:

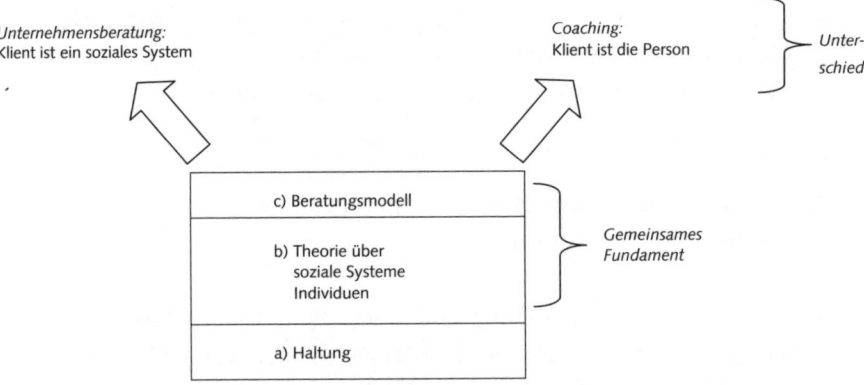

Abbildung 3: Unterschied zwischen Coaching und Unternehmensberatung

Wir sind der Auffassung, daß man als Berater/Coach im Rahmen eines Auftrags jeweils nur *einen* Klienten und nicht gleichzeitig mehrere beraten kann, weil es andernfalls zu unlösbaren Interessenkonflikten kommen muß. Es ist daher kompromißlos die Entscheidung zu treffen, ob man das Unternehmen *oder* einzelne Menschen im Unternehmen berät. Wenn die Zielsetzung eines Auftraggebers dahingehend lautet, daß das soziale System in seiner Lebensfähigkeit gestärkt werden soll, ist es unserer Meinung nach unfair und unprofessionell, die beteiligte Person in dem Glauben zu lassen, daß es um ihr persönliches Wohlbefinden gehe. Trotzdem sind selbstverständlich die Menschen als relevante Umwelten des Unternehmens von großer Bedeutung und daher entsprechend zu behandeln. Hierbei spielen auch die ethischen und moralischen Kategorien des Beratersystems eine entscheidende Rolle und bestimmen, wie mit den Menschen im Unternehmen umgegangen wird und in welcher Form sie beachtet und geachtet werden.

Aus der Tatsache, daß in der Beratung das Unternehmen und im Coaching der Mensch der Klient ist, folgt für uns eindeutig und ohne Kompromiß, daß Beratung und Coaching zwei voneinander getrennte und zu trennende Vorgänge sind. Sie haben verschiedene Zielsetzungen und sind von völlig getrennten Berater- bzw. Coach-Staffs durchzuführen. Die einzige lose Koppelung, die sich ergeben kann, besteht darin, daß im Rahmen eines Beratungsprozesses Coaching angestoßen werden kann – bzw. umgekehrt Coaching zu Beratungsprozessen führen kann. Anschließend laufen die beiden Prozesse voneinander völlig getrennt und können sich höchstens gegenseitig befruchten. – Ein Beispiel aus einem Unternehmen der Dienstleistungsbranche:

Wir haben dieses Unternehmen in einem mehrjährigen Beratungsprozeß begleitet. Zielsetzungen einzelner Projekte waren: Restrukturierung des Unternehmens, Entwickeln von Geschäftsfeldern, Weiterentwicklung der Form der Unternehmensführung und der Zusammenarbeit.

Im Verlauf der Beratung stellte sich heraus, daß zwei Geschäftsführer klaren Bedarf an persönlichem Coaching hatten. Wir kamen ihrem Wunsch, daß einer von uns das Coaching durchführen sollte, nicht nach, sondern empfahlen jedem von ihnen jeweils zwei mögliche Coaches und stellten die entsprechenden Kontakte her. Den Coaches lieferten wir einen kurzen Überblick über unsere Sichtweise der Situation.

Danach erhielten wir ausschließlich die Information, ob die Geschäftsführer mit einem Coach arbeiteten – bzw. mit welchem sie arbeiteten. Ansonsten gab es keine Kommunikation zwischen uns als Beraterstaff und den ausgewählten Coaches.

6. Abgrenzung zwischen PUB-Gespräch, Coaching und Therapie

Eine für uns hilfreiche Abgrenzung zwischen dem PUB-Gespräch, dem Coaching und der Therapie kann man in bezug auf das »Sorgensackerl« aufzeigen. Dieser Begriff meint, daß jeder Mensch kleinere oder größere Sorgen mit sich trägt. Es ist hilfreich, dieses »Sorgensackerl« ab und zu zu öffnen, weil schon alleine das Besprechen der Sorgen und der Überforderung durch übergroße Komplexität (vgl. Exner u. Exner 1999: Der Umgang mit dem Unfaßbaren) Erleichterung und Aufhebung von Blockierungen bringen kann. Im »Sorgensackerl« stecken implizite Hoffnungen und Wünsche, die der lösungsorientierte Berater auch nutzt, weil sie wesentliche Ressourcen darstellen.

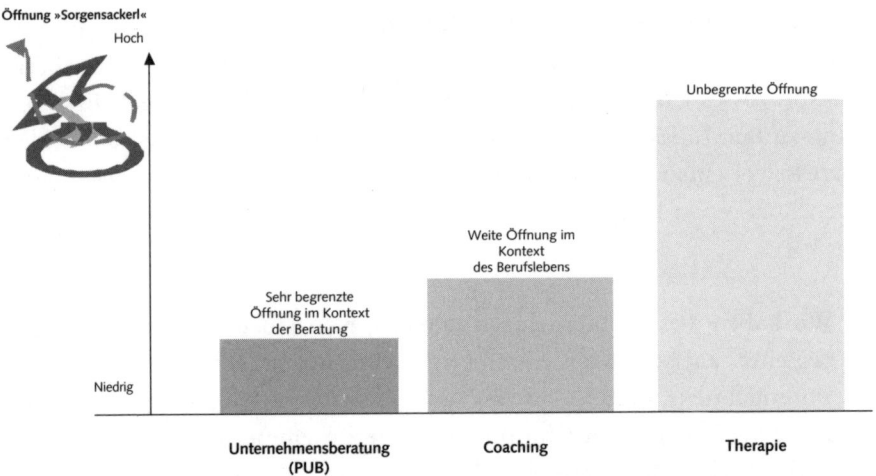

Abbildung 4: Ausmaß der Einbeziehung persönlicher Sorgen, Wünsche etc.

Im Zuge einer *Therapie* kann das »Sorgensackerl« – dem Wunsch des Klienten entsprechend – uneingeschränkt geöffnet werden. Nichts ist tabu. Im *Coaching* kann das »Sorgensackerl« einen wesentlich größeren Platz einnehmen als im PUB-Gespräch. Coaching befaßt sich mit dem ganzen Menschen, obgleich der berufliche Kontext immer im Vordergrund steht. Doch ist der Blick ins »Sorgensackerl« ein relevanter Bestandteil dieser Arbeit. Im Coaching bleibt alles vertraulich, nichts dringt nach außen. Im *PUB-Gespräch* soll dem »Sorgensackerl« auch Raum gegeben werden, wenngleich es viel weniger Platz beanspruchen darf. Die Öffnung kann nur kurzfristig sein, das Gespräch kann nur sehr begrenzt Persönliches berühren und muß im Kontext des Beratungsprozesses stehen. Der Berater verpflichtet sich nicht, den Gesprächsinhalt vertraulich zu behandeln, legt aber mit dem Gesprächspartner fest, in welcher Form der Inhalt weitergegeben werden darf. Das PUB-Gespräch kann von den Beratern initiiert werden oder sich auch situativ ergeben. Es hat ein Mini-Kontrakt mit dem Gesprächspartner zu erfolgen, und der Berater-Staff wird über die Inhalte des PUB-Gesprächs informiert.

Zur Unterscheidung von Coaching und PUB-Gespräch hilft uns in unserer Rolle als Berater das Kriterium *Loyalität*. Die Loyalität des Coachs gehört dem Coachee, die des Unternehmensberaters ist dem Unternehmen zugewandt. Weiß z. B. der Berater, daß der Person, mit der er ein PUB-Gespräch führt, gekündigt werden soll, wird er überlegen, ob er – in Loyalität gegenüber seinem Klienten, dem Unternehmen – diese Information weitergibt, und sich unter Umständen dafür entscheiden, dies nicht zu tun. Grafisch läßt sich die Abgrenzung der einzelnen Beratungsformen folgendermaßen darstellen (S. 254).

7. Das PUB-Gespräch als Interventionsform in der Unternehmensberatung

Da wir nun Coaching als Element in Beratungsprozessen klar ausschließen und wir die Funktion des PUB-Gesprächs für uns definiert haben, können wir letzteres als Interventionsform in der Unternehmensberatung gut nützen.

Im PUB-Gespräch greift der Berater auf den Menschen als Handlungsträger zu, der eine relevante Umwelt des Klientensystems darstellt, und versucht dann, die Ergebnisse dieses Gesprächs in den Beratungsprozeß einzubinden. Die Impulssetzung auf relevante Umwelten (wie z. B. auch auf Kunden, Banken, Eigentümer etc.) dient dazu, Wirkung im Klientensystem zu erzielen. Beim PUB-Gespräch wird zwischen dem Menschen als relevante Umwelt des

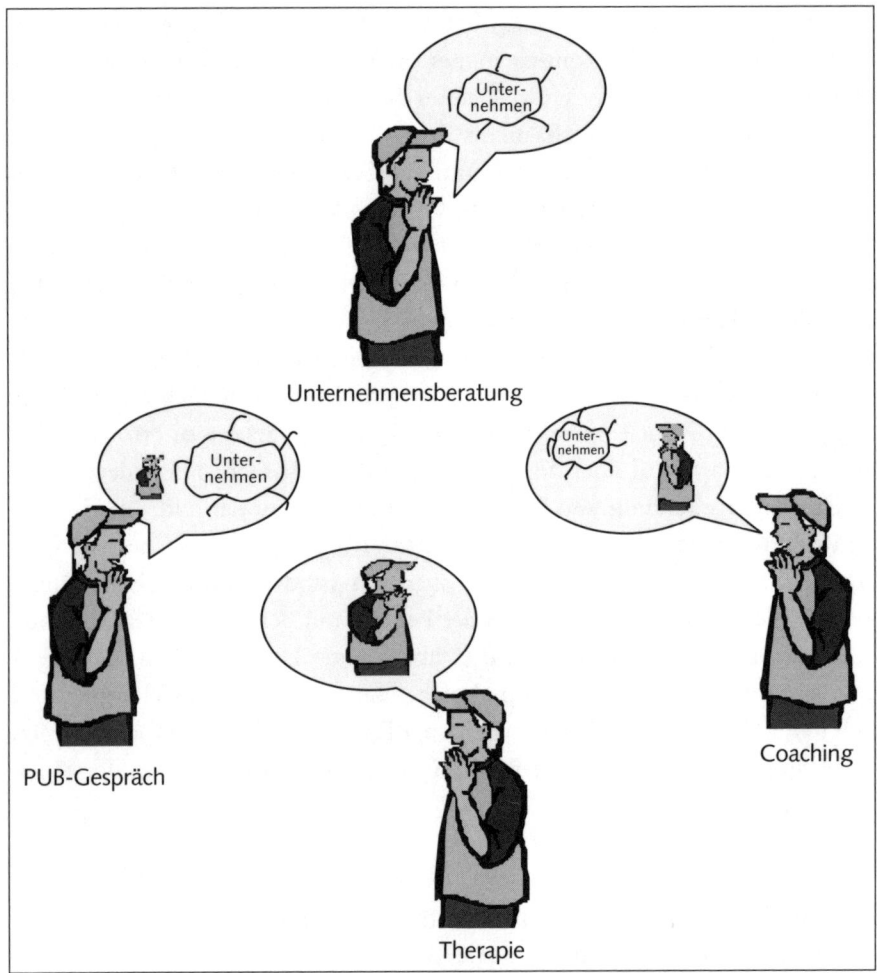

Abbildung 5: Abgrenzung zwischen Unternehmensberatung, PUB-Gespräch, Coaching und Therapie

Unternehmens und dem Unternehmen als Klientensystem »vermittelt«, wobei die klare Zielsetzung lautet, primär das Klientensystem in seiner Entwicklung zu unterstützen. Das PUB-Gespräch kann situativ entstehen oder bewußt und gezielt als Architekturelement in den Beratungsprozeß eingefügt werden.

Als Beispiel dient uns hier die Vorstandskonstituierung bei einem Industrieunternehmen:

In einem Industrieunternehmen wurde ein neuer Vierer-Vorstand konstituiert. Ein Vorstand (A) hatte bereits dem vorherigen Vorstandsgremium angehört. Zwei Vorstände (B, C) wurden aus Managern der ersten Ebene rekrutiert, und ein Vorstand (D) wurde extern besetzt. Wir gestalteten folgende Interventionsarchitektur:

Beratungselement	1. Quartal	2. Quartal	3. Quartal
Arbeit an der Vision	△ Klausur	○ Großveranstaltung	☐ Entscheidung
Projekt-Portfolio	○ Kick off	○ Evaluierung	○ Evaluierung
PUB-Gespräche – Alle 4 Vorstände gemeinsam – Je Vorstand individuell	2-tägige Klausur ☐☐ • A • C • B • D	☐☐ • A • C • B • D	☐☐ • A • C • B • D
Coaching A C	• ———————→ • ———————→		

Die PUB-Gespräche (*in der Gruppe wie einzeln*) – mit der Zielsetzung, die Vorstandsarbeit für das Unternehmen möglichst erfolgreich und effizient zu gestalten – wurden von zwei Beratern durchgeführt.

Das Coaching von Vorstand A bzw. C wurde verbindlich als eines der Elemente der Personalentwicklung dieser beiden Vorstände definiert und von zwei von den Beratern unabhängigen Coaches durchgeführt. Inwieweit Ergebnisse aus dem Coaching in die PUB-Gespräche einflossen, oblag eigenverantwortlich den beiden Vorständen.

Der Einsatz des PUB-Gesprächs kann funktional sein, um z. B:

■ relevanten Handlungsträgern (Mächtigen, stark Betroffenen, Verunsicherten, »Widerständlern« etc.) kurzfristig auch Raum für »Persönliches« zu geben, damit sie stärker in den Beratungsprozeß eingebunden werden. Themen können hierbei sein:
  – persönliche Entlastung;

– Reflexion;
– Ansätze zur individuellen Problemlösung;

■ aus den persönlichen Betroffenheiten von relevanten Handlungsträgern Impulse für die Gestaltung des Beratungsprozesses zu erhalten;

■ die Anschlußfähigkeit zwischen Beratersystem und Klientensystem zu erhöhen;

■ Orientierungshilfe bezüglich der Aufgaben, Rollen und Positionen (sowohl inhaltlich als auch prozeßbezogen) zu bieten;

■ das Nähe-Distanz-Verhältnis zwischen Klienten- und Beratersystem zu regulieren.

8. Checkliste für PUB-Gespräche

Zum Abschluß möchten wir noch eine Checkliste hinsichtlich der Führung von PUB-Gesprächen anführen, zudem ein »Mini-Glossar« (Abschnitt 9):

1. Das PUB-Gespräch ist eine Intervention im Beratungsprozeß.
2. Das PUB-Gespräch muß eine Funktionalität für den Beratungsprozeß aufweisen.
3. Dem PUB-Gespräch muß zumindest ein »Mini-Kontrakt« zwischen Berater und Gesprächspartner zugrunde liegen, der auf jeden Fall klarstellt, daß dieses Gespräch ein Teil des Beratungsprozesses ist und daß letzterer Priorität hat.
4. Es muß sowohl dem Berater als auch dem Klienten deutlich bewußt sein, daß die Loyalität des Beraters dem Klientensystem (Unternehmen) gehört.
5. Die aus dem Gespräch resultierenden Informationen müssen in den Berater-Staff einfließen.
6. Coaching muß getrennt vom Beratungsprozeß eingesetzt werden.
7. Mit dem privaten Bereich, der zwischen Berater und Gesprächspartner entsteht, ist sehr sorgsam umzugehen, um nicht beim Gesprächspartner womöglich Illusionen zu wecken und in der Folge Enttäuschung zu verursachen.
8. Im Berater-Staff können Konkurrenz und Mißtrauen entstehen, weil z. B. die einzelnen Beraterinnen und Berater unterschiedliche Nähe zu

mächtigen Personen im Klientensystem aufbauen. Daher ist bezüglich dieser Themen im Berater-Staff Offenheit und Klarheit notwendig.

9. Mini-Glossar

■ *Haltung (systemisch)*
Dieser Haltung kann man im wesentlichen so beschreiben: Alles, was ist, ist sinnvoll und darf sein. Hohe Akzeptanz gegenüber dem »Sinn« und dessen Funktion. Der Berater kann das Klientensystem nur verstören, aber nicht wirklich beeinflussen. Das Klientensystem macht, was es macht, denn wahr ist, was funktioniert. Was Funktionalität hat, entscheidet der Klient.

Der Berater/Coach kann nur den Widerspruch zwischen Verändern und Bewahren aufzeigen und gemeinsam mit dem Klientensystem prüfen, was wäre, wenn …

■ *Theoretische Sichtweise von sozialen Systemen und Individuen*
a) *Soziale Systeme:* Wir folgen der Theorie von Luhmann (2001), der soziale Systeme als Handlungs-/Kommunikationssysteme beschreibt, bei denen der Mensch zwar relevanter Handlungs- bzw. Kommunikationsträger ist, aber nicht dem System angehört.

Die Identität eines sozialen Systems läßt sich anhand folgender drei Beobachtungskategorien beschreiben:
– relevante Umwelten;
– innere Strukturen/Muster;
– Sinn (vgl. Exner 1990).
b) *Individuen:* Hier folgen wir der biologischen Erkenntnistheorie von Maturana und Varela. Diese Theorie basiert aus unserer Sicht aus zwei wesentlichen Grundaussagen:
– *Der Beobachter:* Alles, was gesagt wird, wird von einem Beobachter gesagt. Der Beobachter ist ein menschliches Wesen, das Selbstbewußtsein erlangt, da es sich selbst beobachten kann. Das heißt: Das, was der Mensch sagt, sagt er primär zu sich selbst, denn er teilt sich seine eigenen Beobachtungen mit.
– *Autopoiesis:* Der Mensch ist – wie auch andere Lebewesen – ein

autopoietisches System. Der Mensch unterscheidet sich von den anderen Lebewesen durch die Möglichkeit, bewußt Beobachter zu sein. Andere Organismen registrieren unbewußt Veränderungen und reagieren evolutionär entsprechend. Autopoietische Systeme unterwerfen alle ihre Veränderungen der Erhaltung ihrer eigenen Organisation, sie sind deshalb autonom (Maturana u. Varela 1991).

■ *Beratungsmodell (Literatur: Königswieser u. Exner 2002: Systemische Intervention)*
Es gibt ein Klientensystem (KS), das sich über den Beratungsauftrag definiert, ein Beratersystem (BS), in dem ein oder mehrere Berater die Handlungsträger sind, und ein Beratungssystem (BKS), das temporär entsteht und versucht, die gesetzten Ziele zu erreichen.

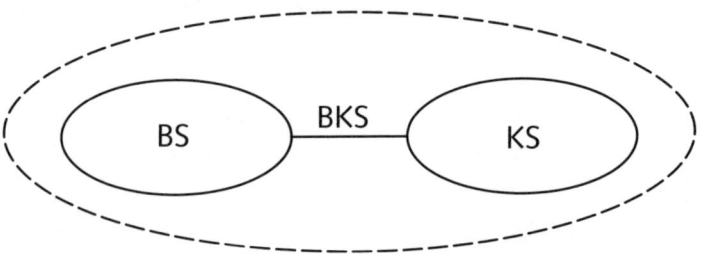

Das Beratersystem versucht mittels Interventionen, Wirkung beim Klientensystem zu erzielen. Unter *Interventionen* verstehen wir nach Willke (2000) eine zielgerichtete Handlung, die die Autonomie des Klientensystems respektiert und daher auch akzeptiert, daß nur der Klient hinsichtlich der Wirkung der Intervention entscheidet.

Ordnung in der Organisation – wie Change die Ordnung auf den Kopf stellt und wann das in Ordnung ist

Joana Krizanits, Ulrike Gamm

In diesem Beitrag definieren wir Ordnung in Weiterführung der Arbeiten von Insa Sparrer und Matthias Varga von Kibéd als das Gefüge von Wertigkeiten und Wichtigkeiten, das die Zentralität, d. h. den relativen Einfluß von Personen und Subsystemen in der Organisation, bestimmt.

Wir schildern einige alltägliche Störungen von Ordnung in den Themenbereichen »Besetzung von Führungspositionen« und »Personalabbau«, zeigen, wie sie sich auswirken, und geben Tips für Interventionen zur Verminderung von Ordnungsstörungen. Dabei ist es unser Anliegen, Erfahrungen aus der inspirierenden Arbeit mit Organisationsaufstellungen in anschlußfähiger Form auf den Alltag von Organisationen zu übertragen.

Wir vertreten die These, daß Ordnung für die Organisationsmitglieder ein impliziter Bezugsrahmen ist, an dem diese ihr Handeln ausrichten. Unsere Erfahrungen aus Coachings und Changeberatung lassen uns die These dahingehend weiterführen, daß Kriterien der Ordnung ein ähnlich handlungsleitender Bezugsrahmen sind wie die offiziellen zweckrationalen Handlungsprogramme – die Strategien, Ziele, Pläne der Organisation – und wie die mentalen Modelle, in denen u. a. Annahmen über »richtiges Verhalten« aus gelernten, erfolgreichen Anpassungsleistungen manifest werden.

In radikalen Veränderungsprozessen werden nicht nur die zweckrationalen Handlungsprogramme der Organisation umgeschrieben und wird mentaler Wandel versucht. Change wirbelt zuvorderst die Ordnung auf, er erzeugt Un-Ordnung und Um-Ordnung. Wir konstruieren Change als eigenen Systemzustand (Sparrer u. Varga von Kibéd 2000) und entwickeln einige Hypothesen dazu, wie radikaler Change als eigene Ordnung bestimmt werden kann.

1. Die sauren Geschichten ...

Wenn Personen ins Coaching kommen, geht es oft um Fragen der Ordnung bzw. um Ordnungsverletzungen – z. B. um einen angemessenen Platz im System, um fehlende Würdigung von Einsatz und Leistung. Vielen chronisch eskalierten Konflikten liegen Störungen auf der Ordnungsebene zugrunde: Gesichtsverlust, konfligierende Ansprüche auf Rang und Einfluß. Ordnungsthemen sind die Themen, um die die informelle Kommunikation der Organisationsmitglieder am Arbeitsplatz und in der Kaffeeküche kreist: Wer maßt sich welchen Platz an, wie sieht die Beziehung zwischen X und Y aus, wer wird ungerecht behandelt?

Ordnungsthemen sind der Stoff, aus dem die »Chronik« gewebt ist – und die findet bei den Organisationsmitgliedern mehr Aufmerksamkeit als der »Wirtschaftsteil« oder die »internationalen Meldungen«. Meist sind es Verstöße gegen die Ordnung, um die die »sauren« Geschichten (so Matthias zur Bonsen in einem Vortrag) kreisen: Empörung über Ungerechtigkeit, Solidarität mit »schlecht behandelten« Organisationsmitgliedern, die Deutung dessen, worauf es anscheinend »eigentlich« ankommt.

In Organisationen ist Ordnung ein wesentlicher Parameter für das Leistungsklima. »Saure Geschichten« wirken nicht nur zerrüttend, sie können der Organisation auch gefährlich werden. Der Alptraum ist: Die Mitarbeiter unterhalten sich in der U-Bahn darüber, wie lang sich Führungskraft X das noch antun wird ... – und die Konkurrenz hört mit. Wie gehen Organisationen mit solchen »sauren Geschichten« um? Sie können einen Produktivitätsberater kommen lassen, der nachweist, wieviel unproduktive Zeit in der Kaffeeküche wieder zu Arbeitszeit werden müßte. Sie können einen Maulkorberlaß verkünden. – Doch: »Wem das Herz voll ist, dem geht der Mund über«, sagt ein Sprichwort. In Zeiten von Change kommt besonders viel Unordnung auf.

Mit diesem Artikel möchten wir einige Interventionen zur Minderung von Ordnungsstörungen und zur Um-Ordnung bei Change anregen. Dabei ist es uns auch ein Anliegen, Erfahrungen aus der inspirierenden Arbeit mit Organisationsaufstellungen in den Alltag von Organisationen zu transferieren. Wie aber lassen sich die Grundannahmen und Rituale dieser fremden Welt der Organisationsaufstellungen – Kissen übergeben, Verneigungen, Nachsprechen von Sätzen – auf den Alltag von Organisationen übertragen? Wir haben die Erfahrung gemacht, daß es gar nicht schwer ist, anschlußfähige Interventionen abzuleiten.

Bevor Sie weiterlesen, möchten wir Ihnen zeigen, wie wir im folgenden vorgehen wollen: Wir beginnen mit der Abgrenzung des Verständnisrahmens und unserer Definition von Ordnung in der Organisation. Wir fassen die Aussagen von Sparrer und Varga von Kibéd zu den Konstruktionsprinzipien von Ordnung in Organisationen zusammen und führen deren Theoriearbeit ein bißchen weiter, bevor wir Sie zu einem Streifzug durch den Alltag einiger beispielhafter Ordnungsstörungen einladen. Es folgen einige Vorschläge für Interventionen zur Minderung solcher Ordnungsstörungen. Dann versuchen wir eine De-Konstruktion unseres Ordnungsbegriffs, indem wir auf die lebendige und für die Organisation »gesunde« Seite von Un-Ordnung schauen. Wir beleuchten die Dynamik der Un-Ordnung bei radikalem Change und führen einige Thesen zusammen, die radikalen Change als eigenen Systemzustand mit spezifischen Kriterien für Ordnung beschreiben.

2. Ordnung in der Organisation – der Verständnisrahmen

Formal wird Ordnung als Überordnung und Unterordnung im »Turmbau« von Kästchen und Linien der Hierarchie verstanden – Organigramme gelten als typischer Ausdruck der formalen Ordnung. Die Hierarchie definiert das Erscheinungsbild einer Organisation nach außen, ermöglicht der Umwelt eine rasche Orientierung. Organisationen stellen sich nach den Logiken ihrer vorrangigen Stakeholder auf, die offizielle Hierarchie liefert die Entscheidungsstrukturen, die für die Anpassung an wesentliche Umwelten effektiv sind.

Genauso geläufig und im Alltag bedeutungsvoll wie die formale Ordnung der Hierarchie sind jedoch auch die *informellen Ordnungen*, die »Nebenregierungen« und »kitchen cabinetts«. In Ergänzung zur offiziellen Hierarchie sprechen Sparrer und Varga v. Kibéd (2000) hier von einer »systemischen Hierarchie«. An der Spitze dieser systemischen Hierarchie sind diejenigen zu finden, die inoffiziell die Führung innehaben, etwa aufgrund besonderer Kenntnisse, die mit der offiziellen Position nicht direkt verknüpft sind, oder aufgrund ihres besonders engagierten Einsatzes für die Organisation. Durch die systemische Hierarchie erfolgt eine Wertschätzung dieser Beiträge, ein

Ausgleich etwa durch die Verrechnungseinheit »Ansehen für großen Einsatz«. Ohne diese Form des Ausgleichs gäbe es Störungen, die letztendlich der Organisation schaden (z. B. »innere Emigration« wichtiger Personen, Gerüchte, Mobbing ...). Die Aufgabe der systemischen Hierarchie ist es, Orientierung nach innen zu geben, Synergien im System zu nutzen und das System vor Schäden durch interne Sabotage (gezielte Schädigung der Organisation) zu schützen.

Wie hängen nun formale Hierarchie und systemische Hierarchie zusammen? Nurmehr wenige mit den Umwelten verbundene Organisationen – wie beispielsweise erstarrte staatliche Bürokratien – leisten sich eine offizielle Hierarchie, die weitgehend mit dem gelebten Gefüge von Rang und Einfluß deckungsgleich ist. Die Kosten für das Leistungsklima sind in der Regel hoch. In Organisationen mit turbulenten Umwelten ändert sich die Aufbaustruktur meist in sehr kurzen Abständen, das interne Gefüge von Macht und Einfluß wird damit aber nur teilweise beschrieben. Die systemische Hierarchie ist stabiler, das Gedächtnis der Organisation für Einsatz, Loyalität etc. ist lang, die systemische Hierarchie scheint mitunter in höherem Maß auf Dauer eingerichtet zu sein.

Statt des Begriffs »systemische Hierarchie« wollen wir den Begriff »Ordnung in der Organisation« einführen – einmal in der Hoffnung, daß dieser Begriff für viele besser verständlich und intuitiv anschlußfähig ist, und zum anderen in der Absicht, einen Begriff zu verwenden, der es auch möglich macht, erkundend seine andere Seite – die der Un-Ordnung – zu betrachten (was wäre eine unsystemische Hierarchie?). Auch scheint mit dem Begriff »Ordnung« neben der Konnotation des Fixen, Gegebenen auch eine Konnotation für Dynamik verbunden zu sein: Ordnung muß man machen, sie bleibt – trotz aller Gebote – nicht von allein bestehen. Schließlich soll der Begriff »Ordnung in der Organisation« auch explizit auf die Herleitung der Theorie – die Übertragung von Prinzipien aus Familienaufstellungen (Hellinger 2002a) auf die Arbeit der Organisationsaufstellungen – verweisen. Wir distanzieren uns dabei von der ideologischen Geschlossenheit und vor allem von vielen Praktiken Bert Hellingers und fühlen uns wesentlich wohler im systemischen Theoriegebäude von M. Varga von Kibéd und I. Sparrer (2000), die vom Primat der Nützlichkeit und Wirkung ausgehen. Schließlich wollen wir mit einem neuen Begriff auch anzeigen, daß wir die Arbeit theoretisch auf andere Kontexte ausdehnen und weiterführen wollen. *Wenn wir von »Ord-*

*nung in Organisationen« sprechen, meinen wir damit das Gefüge von Macht
und Einfluß, das die Zentralität, d. h. den relativen Platz von Personen und
Subsystemen in der Organisation, bestimmt. Damit hängen Prinzipien für
Ordnung und Dynamiken der Schaffung von Ordnung und Un-Ordnung
zusammen. Uns interessiert auch der Aspekt, wie Organisationsmitglieder
sich in ihrem Handeln nach impliziten Kriterien der Ordnung ausrichten. Dies
wollen wir reflektierbar machen.*

Unsere Erfahrungen aus Coachings und in der Begleitung von Changeprozessen lassen uns folgende Thesen vertreten:

- Wenn die Mitglieder der Organisation, um spontan und koordiniert
  zu handeln, Komplexität reduzieren und Ausrichtung finden müssen,
  orientieren sie sich dabei auch an der Ordnung in ihrem System. Ordnung ist ein dritter Bezugsrahmen für Handeln in Organisationen –
  neben den zweckrationalen Handlungsprogrammen der Organisation
  (den Strategien, Zielsystemen, Plänen) und neben den mentalen Modellen aus gelernten und bestätigten Anpassungsleistungen in der Vergangenheit. (Mit dem Begriff »zweckrationale Handlungsprogramme« beziehen wir uns hier auf das Begriffsverständnis der klassischen
  Betriebswirtschaftslehre, die die Auffassung vertritt, daß Organisationen »zielorientierte soziale Gebilde« sind; vgl. Staehle 1994, S. 389.)
  In ähnlicher Wirkung wie die zweckrationalen Handlungsprogramme
  und die mentalen Modelle kann Ordnung das Verhalten von Organisationsmitgliedern integrieren – das Verhalten von Individuen über die
  Zeit und kollektives Verhalten zu einem Zeitpunkt.
- Ordnung ist die »Wechselstube« für vielfältige Investments und Währungen, die in der Organisation kursieren. Dies hat seine Ursache in
  der Natur der unterschiedlichen Kontrakte zwischen Organisation und
  Subsystemen (z. B. Funktionsbereichen), zwischen Organisation und
  Person sowie unter Personen. Ordnung steuert die psychologische Seite
  zum psychologisch-materiellen Kontrakt bei.
- Nach dem Kriterium des angemessenen Ausgleichs werden Invest-
  ments der Organisationsmitglieder und implizit geltende Währungen
  in eine Austauschbeziehung gebracht:
  - Ansehen/Sichtbarkeit, Vertrauen und Würdigung für Einsatz,
  - Anerkennung und »natürlicher« Autoritätsstatus für Leistung,

- Ausnahmestatus/Freiräume gegenüber den formalen Vorschriften
  für Innovation,
- Schuldigkeit ihnen gegenüber, Loyalität und Schutz für Bindung,
- Aufnahme in zentrale Subsysteme bzw. Ausschluß als Sanktion usw.
■ Ordnung wird nach einer Reihe von Prinzipien konstruiert, die uns als
selbstverständlich erscheinen.

3. Konstruktionsprinzipien für die Ordnung in der Organisation

Auf der Basis ihrer Erfahrungen mit systemischen Strukturaufstellungen zu Organisationsthemen haben Insa Sparrer und Matthias Varga von Kibéd (2000) die systemischen und metasystemischen Prinzipien formuliert. Vorausgeschickt sei, daß sie diese Prinzipien nicht als »normativ generalisierend« und nicht als »deskriptiv generalisierend« verstanden wissen wollen, sondern als eine »kurative Prinzipienauffassung«. Das bedeutet, daß die nachfolgend formulierten Prinzipien als »Leitlinien zur Verminderung von Störungen« nützlich und anwendbar sein sollen (daraus beziehen sie ihre »Existenzberechtigung«; Sparrer 2000).

Varga von Kibéd und Sparrer (2000) haben die Grundprinzipien, die Bert Hellinger in seiner Arbeit mit Familienaufstellungen beobachtet und daraus verallgemeinert hat, auf Organisationen übertragen und daraus die folgenden Grundprinzipien für den Systemerhalt abgeleitet:

1. Jeder hat gleiches Recht auf Zugehörigkeit. Auf Organisationen übertragen heißt dieses Prinzip, daß keiner Person, die sich an die Verträge und Vereinbarungen hält, welche die Mitgliedschaft zur Organisation regeln, die Zugehörigkeit aberkannt werden darf.
2. Innerhalb der Familie hat das ältere Kind Vorrang vor dem jüngeren. Übertragen auf Organisationen gilt das Prinzip der »direkten Zeitfolge«: Das ältere Systemmitglied hat Vorrang vor dem jüngeren.
3. Mit Blick auf Herkunfts- und Gegenwartsfamilie hat das spätere System den Vorrang. Übertragen auf Organisationen hat das neue System (z. B. das neue Geschäftsfeld) Vorrang gegenüber dem älteren: Das ist das Prinzip der »inversen Zeitfolge«.

4. Wer den höheren Einsatz leistet, hat Vorrang vor denen, die sich weniger einsetzen. Dieses Prinzip dient dem Energiefluß, der Stabilität und der »Immunkraft« des Systems.

5. Für Organisationen beschreiben Sparrer und Varga von Kibéd (2000) zusätzlich das Prinzip des Leistungs- und Fähigkeitsvorrangs, das die Entwicklung von Leistungen und von Unterschieden zwischen den Mitgliedern der Organisation (Individuation) fördert.

Diese Grundprinzipien für den Systemerhalt werden von zwei »Metaprinzipien« (damit meinen Sparrer und von Kibéd übergeordnete Prinzipien) »dekliniert«. Das erste heißt: »Das Gegebene muß anerkannt werden« – das betrifft die durch Regelbefolgung legitimierte Zugehörigkeit der Organisationsmitglieder, die im nachhinein unveränderbare Reihenfolge ihres Eintritts, den Einsatz für das System, den eine Person durch ihr Verhalten zeigt, und die Leistungen und die Fähigkeiten der Person, die sich in ihren Taten und Werken zeigen. Alles, was unter diesen Gesichtspunkten gegeben ist, muß *wahrgenommen* werden, sagt die Ordnung.

Das zweite Metaprinzip für den Systemerhalt betrifft die relative Rangfolge der systemischen Prinzipien in verschiedenen, grundsätzlichen Systemzuständen. Sparrer und Varga von Kibéd (2000) unterscheiden folgende fünf Systemzustände: Existenz (-bildung und -sicherung), Wachstum, Fortpflanzung, Krise oder Gefährdung und Individuation (wir wollen zusätzlich den Systemzustand des *radikalen Change* ergänzen und beschreiben; s. u.):

■ Um die *Existenz* eines Systems zu sichern, müssen zunächst dessen Außengrenzen festgelegt werden, d.h. es gilt zu klären, wer dazugehört und wer nicht. Das wichtigste systemische Prinzip vor diesem Hintergrund ist das Prinzip der geregelten Zugehörigkeit.

■ Im Systemzustand des *Wachstums* ist das Prinzip der direkten Zeitfolge das wichtigste. Wenn Organisationen wachsen/größer werden, nehmen die hinzukommenden jüngeren Mitglieder den älteren Raum; als Ausgleich erhalten die früher Eingetretenen mehr Zentralität und Einfluß.

■ Wenn Organisationen sich »*fortpflanzen*« – Tochterunternehmen, Geschäftsfelder, Niederlassungen gründen –, brauchen die Akteure in den jüngeren, zumeist noch instabilen Teilsystemen Freiräume. Es gilt das Prinzip der inversen Zeitfolge und der Vorrang des höheren Einsatzes (Energiefluß, Immunkraft des Systems).

■ Im Systemzustand von *Krise oder Gefährdung* ist das wichtigste systemische Prinzip der Vorrang des höheren Einsatzes für das Ganze (Immunkraftbildung).

■ Ist das System in einem Zustand der *Individuation* – das System differenziert Funktionen, Handlungsroutinen und Kompetenzen aus –, gelten die Prinzipien des Vorrangs von Leistung und Fähigkeit. Der Vorrang von Leistung sichert die fortlaufende Leistungsbereitschaft der Organisationsmitglieder. Dadurch, daß Können und Fähigkeit Vorrang haben, stellt die Organisation sicher, daß Ressourcen effizient eingesetzt werden.

4. Zur Rangfolge von Subsystemen im System

Wir möchten ergänzen, daß sich diese Prinzipien nicht nur auf Personen und ihre Zentralität in der Organisation anwenden lassen, sondern auch auf Subsysteme in Relation zum Gesamtsystem. In einem Konzern, der Markenartikel herstellt, hängt der Systemerhalt immer in hohem Maß von den Fähigkeiten und vom Know-how der Marketingabteilung ab, in einem IT-Unternehmen sind es die Teile, die für die technologische Innovation sorgen, die Zentralität haben. Andere Subsysteme bleiben auf der Ordnungsebene in der Regel nachgeordnet und mit wenig Zentralität ausgestattet – die, die sich spät ausdifferenziert haben, wie z. B. Controlling, PE, OE. Es wäre eine Ordnungsstörung, wenn sich solche Subsysteme einen zentralen Platz »anmaßen« würden.

Im allgemeinen ist Führung das Subsystem mit dem höchsten Maß an Zentralität. In der Regel ist es das Subsystem, das in der Zeitfolge das erste oder eines der ersten war und dessen Zugehörigkeit häufig spezifische vertragliche Grundlagen (z. B. außertarifliche Entgeltverträge) hat. Führung als Subsystem bringt großen Einsatz (Energiefluß) und Leistungen für den Systemerhalt. Es gibt allerdings auch Organisationen, die zu Beginn ihrer Existenz auf lange Zeit von anderen Subsystemen geprägt werden – z. B. die Universitäten von wissenschaftlichen Experten in den Fachdisziplinen oder die Krankenhäuser vom ärztlichen System. Hier wird es als Anmaßung empfunden, wenn das Subsystem Führung Vorrang anstrebt.

Führung ist auf der anderen Seite das Subsystem, das einen Großteil der »Ordnungsarbeit« in der Organisation leistet: die Ausschilderung des Ordnungsrahmens (beim Übertritt von einem Systemzustand in den anderen, z. B. von der Existenzbildung in die Wachstumsphase) oder die Würdigung von Einsatz und Können im Rahmen der Personalverantwortung. Führung ist auch zuständig für die Gestaltung der zweckrationalen Handlungsprogramme, für Zielsetzungen, Strategien, Pläne. Nicht selten gibt es Dilemmata zwischen den Rollenanforderungen aus diesen zwei Bezugsrahmen – Ordnung und zweckrationale Handlungsprogramme: wenn z. B. Leistung honoriert werden soll und nicht Einsatz, wenn bei langjährigen Mitarbeitern inzwischen nicht mehr ausreichende Leistung mit Kündigung sanktioniert werden soll.

5. Streifzug durch den Alltag der Ordnungsstörungen

Im Folgenden schildern wir einige Beispiele für alltägliche Störungen von Ordnung in Organisationen samt ihren Auswirkungen. Wir beschränken uns auf die Themenbereiche Führungswechsel und Personalabbau, weil diese in Changesituationen häufig eine Rolle spielen.

5.1 Die politische Besetzung von Top-Positionen

Im Hauptverband der österreichischen Sozialversicherungsträger sollte im Frühjahr 2003 eine Besetzung nach politischen Kriterien erfolgen, ein Vorgang, der die Wellen hochschlagen ließ: Ein Politiker sollte ohne die formalen Voraussetzungen (eine Dienstprüfung mit großen Anforderungen) in die oberste Führungsetage eines Selbstverwaltungskörpers eingesetzt werden. Die Organisation wehrte sich »mit Händen und Füßen« und konnte diese Besetzung schließlich verhindern. Die Aufnahme eines hochrangigen Organisationsmitglieds gegen die Regeln stellt selbst eine Organisation, die politische Einflußnahme gewohnt ist und »als ihr täglich Brot« betreibt, auf den Kopf.

Politisch motivierte Besetzungen von hohen Führungsebenen gegen die eigenen, organisationsinternen Regeln, die die Zugehörigkeit definieren, kommen einer Entwertung der Zugehörigkeit der Systemmitglieder gleich: Ihren Beiträgen zur Erlangung und Aufrechterhaltung von Zugehörigkeit wird der Wert entzogen. Die Grundlage des Kontrakts zwischen Organisation und Person wird schlicht und einfach ignoriert. Er ist damit aber nicht außer Kraft gesetzt, die Wirkung ist meist eher, daß diesem Akt der Gewalt weitere Gewaltakte folgen. Der so in Amt und Würden Gekommene braucht häufig für eine lange Zeit seines Waltens eine von außen legitimierte Machtbasis. Er wird durch viele kleine Dinge in seinem Wirken sabotiert – Informationen werden zurückgehalten, Entscheidungen still unterlaufen. Organisationen haben ein langes Gedächtnis in puncto Zugehörigkeitsverletzung. Wird die Machtbasis einmal fadenscheinig, gibt es schnell einen internen Anlaß, der »endlich« eskaliert werden kann, um die Person aus dem System zu entfernen.

In einem anderen Fall – in einer Bank – erfolgte kurze Zeit nach der politischen Besetzung des Postens des Vorstandsvorsitzenden der mit der beruflichen Situation begründete Selbstmord eines anderen Vorstandsmitglieds.

Mögliche Erklärung: Der Einsatz des anderen Vorstandsmitglieds, dem der (Gestaltungs-) Raum und die Sichtbarkeit, das Ansehen, genommen wurde, wurde nicht gewürdigt. Typisch für diese Art Störung ist ein Konflikt, der »kalt« eskaliert wird: Der Mensch kapselt sich ab, hält die Fassade aufrecht – der Selbstmord kam für alle überraschend – und geht den Weg bis zum *point of no return* in den Abgrund. Nicht-Würdigung von Einsatz löst Scham/Beschämung aus – eine Emotion, die sich nach innen richtet. Im Gegensatz dazu ist Nicht-Würdigung von Leistung ein Ordnungsverstoß, der nach außen besser dokumentiert und leichter einzufordern ist.

Die Beispiele mögen extrem erscheinen, aber aus unserer Erfahrung als Coaches wissen wir, daß die Aufnahme von Führungskräften gegen die Regeln, unter Mißachtung von Rangfolgen, regelmäßig inter- oder intrapersonale Konflikte auslöst und chronifiziert. Solche Konflikte können in der Person, zwischen Personen oder auch zwischen Person und Organisation (Sabotageakte sind nicht selten) eskalieren.

5.2 Die »weißen Elefanten« ...

Eine ähnliche Störung der Zugehörigkeitsordnung liegt vor, wenn Personen ihren Vertrag nicht erfüllen, Einsatz und Leistung nicht erbringen wollen oder können und dann diffuse Sonderaufgaben, »Ausgedinge«, für sie geschaffen werden. Diese »weißen Elefanten« sorgen für viel Gesprächsstoff bei den Organisationsmitgliedern. Die Ungerechtigkeit angesichts der eigenen Leistungsanforderungen wird aufgerechnet, die Führung verliert Vertrauen. Nicht selten wird angenommen, daß die Führung erpreßbar ist und etwas zu verbergen hat (»Leichen im Keller«).

Zu »Weiße-Elefanten-Regelungen« kommt es häufig aufgrund von Loyalitäten und diffusen Schuldgefühlen auf seiten der Organisation oder ihrer maßgeblichen Vertreter: Es geht um ehemalige Weggefährten jetzt mächtiger Personen, um frühere Verdienste, um tragische Entwicklungen (Krankheit oder private Probleme). Die Organisation kann die Erfüllung der Pflichten bezüglich Einsatz und Leistung bei diesen Personen nicht durchsetzen, kann sich aber gleichzeitig nicht von ihnen trennen, weil auf der Ordnungsebene ein »Patt« besteht. In Familienunternehmen, in denen der Grundkontrakt »Loyalität gegen Fürsorge« gilt, ist es weniger störend, ein Ausgedinge für Personen zu schaffen, deren Leistungsbilanz nicht mehr stimmt. In Organisationen aber, in denen der Kontrakt »Entgelt gegen Leistung« gilt, führen Weiße-Elefanten-Konstruktionen gerade bei den davon Betroffenen – den ins Ausgedinge Geschickten – zu Chronifizierung und kalter Eskalation. Soziale Abkapselung, Krankenstände und Zynismus sind häufig die Folge. Die Ungleichheit in den psychologisch-vertraglichen Regelungen für Zugehörigkeit stellt auf Dauer für alle Beteiligten eine Belastung dar.

5.3 Ungerechtfertigter Verlust von Zugehörigkeit

Die häufigste Ordnungsstörung im Zusammenhang mit Zugehörigkeit ist die, daß verdiente Personen aus Enttäuschung und mit einer persönlichen Bilanz der »roten Zahlen« – ohne Ausgleich von erbrachtem Einsatz und Leistung ihrerseits und dafür erhaltener Würdigung – gehen oder »gegangen werden«. Hier übernehmen es oft die Verbleibenden, die Anliegen der Gegangenen weiterzuführen (in Aufstellungen als »Nachfolgesyndrom« bezeichnet).

Ein Beispiel ist die Geschichte der Leiterin eines umfassenden Reorganisationsprojekts in einem Dienstleistungsunternehmen, deren Vorgesetzte kurz nach Start des Projekts das Unternehmen verläßt. Über die Implementierungszeit von zwei Jahren orientiert sich die Projektleiterin in ihrem Auftragsverständnis an den Zielsetzungen der ausgetretenen Chefin und kommt damit immer wieder in Konflikt mit den neuen Chefs. Sie fühlt sich in ihrer Arbeit wenig unterstützt, wertet ihrerseits die neuen Vorgesetzten ab und nimmt deren Änderungen im Projektauftrag nicht an. Nach Projektabschluß verläßt sie das Unternehmen und nimmt eine Führungsposition in einem anderen Unternehmen an.

Loyalitätskonflikte behindern die Verbleibenden oft so lange, bis sie selbst frustriert gehen.

Als »ungerechtfertigter« Verlust von Zugehörigkeit wird auch das Ausscheiden von Personen erlebt, die im Einsatz um die Organisation krank werden, z.B. ein Burnout oder einen Betriebsunfall haben. Zu diesen Personen werden oft lange noch Beziehungen aufrechterhalten, und nicht selten gibt es regelmäßige Besuche am ehemaligen Arbeitsplatz. Oder sie werden vom Unternehmen mit kleineren Aushilfsarbeiten beauftragt, um für Ausgleich zu sorgen.

In einem Softwareunternehmen ist der frühere Vorgesetzte nach langer Krankheit ausgeschieden und arbeitet heute als selbständiger Unternehmer. Er war bekannt für einen sehr direktiven Führungsstil und konnte nur wenig Aufgaben delegieren, was schließlich auch zum Burnout führte. Der neue Chef findet mit seinem partizipativen Führungsverständnis wenig Akzeptanz; der frühere Vorgesetzte ist immer wieder in der Abteilung und führt offiziell kleinere Consultingaufträge durch. In diesem System sind alle Beteiligten in ihrem Handlungsraum chronisch eingeschränkt: Die Mitarbeiterinnen und Mitarbeiter sind in der Loyalität zum ehemaligen Vorgesetzten gefangen, der neue Chef kommt nicht »in den Sattel«, und der ehemalige Vorgesetzte hat nicht mehr wirklich einen Platz. Er ist nie offiziell verabschiedet worden.

5.4 Wenn verdiente Führungskräfte gehen müssen

Häufig bei Eigentümerwechsel und bei fast jedem Merger werden Führungskräfte »ausgetauscht«. Es kommen neue Führungskräfte, die sich nicht aus der zeitlichen Reihenfolge und aus bekanntem Einsatz und Leistung legitimieren können. Bei einem Merger gibt es mehr Führungskräfte als Plätze, die zu besetzen sind, Führungskräften wird der Raum genommen, sie werden verdrängt.

In einem aus Töchtern zweier Banken fusionierten Finanzdienstleistungs-unternehmen verfolgen die Mitarbeiter über ein Jahr lang mit höchster Akribie, wer gehen muß und wie sich das zahlen- und machtmäßige Ver-hältnis zwischen den Führungskräften der Herkunftsunternehmen ent-wickelt – die Personalabteilung hat nicht annähernd einen so guten Über-blick wie die Mitarbeiter. Besonders viel Energie geht in die Klärung von Fragen wie: »Ist der denn noch da? Er hat Urlaub genommen. Wird er noch einmal zurückkommen? Der Schreibtisch ist schon leer ...« Fragen, auf die nur Insider Antwort geben können. Oder es werden auch Über-legungen angestellt wie: »Wenn X geht, wird auch Y nicht bleiben ... Das ist nur eine Frage der Zeit.«

Wie mit den Führungskräften eines Unternehmens umgegangen wird, ist Aus-druck dessen, wie mit Einsatz, Leistung, Können und Verdienst im Gesamt-unternehmen umgegangen wird. Über kaum ein Thema wird deshalb soviel gesprochen wie über die Besetzung von Führungspositionen und das Verhal-ten von Führungskräften.

5.5 Einige Tips für Interventionen

Führung ist ein zentrales Subsystem und Führungswechsel ein zentrales Ereig-nis in Organisationen. Die Erfahrungen mit Organisationsaufstellungen zei-gen, daß häufig bereits die Benennung der Ordnungsstörung sowie Rituale für Wahrnehmen und Würdigung von Zugehörigkeit, Leistung und Einsatz für die in Ordnungsthemen verstrickten Personen einen Ausgleich herstellen können. Die wichtigste Intervention ist das Markieren von Ende (z.B. Ab-schiedsfeier) und Anfang (z.B. Übergabe firmeneigener Laptops) der Füh-rungsverantwortung. Störungen der Ordnung bei einem Führungswechsel werden gemildert, wenn die darüberliegende Führungsebene die bisherigen Führungskräfte würdigt und herausstellt, wofür die neue Person steht.

Neue Führungskräfte finden dann Vertrauen, wenn sie Leistung und Ein-satz ihrer Vorgänger anerkennen und deutlich machen, was jetzt anders wird – z.B. die Werte, auf die sich die Organisation in Zukunft ausrichtet und für die sie selbst auch stehen. Wichtig ist auch, daß sie ihre eigenen Erfahrungen, ihre Leistungen und ihren Einsatz in anderen Systemen kommunizieren und damit an die »Währungen« der neuen Organisation anschließen.

Wenn der Raum knapp wird und Führungskräfte verdrängt werden, ist es wichtig, den knappen Raum und die Kriterien, nach denen er verteilt wird, zum Thema zu machen. Jede Führungskraft, die neu antritt, ist gut beraten, zu Beginn das Gespräch mit den Mitarbeitern darüber zu suchen, worauf sie stolz sind, was für sie die Herausforderungen und Leistungen der Vergangenheit waren und was der bisherige Chef »gut gemacht« hat.

Bei jedem Führungswechsel ist außerdem wichtig, was mit dem/der früheren Vorgesetzten passiert, wo er/sie hingeht, welchen Platz er/sie jetzt hat – das heißt, es ist wichtig zu klären: Was ist der neue Platz der alten Führung? Ist der neue Platz einer »verdienten« Führungskraft besser oder gleich gut wie der alte, ist der neue Platz einer »unverdienten« Führungskraft schlechter als der alte? Ist dem Ausgleich Genüge getan, so kann das Leben weiterlaufen. Bekommt eine unverdiente Führungskraft einen besseren bzw. eine verdiente Führungskraft einen schlechteren Platz, so sind dies »saure Geschichten«, die wieder und wieder erzählt werden.

Was unser Beispiel der politischen Besetzungen betrifft, so läßt sich auf der Ordnungsebene kaum eine Intervention empfehlen, da es sich letztlich doch um »Mißbrauch« handelt. Andererseits sind Organisationen, die in ihrer Existenzberechtigung in politische Zusammenhänge eingebunden sind, mit Macht, Mißbrauch von Macht und Vereinnahmung vertraut. Der pragmatische Weg für die so ans Ruder Gekommenen ist häufig, sich über Mikropolitik persönliche Wirkungskreise zu schaffen. Dabei sind sie gut beraten, die »Übergangenen« selbst nicht weiter zu übergehen.

Zum Thema der »weißen Elefanten« läßt sich sagen, daß – wenn alle Stricke reißen – zumindest dem Metaprinzip »Das Gegebene muß anerkannt werden« Genüge getan werden sollte. Wir empfehlen – soweit man das ohne Kenntnis des Kontextes überhaupt tun kann – die »Ausschilderung« der Tatsache, daß eine Person trotz Nicht-Erfüllung von Grundprinzipien (wie angemessene Leistung/angemessener Einsatz) die Zugehörigkeit behält: das offizielle Ansprechen der Entscheidung als »gesatzt« (per Regel/Satzung vorgegeben), mit Verweis auf den Widerspruch. Die minimale Intervention ist quasi, den Widerspruch offiziell zu benennen und damit das Tabu zu entmystifizieren. Eine wirkliche Lösung – vor allem in Hinblick auf die menschlichen Schicksale der Betroffenen – würde darin bestehen, daß sich jemand (z. B. PE oder OE-Abteilungen) darum kümmert, daß mit den Betroffenen (den zukünftigen »weißen Elefanten«) frühzeitig Optionen für eine Lebensgestaltung außerhalb der Organisation erarbeitet werden.

5.6 Personalabbau

Personalabbau ist eine große und in der Regel nachhaltige Störung der Ordnung, die praktisch immer von einem Leistungsabfall des Systems begleitet wird. Auf der manifesten Ebene gehen Arbeitsbeziehungen verloren, Personen kommen in neue soziale Gruppen, die sich erst als soziale Systeme entwickeln müssen. Auf der Ordnungsebene geht es um Verdrängung und um die »Änderungskündigung« geltender/laufender psychologisch-materieller Verträge. Ultimativ – nach dem Motto: »Unterschreib die neuen Regeln, oder du bist nicht mehr dabei« – wird in die unzähligen individuellen Bilanzen von Geben und Nehmen eingegriffen und die Möglichkeit für einen zustehenden Ausgleich genommen. Nach dem Personalabbau bleibt häufig eine Störung der Ordnung durch die »anwesenden Abwesenden«. Das »Survivor-Syndrom« der Verbleibenden bringt Schuldgefühle und Loyalitätskonflikte mit sich, auch Sprachlosigkeit, Passivität und Angst, selbst »dran zu sein«, wenn man zu sehr in der Masse auffällt.

In der Regel versuchen Unternehmen, einen Personalabbau so ordnungsverträglich wie möglich zu gestalten: Zuerst wird denjenigen gekündigt, deren Vertrag ohnedies bald ablaufen würde, und jenen, die erst seit kurzer Zeit dabei sind und deren Anspruch auf Zugehörigkeit daher relativ schwach ist. Es wird versucht, einen Ausgleich über »Golden-Handshake«-Programme herzustellen. Unternehmen nehmen es in der Regel in Kauf, daß sie junge Mitarbeiter mit hohem Leistungs- und Einsatzpotential abbauen. Zwar schwächen sie sich damit in bezug auf die zweckrationalen Handlungsprogramme; sie sind aber darauf bedacht, den Schaden auf der Ordnungsebene gering zu halten, um Sabotage und Rufschädigung zu vermeiden. In Unternehmen mit langjähriger Zugehörigkeit sind Personalabbaumaßnahmen eine besonders massive Störung. Hier haben die Mitarbeiter sich auf lange Durchrechnungszeiträume eingestellt, was den Ausgleich ihrer Investments betrifft.

In den vielen staatsnahen Organisationen mit Beamtendienstrecht, die jetzt »liberalisiert« bzw. auf privatwirtschaftliche Logiken umgestellt werden, haben die Mitarbeiter über Jahrzehnte mit Blick auf ihre Pension Leistungen und Einsatz zu Gehältern unter dem Marktniveau erbracht. Auf finanzieller Ebene läßt sich hier meist kein Ausgleich herstellen, das Unternehmen wäre bankrott, noch bevor es am freien Markt antreten kann. Daher wird oft zu fragwürdigen Rationalisierungen gegriffen, um den Anschein von Ausgleich herzustellen: Einsatz und Leistungen der Mitarbeiter werden abgewertet, gesellschaftliche Stereotype über »leistungsfaule, bleistiftspitzende« Beamte werden strapaziert, und damit entsteht eine Triangulation zwischen Mitarbeitern/Beamten – Unternehmen – Gesellschaft.

Auch hier empfehlen wir als Intervention, zumindest dem ersten Metaprinzip Geltung zu verschaffen: Das Gegebene muß anerkannt werden. Das betrifft sowohl die Benennung des neuen Systemzustands – Übergang auf einen neuen Kontrakt zwischen Organisation und Mitgliedern nach privatwirtschaftlicher Logik – als auch die Benennung und Würdigung des bisherigen Kontrakts und der Investments der Personen. Das kann einen Beobachtungsfokus herstellen, der glaubwürdig ist und die Betroffenen nicht abwertet. Die Perspektive der Fremdbestimmung (Zwang der Umstände, daß sich Behörden heute der Logik der Shareholder unterwerfen sollen) kann vielleicht einen Weg zur Versöhnung mit dem persönlichen »Schicksal« ebnen, aber für diese Situation gibt es keine ethisch »reine« Intervention. Ausgleich läßt sich hier nicht herstellen, bestenfalls kann das kollektive Mitreflektieren des Nicht-Ausgleichs für die Individuen Entlastung angesichts der Nicht-Würdigung schaffen.

6. Über die Zweckmäßigkeit der Un-Ordnung

Störungen der Ordnung in Organisationen ziehen Energie und Leistungsbereitschaft ab, ja sie können das Leistungsklima dauerhaft beeinträchtigen. Auf der anderen Seite würde auch zuviel Ordnung die Leistungsfähigkeit des Systems begrenzen, weil Ordnung eine eigene, enge Geschlossenheit und Selbstreferentialität erzeugt. Müßte die Organisation immer die Hypothek des Ausgleichs einlösen, käme das der Forderung gleich, in einem Produktionsbetrieb erst alle Anlagen und die laufenden Investitionen in ihre Aufrechterhaltung komplett abschreiben zu müssen, bevor man in neue Produktionsverfahren und Anlagen investieren könnte.

Es gibt eine Reihe von Einflußgrößen, die ständig für Unordnung in Organisationen sorgen. Nehmen wir z.B. die Mikropolitik als Einflußgröße in einem beliebigen, geltenden Systemzustand, d.h. das Bestreben der Organisationsmitglieder, die Organisation als politische Arena für ihre eigenen Interessenlagen, ihr Streben nach Macht und Einfluß zu nutzen. Für Individuen liegen die persönlichen Motivations- und Handlungsanreize oft gerade darin, einige dieser Regeln zu überspringen oder zu umschiffen und sich schnell Vorteile zu verschaffen. Das gehört zur Lust des Handelns in Organisationen.

Organisationen entwickeln sich, verändern sich mit ihren Umfeldern, sie wechseln das jeweilige Grundprinzip der gültigen Ordnung, wenn sie von der Existenzgründung zu Wachstum, Individuation, Fortpflanzung driften und dabei manche Krise und Gefährdung erleben. Sie brauchen die Flexibilität, damit sie für den jeweiligen Systemzustand eine zweckmäßige Ordnung – eine passende Priorität und Gültigkeit von Grundprinzipien der Ordnung – satzen können.

Eine dritte, wesentliche Einflußgröße für Un-Ordnung ist radikaler Change, bei dem die Grundpfeiler der Organisation – die zweckrationalen Handlungsprogramme wie Strategien, Pläne, Handeln in Strukturen und die mentalen Modelle – neu definiert werden. Radikaler Change wird als Fremdeinwirkung erlebt. Er läßt sich nicht ohne gehörige Un-Ordnung und Um-Ordnung umsetzen. Ein Fixieren der Organisation auf die zu einem bestimmten Zeitpunkt geltende Ordnung würde die Organisation lähmen und in ihrer zukünftigen Existenz gefährden.

Ordnung und wie sie entsteht, aufrechterhalten oder konterkariert wird, liegt immer in einer Art »Graubereich«: Die Gemengelage der Investments und Währungen, der Kursschwankungen (z. B. gestern zählte das Dienstalter, heute die Leistung), die schiere Anzahl der Beteiligten mit ihren jeweiligen Relationen – all das ist viel zu komplex, als daß es regelbar sein könnte. Ordnungsverstöße sind nützlich, sie regen den Diskurs über die Ordnung in der Organisation und über die Organisation in ihrer Entwicklung an und machen einen wesentlichen Bezugsrahmen für organisationales Handeln beobachtbar. Um Ordnung als Bezugsrahmen für das Handeln in einer Organisation zu reflektieren, um den Diskurs darüber zu führen, muß allerdings nicht auf Ordnungsverstöße gewartet werden – ein solcher Diskurs ist auch aufgrund von offizieller Beobachtung und regelmäßiger Reflexion der Ordnungsebene und von gezielter Kommunikation darüber möglich.

Zum Abschluß dieses Aufsatzes wollen wir uns der Dynamik und Ordnung von radikalem Change widmen und ihn als eigenen Systemzustand mit den ihm eigenen Kriterien und Prinzipien für Ordnung in der Organisation konstruieren.

7. Change als Währungskrise – Konkurs der Ordnung?

Wenn bei radikalem Change wesentliche Elemente der Unternehmensidentität verändert werden, betrifft das neben Vision, Strategie, Zielen, neben Strukturen und Systemen, neben den mentalen Modellen der Unternehmenskultur immer auch die geltende Ordnung. Change wirbelt die bestehende Ordnung auf und treibt die Herausbildung einer neuer Ordnung voran. Was sind nun die typischen Ordnungsstörungen, die Change auslöst? Was sind in Veränderungsprozessen zweckmäßige Interventionen in die Ordnungsebene?

Radikalen Change kann man mit dem »schwarzen Freitag« vergleichen. In radikalem Change brechen die Währungskurse zusammen. Personen, die bisher Zentralität hatten, verblassen, neue Personen treten ins Rampenlicht, erhalten Sichtbarkeit und Ansehen (z. B. Berater). Neue, andere Leistungen finden Aufmerksamkeit und Anerkennung; bisherige Leistungen genügen nicht mehr, sie werden »abgewertet«. Persönliche Perspektiven, Karrierewege sind abgeschnitten, der Wert des angemessenen »Lohns« verfällt. Zugehörigkeitsverträge werden geändert: Neue Personen kommen herein, die vorher nicht hereingekommen wären; Personen, die ihre Verträge immer erfüllt haben, müssen »ungerechtfertigt« gehen. Seniorität wird verdächtig, das Neue, Andersartige erhält Zentralität.

Bei radikalem Change mit harten Schnitten werden die Plätze knapp, Personen werden verdrängt, das System verändert seine Grenzen. Die Verbleibenden kämpfen um Raum. Es ist keine Zeit, Einsatz und Leistung zu beobachten und Raum nach diesen Kriterien zuzuteilen. Opportunität schafft Fakten. Das System entwickelt eine hohe Innenorientierung in seinen Handlungen und Entscheidungen; es büßt Immunkraft nach außen und Energiefluß ein. Systeme, in denen die eigenen Regeln nicht anerkannt werden, werden unglaubwürdig und chaotisch (Sparrer 2000). Radikaler Change kann im Extremfall bedeuten, daß nichts mehr gilt, daß die bisherige Ordnung in Konkurs geht.

8. Radikaler Change als eigener Systemzustand

In Ergänzung zu den Systemzuständen nach Sparrer und von Kibéd (2000) (Systemexistenz, Systemwachstum, Systemfortpflanzung, Krise oder Gefährdung, Individuation) und ihren jeweils vorrangigen Prinzipien für den Systemerhalt wollen wir radikalen Change als einen eigenen Systemzustand konstruieren. Seine Funktion für den Systemerhalt ist es, den Übergang von einem Ordnungsrahmen zu einem anderen herzustellen.

Radikaler Change als eigener Systemzustand mit Bedeutung für den Systemerhalt, das hieße: radikaler Change hat eigene, vorrangige Ordnungsprinzipien. Man könnte auch sagen: Vorrang für die Außer-Kraft-Setzung der geltenden Ordnung. Formallogisch wäre das so etwas wie die fünfte Position im Tetralemma (nichts von alledem, und auch das nicht – die Ordnung im radikalen Change hat ja keine Dauer, sondern organisiert nur den Übergang).

Wann ist Change als Paradigma für den Systemerhalt »in Ordnung«? Dazu einige Thesen (die zum großen Teil den State of the Change Art in den neuen Rahmen der Ordnung in der Organisation stellen sowie einige Kriterien aus Sicht der Ordnung ergänzen):

- Change muß das Gegebene anerkennen, würdigen und zugleich für die Zukunft in Frage stellen, somit den bisherigen Einsatz, die Leistungen des Systems neu ordnen – nach dem Motto: »In die Schaufensterauslage« oder »ins Museum stellen« oder »in den Papierkorb werfen«.
- Die Personen, die bisher Zentralität hatten, müssen Würdigung erfahren. Es sollte offengelegt werden, was mit ihnen passiert, wenn sie das Unternehmen verlassen, und welche Bedeutung sie weiterhin für das System haben werden. Damit werden die verbleibenden Personen von Loyalität und Schuld entlastet.
- Change braucht den *case for action* und das Bild eines zukünftigen, neuen Systems. Beides liefert die Legitimation, die Ordnung in Bewegung zu bringen. Das systemische Prinzip der konkreten, geregelten Zugehörigkeit sowie das Prinzip der Zeitfolge im System haben in radikalem Change geringe Bedeutung oder sind gar außer Kraft gesetzt: die Systemgrenzen werden verändert. Im Innenverhältnis verändert sich damit der Raum, der den Organisationsmitgliedern nunmehr zur Verfügung steht.
- Bei radikalem Change müssen die neuen Player Wirkungsraum bekommen – das Prinzip der inversen Zeitfolge hat Vorrang.
- Außerdem gilt es, den Energiefluß sicherzustellen, um die Immunkraft aufrechtzuerhalten. Das systemische Prinzip vom Vorrang des Ein-

satzes ist das Wichtigste im Change; dazu müssen Räume und Sichtbarkeit geschaffen werden und müssen Personen Ansehen bekommen, die Einsatz zeigen.

■ Change muß spürbare Brüche zur bestehenden Ordnung und ein hinreichendes Maß an Chaos herstellen. Nur so kann die bestehende Ordnung »dekonstruiert« werden.

■ Radikaler Change muß das Thema »Ordnung« auf der Agenda haben. Er muß ausschildern, was die bestehende Ordnung war und was daran nicht mehr in Ordnung ist. Es gilt, die Änderungen zu benennen und symbolisch mitzuführen.

■ Change muß den Verlust benennen. In der Regel geht es nicht um den Konkurs der bisherigen Ordnung, aber doch um einen Ausgleich (im betriebswirtschaftlichen Sinn) – den Ausgleich des psychologisch-materiellen Kontraktes der Organisationsmitglieder. Es geht um eine Entschuldungsaktion. Die ist dann in Ordnung, wenn sie die glaubwürdige Alternative dazu ist, sonst mit völlig leeren Händen auszusteigen, und wenn alle Gläubiger ihre faire Quote erhalten. Voraussetzung dafür ist der reflektierte Überblick über die Gläubiger und den Schuldenstand des Systems.

Resonanzarbeit – zarte Signale, starke Impulse

Hella Exner

1. Was ist Resonanz?

Resonanz ist ein ganz natürliches Phänomen – und in der Beratung so unvermeidbar wie nützlich. Es läßt sich nicht vermeiden, daß der Berater von den »Schwingungsfeldern« des Klientensystems erfaßt und berührt wird. Es entsteht ein »Mitschwingen« des Beratersystems, welches Resonanzphänomene hervorrufen kann, die die Berater für ihre Arbeit nutzen können.

Veränderungsprozesse, die wir begleiten, laufen selten konfliktfrei ab. Es entstehen Spannungsfelder hinsichtlich des Bedürfnisses nach Bewahren bzw. nach Verändern. Der eine Berater spürt die Aufbruchstimmung und ist voll Energie, der andere wird müde, fühlt die Resignation und wird lustlos. Wenn sich nun die beiden Berater in einem Gespräch unter vier Augen über ihre Gefühle austauschen und dabei nicht nur ihren eigenen Hintergrund einbringen (»Ich arbeite heute schon 10 Stunden, mir reicht es!« Oder: »Das ist mein Spezialgebiet, das macht mir immer Spaß!«), sondern die Gefühle *als Resonanz* begreifen, so verfügen sie über ein wirkungsvolles Diagnose-Instrument. Die Kunst dabei ist es, daß das empfundene Gefühl nicht als eigenes psychisches Phänomen gedeutet, sondern als Resonanz auf die Stimmung des Klientensystems begriffen wird.

Ein Beispiel aus der Praxis: In einem Unternehmen lautete der Auftrag: Arbeit an der Strategie und der Struktur der Organisation. Berater A hatte Spaß an der Neugestaltung der Organisation. Berater B fühlte sich verloren und unsicher. Dadurch, daß sich die beiden Berater über ihre Gefühle austauschten, wurde sichtbar, daß Berater A die Gruppe der Gewinner und Berater B die Gruppe der Verlierer repräsentierte.

2. Der Nutzen für das Klientensystem

Beziehen Berater Resonanzphänomene in ihre Arbeit mit ein, so hilft das dem Klientensystem, sehr rasch auf die hemmenden und fördernden Faktoren, die nur latent vorhanden sind, aufmerksam zu werden. Spricht der Berater diese Phänomene an, so kann das für das Klientensystem sehr entlastend sein, weil die Gefühle öffentlich werden und damit die dahinterliegenden Themen leichter und schneller besprochen werden können. Selbstverständlich bleibt es dem Klientensystem überlassen, ob es diese Intervention der Berater gleich als Chance für Klärungen nützt oder erst zu einem späteren Zeitpunkt – oder aber gar nicht.

Ein Beispiel aus der Praxis: Der Eigentümer eines Unternehmens hatte seine Mitarbeiter im Zuge eines Veränderungsprozesses zu einem Workshop zum Thema »Mehr Kundennähe der Mitarbeiter« eingeladen. Erst einmal sollte dafür ein Konzept erstellt werden, und die Teilnehmer waren eifrig bei der Sache. Als es jedoch um die konkrete Umsetzung ging, war die Energie wie weggeblasen.

Die Berater, die zu zweit arbeiteten, beobachteten diese Entwicklung und fragten sich: »Was war los?« »Wie geht es uns?« Denn beide Berater hatten ebenfalls im Verlauf des Prozesses die Lust verloren. Die Stimmung wurde immer schlechter. Was war passiert? In einem vor dem Klienten geführten Zweiergespräch drückten beide Berater ihre Befindlichkeit (Resonanz) aus. Sie sprachen über Wut und Resignation und folgerten aus diesen Resonanzen, möglicherweise hätten die Mitarbeiter wenige Chancen, erfolgreich zu sein (»Der Erfolg gehört dem Chef«). Es wurde deutlich, daß der Eigentümer immer mehr – je konkreter sich die Unternehmensplanung gestaltete – die wesentlichen und die attraktivsten Aktivitäten an sich zog und selbst erledigte. Als dies ausgesprochen war, gewannen die Teilnehmer ihre Energie und Tatkraft zurück, und vieles, was zuvor unterdrückt worden war, kam ans Tageslicht.

3. Erforderliche Qualifikation des Beraters

Ein Berater, der dieses Instrument – Resonanzphänomene – in seiner Arbeit einsetzen möchte, braucht dafür einige Voraussetzungen: Er sollte zunächst einmal neugierig auf sich selbst sein und seine eigene Gefühlswelt erforschen. Es erfordert allerdings Mut, die eigenen Gefühle »auszugraben«, sie lebendig werden zu lassen, um sie beobachten zu können. Die Selbstbeobachtung der eigenen Gestimmtheit ist für diese Arbeit am wichtigsten. Ein solcher reflektierender Umgang mit sich selbst und mit einem sozialen System ist nur dann möglich, wenn der Berater bereit ist, die persönlichen Gefühle zuzulassen, und wenn er gleichzeitig eine gewisse Distanz zu diesen herstellen kann. Ein weiterer und wichtiger Aspekt ist, daß der Berater ein ausgeprägtes Sprachgefühl entwickeln muß, daß er bei der Wahl seiner Worte – wie sie auf andere wirken – miteinbezieht.

Nützliche Eigenschaften	Hinderliche Eigenschaften
■ Zugang zu den eigenen Gefühlen ■ Reflexionsfähigkeit ■ Selbstbeobachtung der eigenen Gestimmtheit, um den eigenen Anteil der Resonanz filtern zu können ■ Sprachliche Kompetenz ■ Empathie	■ Machbarkeitsorientierung ■ Reine Sachorientierung (es geht um die Sache, nicht um Gefühle) ■ Angst vor eigenen Gefühlen ■ Mangelnde Reflexionsfähigkeit

4. Wie man mit Resonanzen arbeitet

Mit Resonanzen zu arbeiten ist eine zweischneidige Sache, die daher sehr viel Sorgfalt und Respekt erfordert. Resonanzen zu nutzen kann wertvoll und nützlich sein. Der Berater sollte sich aber der Tatsache bewußt sein, daß manche Gefühle besser im verborgenen bleiben. Werden sie transparent, kann sich das Klientensystem schutzlos fühlen. Verborgene Themen haben häufig in einem System eine wichtige Schutzfunktion. Der Berater sollte sich darüber im klaren sein, inwieweit es für das Klientensystem funktional ist, Verborgenes öffentlich zu machen und zu bearbeiten. Dann kann es für das Klientensystem sehr hilfreich sein, wenn der Berater die verborgenen Themen anspricht. Dies kann allerdings zu unfreundlichen und nicht vorhersehbaren Reaktionen führen, und der Berater sollte in der Lage sein, damit umzugehen.

Für die Nutzung der Resonanzen macht es einen Unterschied, ob man als Berater alleine oder ob man zu zweit in einem Berater-Staff arbeitet.

4.1 Arbeit im Berater-Staff

Die optimale Plattform für die Arbeit mit Resonanzphänomenen bietet ein Staff, der sich aus zwei oder mehreren Beratern zusammensetzt. Wesentlich ist, daß das Beratersystem bereit ist, mit den Resonanzphänomenen zu arbeiten. Das Einbeziehen der Resonanzen ist ein wertvoller Beitrag zur Hypothesenbildungen sowie zur Erstellung von Diagnosen und ist somit eine wesentliche Grundlage für die Planung von Interventionen.

Die Arbeit mit Gefühlen ist nicht nur für das Klientensystem, sondern auch für das Beratersystem wichtig. In so manchem Prozeß erlebt auch der Berater Positives, aber auch Negatives. Diese Vorfälle und die daraus resultierenden Gefühle nicht stumm »mit sich herumtragen« zu müssen, sondern sie den Beraterkollegen mitteilen zu können, hat eine große Entlastungsfunktion; denn es kann durchaus vorkommen, daß das im Laufe der Resonanzarbeit Erlebte blockierend wirkt.

Eine mögliche Form der Arbeit mit Resonanzen ist der *Open Staff*, ein Setting, in dem die Berater (zwei oder mehrere) vor dem Klientensystem ihre Gefühle und Eindrücke hinsichtlich der momentanen Stimmungslage austauschen und daraus Hypothesen ableiten. Diese Form des Eingreifens in ein System ist heikel und diffizil, weil Menschen und Systeme gerade dort, wo es sich um verborgene Themen handelt, sehr verletzbar sind. Diese Vorgehensweise ist nur dann zu empfehlen, wenn die einzelnen Berater bereits ein hohes Maß an Selbstreflexion erreicht haben und einander schon gut kennen bzw. als Berater aufeinander eingespielt sind.

4.2 Arbeit als Einzelberater

Es ist nicht immer möglich, daß ein Klientensystem von zwei Beratern begleitet wird, jedoch hat der Berater auch dann, wenn er alleine arbeitet, die Chance, Resonanzphänomene zu nutzen. Er kann es sich zur Gewohnheit machen, immer wieder während seiner Arbeit für sich selbst eine Reflexionsschleife zu durchlaufen, um für sich einschätzen zu können, ob er alle Strömungen im Klientensystem erkennt oder aber den Kontakt zu einem Teil des Systems verliert. Verspürt der Berater nur in bezug auf eine Stimmung Resonanz, so kann es passieren, daß er dadurch andere wichtige Strömungen übersieht.

Besonders schwierig wird die Einzelarbeit, wenn der Berater selbst mit den Stimmungen des Klientensystems mitzuschwingen beginnt. Dann entsteht die Gefahr, daß er die Distanz zum Klientensystem verliert, die ihn als Berater gerade so wertvoll macht.

Welche Möglichkeiten gibt es, um die Distanz wiederherzustellen? Der Berater kann weiterarbeiten und im stillen über sich reflektieren, um zwischen den Resonanzen, die aus dem Klientensystem kommen, und jenen, die ihm selbst zuzuordnen sind, zu unterscheiden. Ist er zu stark blockiert, so kann er eine Pause vorschlagen, um wieder einen klaren Kopf zu bekommen und sich über seine Emotionen klar zu werden. Hilfreich dabei ist, wenn der Berater nur für sich selbst seine Hypothesen zu Papier bringt. Warum ist dies hilfreich? Weil er durch das Aufschreiben von Hypothesen besser eine Art Zwiegespräch mit sich selbst führen kann.

Eine oft sinnvolle Alternative ist es, wenn der Berater die Chance einer längeren Pause nutzt, um mit einem Kollegen telefonisch die Situation zu besprechen. Diese »Außensicht« gibt ihm die Möglichkeit, wieder ein gutes Maß an Distanz herzustellen und seine eigenen Anteile an dem, was ihn emotional bewegt, besser zu erkennen und zu spüren.

5. Schlußbemerkung

Abschließend sollte nochmals erwähnt werden, daß die Arbeit mit Resonanzphänomenen für den Berater selbst äußerst lohnend sein kann. Dies eröffnet ihm eine Chance, sich mit sich selbst auseinanderzusetzen. Der Berater sollte einen unmittelbaren Zugang zu seiner Gefühlswelt haben und sollte zugleich eine distanzierte Haltung zu seinen Empfindungen herstellen können. Gegenüber dem Klienten ist die Arbeit mit Resonanzphänomenen eine wirkungsvolle Interventionstechnik, wobei immer zu überlegen ist, ob der Zeitpunkt für diese Form der Intervention gerade günstig und somit für das Klientensystem hilfreich ist.

Literatur

Backhausen, W. u. J.-P. Thommen (2003): *Coaching. Durch systemisches Denken zu innovativer Personalentwicklung.* Wiesbaden (Gabler).

Böning, U. (2002): Der Siegeszug eines Personalentwicklungs-Instruments. Eine 10-Jahres-Bilanz. In: C. Rauen (Hrsg.): *Handbuch Coaching.* Göttingen (Verlag für Angewandte Psychologie), S. 17–39.

Buchhorn, E. (2004): Haltlos im Chaos. *ManagerMagazin* 1, S. 130–136.

Exner, A. (1990): Unternehmensidentität. In: R. Königswieser u. C. Lutz (Hrsg.): *Das systemisch-evolutionäre Management.* Wien (Orac), S. 191–203.

Exner, H. u. A. Exner (1999): Der Umgang mit dem Unfaßbaren. *Zeitschrift für systemische Therapie*, Heft 1, S. 4–12.

Fallner, H. u. M. Pohl (2001): *Coaching mit System. Die Kunst nachhaltiger Beratung.* Opladen (Leske + Budrich).

Fischer-Epe, M. (2002): *Coaching. Miteinander Ziele erreichen.* Reinbek (Rowohlt).

Heitger, B. u. A. Doujak (2002): *Harte Schnitte, neues Wachstum. Die Logik der Gefühle und die Macht der Zahlen im Changemanagement.* Frankfurt a. M. u.Wien (Redline Wirtschaft bei Ueberreuter).

Hellinger, B. (2002a): *Ordnungen der Liebe.* München (Droemer Knaur).

– (2002b): *Zweierlei Glück. Konzept und Praxis der systemischen Psychotherapie.* Hrsg. von G. Weber. München (Goldmann).

Isert, B. u. K. Rentel (2000): *Wurzeln der Zukunft.* Paderborn (Junfermann).

Jäger, R. (2001): *Praxisbuch Coaching. Erfolg durch Business Coaching.* Offenbach (Gabal).

König, E. u. G. Volmer (2002): *Systemisches Coaching. Handbuch für Führungskräfte, Berater und Trainer.* Weinheim (Beltz).

Königswieser, R. u. A. Exner (Hrsg.) (1998; 8. Aufl. 2004): *Systemische Intervention. Architekturen und Designs für Berater und Veränderungsmanager.* Stuttgart (Klett-Cotta).

Looss, W. (2002): *Unter vier Augen. Coaching für Manager.* Landsberg am Lech (Moderne Industrie).

Luhmann, N. (2001): *Soziale Systeme. Grundriß einer allgemeinen Theorie.* Frankfurt a. M. (Suhrkamp).

Maturana, H. R. u. F. J. Varela (1984; 3. Aufl. 1991): *Der Baum der Erkenntnis. Die biologischen Wurzeln menschlichen Erkennens.* Bern/München (Goldmann).

Roth, S. (2000): Emotionen im Visier. *Organisationsentwicklung* 2, S. 14–21.

Sparrer, I. (2000): Vom Familien-Stellen zur Organisationsaufstellung. Zur Anwendung Systemischer Strukturaufstellungen im Organisationsbereich. In: G. Weber (Hrsg.): *Praxis der Organisationsaufstellungen. Grundlagen, Prinzipien, Anwendungsbereiche.* Heidelberg (Carl-Auer-Systeme), S. 91–126.

- (2001): *Wunder, Lösung und System. Lösungsfokussierte Systemische Strukturaufstellungen für Therapie und Organisationsberatung*. Heidelberg (Carl-Auer-Systeme).

- u. M. Varga von Kibéd (2000): *Ganz im Gegenteil. Tetralemmaarbeit und andere Grundformen Systemischer Strukturaufstellungen – für Querdenker und solche, die es werden wollen*. Heidelberg (Carl-Auer-Systeme).

Staehle, W. H. (1994): *Management. Eine verhaltenswissenschaftliche Perspektive*. München (Franz Ahlen).

Weber, G. (2000): *Praxis der Organisationsaufstellungen. Grundlagen, Prinzipien, Anwendungsbereiche*. Heidelberg (Carl-Auer-Systeme).

Weick, K. (1995): *Sensemaking in Organizations*. Thousand Oaks, Ca. (Sage).

Weiss, T. (1988): *Familientherapie ohne Familie*. München (Kösel).

Willke, H. (2000): *Systemtheorie*. Stuttgart (UTB).

Teil V:
Training

Training – wie entwickelt sich Lernen am Beispiel von Management-Development?

Barbara Heitger, Christian Baudisch

1. Einleitung – die zentralen Fragen

Veränderung in Unternehmen hat immer auch eine die Mitarbeiter betreffende Seite. Egal, ob es um »harte Schnitte« wie Kostenreduktion, Mitarbeiterabbau oder das Aufgeben vertrauter Identitäten und Zugehörigkeiten geht oder um »neues Wachstum« wie neue Geschäftsfelder oder Innovationen – die Intensität der Veränderung, qualitativ wie quantitativ, hat Auswirkungen sowohl auf die Veränderungsbereitschaft und -fähigkeit jedes Mitarbeiters als auch auf diejenigen, deren Aufgabe es ist, Entwicklungsimpulse, Lernanreize und -konzepte sowie Architekturen für diese Veränderungsprozesse zu entwickeln. Das sind in der Regel Manager in ihrer Führungsfunktion, Changeverantwortliche und der Human-Resources-Bereich und natürlich die Mitarbeiter selbst. Jede einschneidende Veränderung in Unternehmen erfordert für Mitarbeiter und Führungskräfte auch persönliche Neuorientierung – es bedeutet, den jeweils individuellen Kontrakt zwischen sich und dem Unternehmen zu erneuern, Neues zu lernen, Vertrautes zu entlernen. In diesem Artikel wird am Beispiel der Manager dargestellt, wie Veränderungen im Unternehmen und Training, Lernen im Unternehmen zusammenwirken.

Welche Aspekte werden heute zur Bestimmung des Erfolgs von Unternehmen herangezogen, und was für Anforderungen ergeben sich daraus für individuelles Lernen in Organisationen – Anforderungen in bezug auf Inhalte und Qualitat des Lernens, seine Steuerung und die Integration ins Unternehmen? Als erste Annäherung dienen zwei aufschlußreiche Kriterienkataloge aus der »Außenperspektive«: Ernst & Young untersuchte die zunehmend stärker gewichteten, nicht-finanziellen Kriterien, die Finanzanalysten ihren Investitionsempfehlungen heute zugrunde legen. Und die zweite Liste stellt jene Kriterien zusammen, anhand derer das *Fortune*-Magazin seine Reihung der »most admired companies« vornimmt.

Zunächst also: Was sagen die Forscher?

Hitliste der Entscheidungskriterien von Finanzanalysten für Investitionsempfehlungen

Rangfolge (35 % nicht finanzielle Informationen; nach Low u. Siesfield 1998):

1. Umsetzung der Unternehmensstrategie
2. Glaubwürdigkeit des Managements
3. Qualität der Unternehmensstrategie
4. Innovation
5. Fähigkeit, Mitarbeiter mit Potential zu gewinnen und zu halten
6. Marktanteil
7. Managementexpertise
8. Bezahlungssysteme abgestimmt auf Shareholderinteressen
9. Leadership in der Forschung
10. Qualität wesentlicher Geschäftsprozesse

Aus (potentieller) Mitarbeiterperspektive ergibt sich folgendes Bild:

**Das Fortune-Magazin eruiert jährlich die »most admired companies«
(employer 1st choice) nach folgenden Kriterien:**

- Innovationskraft
- Managementqualität
- Potential/Talent bei Human Resources
- Produkt- und Servicequalität
- Langfristiger Investitionswert
- Finanzielle Stabilität
- Soziale Verantwortlichkeit und
- Verwendungszweck des Firmenkapitals

Die beiden Untersuchungen belegen beispielhaft, wie wichtig für den Unternehmenserfolg aus der Sicht zentraler »Stakeholder« die Umsetzung der Unternehmensstrategie, die Qualität und Glaubwürdigkeit des Managements, Innovation und das Human Capital sind. All das aber sind Themen, bei denen *Lernen* eine zentrale Rolle spielt. Damit rücken zwei Fragen in den Mittelpunkt der Aufmerksamkeit:

1. *Wie können vor allem die Kompetenz und Qualität im Management gestärkt und erneuert werden* (Glaubwürdigkeit und Qualität im Management)? – sind die Führungskräfte doch die zentralen Multiplikatoren, Orientierungsfiguren und Impulsgeber für gelungene Veränderung.

In ganz besonderem Maße gilt das für Veränderungsvorhaben, bei denen es zugleich um Rationalisierung und Erneuerung geht, denn deren widersprüchliche Dynamik stellt Führungskräfte vor besondere Herausforderungen, was die inhaltlich-strategische und die emotionale Steuerung anbelangt (s. Tab. 1).

Eine erste Zwischenbilanz: Die Kompetenzen und Fähigkeiten von Managern in der Entwicklung und Umsetzung von Strategien und in der Gestaltung wirksamer Veränderung gewinnen außerordentlich an Bedeutung und werden Thema auf allen Managementebenen.

2. *Wie muß sich »Lernen« im Unternehmen weiterentwickeln,* um passende Antworten auf die Ansprüche schnellerer und radikalerer Veränderung im Unternehmen (Innovationskraft, Umsetzung der Strategie) geben zu können? – Damit stellt sich die Frage nach der Strategie von Konzepten individueller Qualifikation (welche Funktion und Ziele haben Lernprozesse?) ebenso neu wie die nach der Organisation von Lernprozessen: Wer ist in welcher Rolle und Verantwortung involviert; wie maßgeschneidert oder standardisiert sind die Lernprozesse; wie und wo verknüpfen sie sich mit anderen Unternehmensprozessen; und schließlich: wie werden sie gestaltet, um bedarfsorientiert und transfersichernd wirksam zu werden?

Zunächst folgen in Abschnitt 2 dieses Aufsatzes einige Thesen zum »Lernen aus systemischer Sicht«, ergänzt durch eine Untersuchung über Entwicklungstrends von Lernen in High-Tech-Unternehmen. Dann beschäftigt uns die Frage der Auswirkungen dieser Veränderungen im Lernverständnis auf die Arbeit im Human Resources Development.

	Harte Schnitte	**Neues Wachstum**
Ziele	Fokus auf kurzfristigen Finanz-kennzahlen, Effizienz und ökonomischem Kapital.	Fokus auf langfristigen Erfolgs-potentialen für die Zukunft – Investment und Wissenskapital.
Steuerung	Top down – straff, klar, direktiv, linear nach Programm (»planned Change«).	Involvement: Anreize für Bottom-up, für Selbststeuerung und Vernetzung setzen. Emergent change stärken.
Inhalte	Ressourcen/Kosten senken; Fokus auf Prozessen, Struktur, Systemen.	Involvement, innovative Kultur.
Human Resources	Eher als Kosten betrachten.	Eher als Kapital, Ressource, Entrepreneure.
Logik der Gefühle	Erfordern längeren Verarbeitungs-prozeß (Sorgen, Mißtrauen, Aggression, Enttäuschung, Abschied nehmen – allmählich neues Commitment).	Erfordert Konzentration, Gemeinsam-keit (Teams sind wichtig) und Freude, Herausforderung und Zuversicht.
Wirklich-keitskon-struktion	Gefühl von Verlust, Verlierer sein prägt die Wahrnehmung.	Aufbruch und Mix von Disziplin/ »Abenteuerstimmung« prägt die Wahrnehmung (Pioniere, Gewinner der Zukunft).
Architektur	Kernteam steuert Prozeß der harten Schnitte – intensives Involvement von HR und der Linienmanager in der Umsetzung.	Autonome Initiativen mit schnellen Experimenten unterstützen abseits der Linie und des Tagesgeschäfts (Schutz bis Reife).
Orientie-rung	Sog nach Vergangenheit und nach innen, Bedürfnis nach Stabilisierung und Erneuerung des Kontraktes Mitarbeiter – Unternehmen.	Sog nach Zukunft und nach außen; Bedürfnis danach, »Bestehendes zu ignorieren« zu überwinden.
Führungs-kräfte	Produzenten, Botschafter und Um-setzer der »schlechten Nachricht« – Situation erfordert Präsenz und Rollen als »Umsetzer«, Coach, Kommunikator und Krisen-/ Transitionexperte (Sicherheit, Orientierung).	Architekt, »Enabler« und Promotor für Innovation – Situation erfordert, loszulassen und Autonomie zu stär-ken, »Revolutionäre« zu ermutigen (Aufbruch, Neuland).

Tabelle 1: Harte Schnitte, neues Wachstum (vgl. Heitger u. Doujak 2002)

2. Exkurs: Lernen aus systemischer Sicht

2.1 Thesen

Wissensentwicklung und Lernen sind immer an Selbstentwicklung und an Interaktion im System gebunden. Das heißt keineswegs, daß PE-Bereiche überflüssig werden. Im Gegenteil – man benötigt mehr Kompetenz in seiner neuen Rolle als Businesspartner und Architekt wirksamer Lernprozesse: »Die Vorstellung von einem PE-Bereich, der alles Lernen steuert und treibt, hat sich gewandelt zum Konzept des selbstgesteuerten Lernens – in Kombination mit einer Reduktion von Personalentwicklern. Das hat in einigen Organisationen dazu geführt, daß keine Unterstützung für Management Development bereitgestellt, sondern gewartet wird, bis der individuelle Mitarbeiter Impulse gibt.« (Training Foundation 2002: eLearnity-Report)

Lernen braucht Anreize, Herausforderung bzw. Orientierung und Sinn.

Individuelles Lernen, Gruppenlernen und Lernen in größeren Systemen erfordern jeweils unterschiedliche Steuerungskonzepte.

Lernen findet immer statt – oft unsichtbar. Explizites Wissen und implizites Wissen erfordern unterschiedliche Settings, um wirksam zu werden. Manifestes, explizites Wissen (ich weiß, daß ich etwas weiß, bzw. ich weiß, daß ich etwas nicht weiß – als Grenzmarkierung für explizites Wissen) ist in Organisationen eher verfügbar als latentes, implizites Erfahrungswissen (ich weiß nicht, daß ich etwas weiß). Solches implizites Wissen (Nonaka 1997) ist aktions- und kontextgebundenes Wissen und ist oft nicht oder nur schwer in Worte zu fassen. Die verborgenen Schätze impliziten Wissens können oft erst durch Dritte oder Außenstehende, die »miterleben«, gehoben werden, indem diese ihre Beobachtungen im Dialog mit den Handelnden reflektieren – etwa das Verhandlungsgeschick eines Verkäufers oder das Konfliktmanagement eines Projektleiters. Nonaka (1997) entwirft folgende Typologie von Wissensentwicklung: Implizites Wissen wird durch Sozialisation (beobachten, miterleben, nachmachen, üben, direkte Kommunikation und persönliches Engagement) weitergegeben. Damit wird es wieder zu implizitem Wissen. Explizites Wissen wird durch Information – also auch ohne direkte »Face-to-face«-Kommunikation – schriftlich oder per EDV weitergegeben.

Besonders herausfordernd ist der Wandel von implizitem Wissen zu explizitem Wissen durch die Kombination von Erfahrung und Artikulation: Der

Lehrling beobachtet den Meister und beschreibt, was er sieht. Reflexion und Abstraktion ermöglichen dann das gemeinsame Entwickeln von Modellen, Konzepten etc. Diese Wissensentwicklung ist für Organisationen wohl die interessanteste und kreativste, weshalb dieses Gebiet in Unternehmen sehr viel mehr Aufmerksamkeit verdienen würde.

Explizites Wissen wird zu implizitem durch Verinnerlichung – kontinuierliche Erfahrung, Üben und stillschweigendes Einverständnis. Positiv gesehen, »gerinnt« Wissen zu eingespielten Routinen, deren Schattenseite jedoch die »Betriebsblindheit« ist.

Wir fassen den Zusammenhang von implizitem und explizitem Wissen in folgendem Modell zusammen:

Wissenstransfer und -entwicklung

Explizites Wissen ⇒	Information	⇒ Explizites Wissen
Implizites Wissen ⇒	Sozialisation	⇒ Implizites Wissen
Explizites Wissen ⇒	Verinnerlichung	⇒ Implizites Wissen
Implizites Wissen ⇒	Erfahrung und reflexive Kommunikation	⇒ Explizites Wissen

2.2 Lernebenen (vgl. auch Argyris u. Schön 1978)

Wir unterscheiden abweichungsorientiertes und selbstreflexives Lernen sowie Problemlösungs- und Entwicklungslernen:

■ *Abweichungsorientiertes Lernen* konzentriert sich darauf, jenes Knowhow zu erwerben, das notwendig ist, um eine vorgegebene Aufgabe zu erfüllen. Es geht darum, etwas mehr oder weniger gut zu können, z. B. besser Englisch zu sprechen, die Produktkenntnisse zu aktualisieren etc. (Single-Loop-Learning: Die strukturellen Rahmenbedingungen werden nicht in Frage gestellt.)

■ *Selbstreflexives, innovatives Lernen* hinterfragt auch die Annahmen, setzt sich also mit den betrieblichen Aufgaben, für die Wissen erworben werden soll, aktiv auseinander (Double-Loop-Learning: Welches Wissen brauche ich, und wofür eigentlich – Lernen im und am System); z. B. stehen in einem Kickoff-Workshop für ein Innovationsprojekt die kollektiv geteilten Annahmen über »rahmengebende Bilder« – etwa über Markt, Strategie, Organisation, Normen und Werte – selbst zur Diskussion.

Je mehr es darum geht, »anderes«, ganz Neues zu lernen, um so wichtiger ist es, »Irritationen« in Lernprozesse einzubauen, die den Blick für Innovation, neue innere »Landkarten« und Handlungsmöglichkeiten öffnen. In diesem Sinn gab es bei einem deutschen Handelsunternehmen, das Unternehmertum und Innovationsfähigkeit verankern wollte, beispielsweise den Auftrag an eine *High Potential*-Gruppe, ein Kunstwerk zu entwickeln und es im New Yorker Museum of Modern Art auszustellen.

■ *Problemlösungs- und Entwicklungslernen* hat auch die Qualität des Lernprozesses, den Lernkontext und die Lernfähigkeit selbst zum Gegenstand (Deutero-Learning: Metaebene – hier handelt es sich wohl um die am meisten zukunftsrelevante Gestaltungsdimension von Wissensmanagement: Wie organisieren Unternehmen Wissensentwicklung?). Wie sollen beispielsweise Rahmen, Spielregeln, Anreizsysteme – also die Architektur für Wissensentwicklung und Lernen – je nach Thema im Unternehmen gestaltet werden? Deutero-Learning findet statt, wenn die Organisation lernt, wie Single- und Double-Loop-Learning im System gelingen und beeinflußt werden können. In die Praxis umgesetzt, führt dies beispielsweise zu Steuerteams, die im Sinne eines »Work in Progress« Entwicklungsprogramme und Lernprozesse unternehmensspezifisch gestalten (Inhalte, Architektur und Design etc.) und diese im Prozeß selbst iterativ weiterentwickeln. Im systemischen Ansatz spielt die Integration dieser drei Lernebenen eine ganz zentrale Rolle, weil sie Nachhaltigkeit und Paßgenauigkeit sichert.

2.3 Zur Schnelligkeit und Qualität der Wissensentwicklung

Je mehr bereits vorhandene Wissenspotentiale (= Wertpotentiale) genutzt, neu kombiniert oder erweitert werden, um so schneller wird neues Wissen wirksam. Bestehende und bewußte Wissenspotentiale sind selbstverständlich schneller produktiv als solche, die gänzlich neu aufgebaut werden müssen. Darüber hinaus gilt: Je besser die Qualität der Beziehungen und der Kommunikation und je stärker das Commitment zur gemeinsamen Zukunft und das Verständnis der eigenen Identität, desto schneller die Wissensentwicklung.

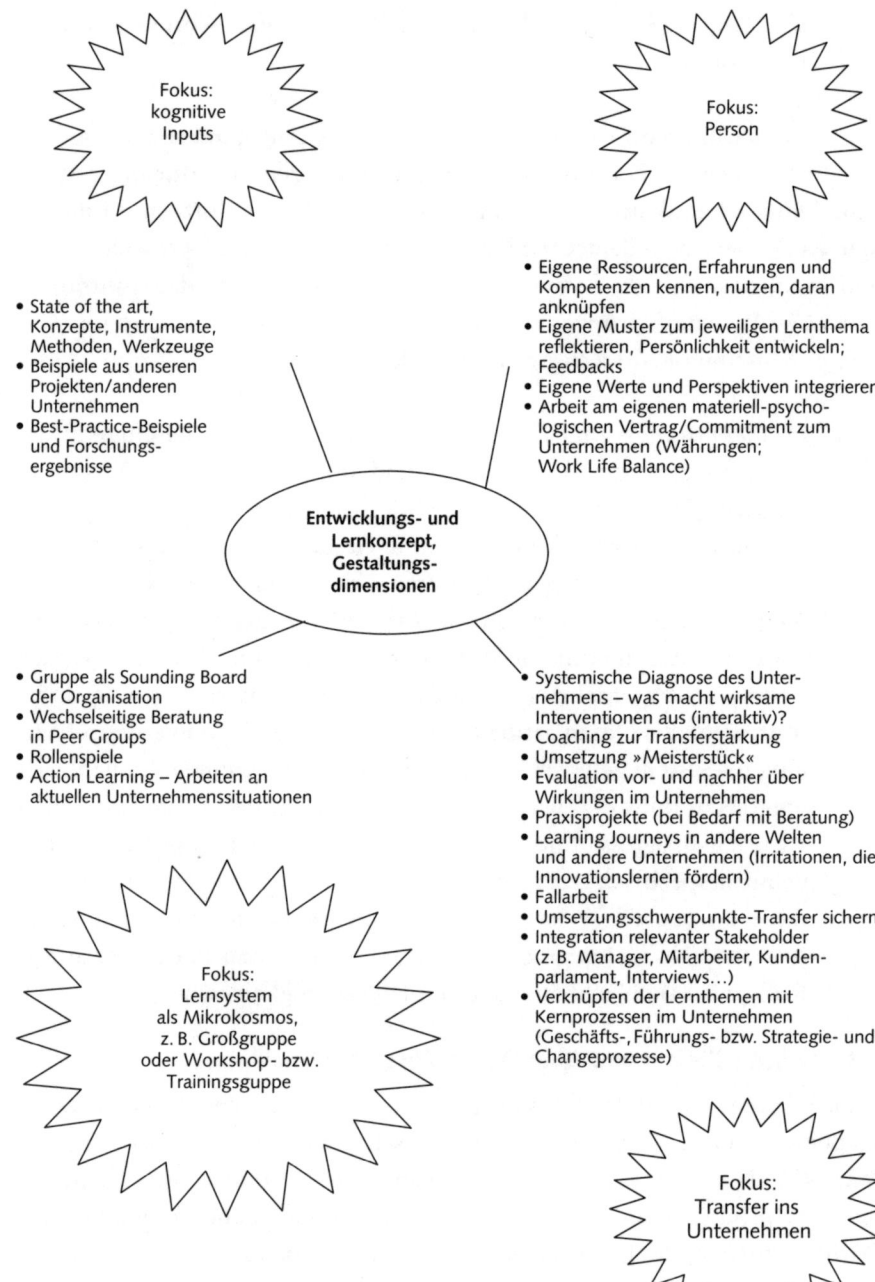

Abbildung 1: Entwicklungs- und Lernkonzept beispielhaft

Systemische Konzepte für individuelle Entwicklung erfordern daher sorgfältige Diagnosearbeit. Wenn wir diese Thesen ernst nehmen, sind sie für die Diagnose, Priorisierung von Qualifikationsbedarfen und die Gestaltung von individuellen Lern- und Entwicklungsprozessen äußerst folgenreich. Systemisch gestaltete Lernprozesse erfordern die maßgeschneiderte Integration der in Abbildung 1 (S. 296) dargestellten Perspektiven.

Diese Gestaltungselemente sorgen für die Verknüpfung von kognitivem Lernen, das die Person und die involvierten Systeme mit ihrer Dynamik bzw. ihrer Vergangenheit und Zukunft ernst nimmt, und sie sorgen für Multiplikation und Umsetzung durch kollektive und interaktive Lernprozesse (kognitives Lernen erster Ordnung und selbstreflexives, innovatives Lernen zweiter Ordnung). Damit das in der Intensität von Changeprozessen gelingt, brauchen Lernarchitekturen dieser Art eine Steuerung für sich selbst (Deutero-Learning) – meist Steuerteams, in denen Themen, Architekturen und die Gestaltung der Lernprozesse entlang den vier Dimensionen kontinuierlich mit Rückkoppelungsschleifen weiterentwickelt werden (»Maßschneiderei«). Das macht systemische Lernarchitekturen in ihrer Konzeption zwar sehr anspruchsvoll, aber dafür um so nachhaltiger wirksam.

3. Entwicklungstrends von Lernen in Hightech-Unternehmen

In »Lebenslanges Lernen in führenden Hightech-Unternehmen der USA« (Stille/CRIS International 2001) werden folgende *Trends und Entwicklungen* genannt, die Orientierung darüber geben, wie sich Lernen in der Unternehmenspraxis entwickelt; betriebliche Weiterbildung soll dabei »Teil der Kompetenzentwicklung des Unternehmens sein; sie ist strategisch in die Unternehmensziele und in die Organisationsentwicklung einzubinden« (ebd.).

■ *Weiterbildung im Arbeitsprozeß (in-process learning):* Es gibt einen Trend zur weitgehenden Einbindung der Weiterbildung in den Arbeitsprozeß. »Es geht nicht mehr um die Absolvierung von Kursen und die Anhäufung von Wissensballast, sondern um ›just-in-time‹-Lernen.« Um die Weiterbildung in den Arbeitsprozeß integrieren zu können, ist es wichtig, Wissen mit anderen zu teilen und es wiederzuverwenden.

- *Dezentrale Steuerung:* Es ist eine Verlagerung der Entscheidungen und der Verantwortung für Weiterbildung weg von den HR-Verantwortlichen hin zur Ebene der einzelnen Mitarbeiter und der ihrer direkten Führungskräfte zu beobachten. Die Auswahl externer Weiterbildungsanbieter wird häufig von den operativen Abteilungen selbst getroffen, bzw. sie sind in die Entscheidung eingebunden. Die Verantwortung für die Entwicklung der einzelnen Weiterbildungsprodukte erstreckt sich ebenso immer mehr auf die jeweils operativen Einheiten.

- *Leistungsbeurteilung am Arbeitsplatz und Evaluation:* Die Überprüfung des Lernerfolgs findet am Arbeitsplatz statt. Was zählt, ist die Leistungssteigerung.

- *Eigenverantwortlichkeit:* Die Verantwortung des einzelnen für Weiterbildungsanstrengungen nimmt zu. Strukturierte Leistungsbewertungen erweisen sich hier als wichtiger Treiber und Motivator für eine kontinuierliche Weiterbildung.

  »Die dezentrale betriebliche Ermittlung von Weiterbildungsbedarf einschließlich der Übernahme der daraus entstehenden Kosten in den einzelnen operativen Gruppen sowie die Überprüfung des Erfolgs der durchgeführten Weiterbildung am Arbeitsplatz sind ›best practices‹ einer positiven Anreizstruktur für die kontinuierliche betriebliche Weiterbildung.« Es wird verstärkt darauf geachtet, daß in Teams gelernt wird, zumal der Weiterbildungsbedarf oft projektspezifisch ist. Es werden häufig keine Vorschriften über die aufzuwendenden Lernzeiten gemacht. Es ist ein starker Trend zur Verlagerung der Lernorte in das Unternehmen selbst zu verzeichnen, d.h. auch Weiterbildung von seiten Dritter findet zunehmend in der Firma statt.

- *Verstärkung der prozeß-/unternehmensbezogenen Weiterbildung:* Es gibt eine Entwicklung hin zu prozeßorientierter Weiterbildung, insbesondere was Management-Fertigkeiten anbelangt.

- *Corporate Universities:* Die Bündelung aller (internen und externen) Angebote unter dem Dach der Unternehmensuniversitäten hat die Transparenz von Weiterbildungsangeboten erhöht.

- *Outsourcing:* »Die Expansion betrieblicher Weiterbildung hatte zur Voraussetzung, daß gleichzeitig eine ausdifferenzierte und kompetitive Anbieterstruktur entstanden ist, die sich immer mehr mit den nachfragenden Unternehmen vernetzt hat.«

Wo institutionelle Anbieter umfassende Qualifizierungsprogramme für spezielle Unternehmensbedarfe bereitstellen, erfolgt die inhaltliche Konzeption oft unter Beteiligung eines »industrial advisory board«. Dies gewährleistet, daß »best practices« betrieblicher Weiterbildungsmaßnahmen rasch umgesetzt werden.

■ *Online-Weiterbildung:* »Online-Weiterbildung wird hauptsächlich als Erweiterung und Ergänzung des Präsenzunterrichts genutzt und weniger als Ersatz« (Mischlösungen und Hybridformen sowie die Sicherung von Interaktivität in webbasierten Angeboten).

Dieser Einblick in die Praxis von Pionieren – Hightech-Unternehmen sind mehr als andere Unternehmen auf aktuelles und marktnahes Lernen angewiesen – zeigt, wie die Integration von individueller und Systementwicklung an Bedeutung gewinnt. Welche Folgerungen ergeben sich aus dem bisher Gesagten nun für die Arbeit des HRD (Human Resources Development)?

4. Die Helikoptersicht

Betrachtet man die großen Trends aus der Perspektive von Wirtschaft, Politik und Gesellschaft, dann läßt sich das in Abbildung 2 vermittelte Bild skizzieren (S. 300).

Der für das HRD relevante »rote Faden« dieser Trends ist:

■ Individualisierung und Polarisierung;
■ mehr Chancen und mehr Risiken – insgesamt mehr Freiheiten, weniger Fürsorge und Ordnung für alle Mitarbeitergruppen;
■ Flexibilisierung und Deregulierung.

Für HRD bedeutet das, daß man sich auf chaotischer werdende Märkte von Weiterbildung und Mitarbeiterentwicklung einzustellen hat. Daraus erwächst die Anforderung, sehr nah am Markt zu agieren, um schnell und flexibel »antwortfähig« und »innovationsfähig« zu sein. Damit sind auch neue Steuerungskonzepte gefragt – z. B. ermöglicht die stärkere Übernahme der Verantwortung von Führungskräften und Mitarbeitern für ihre eigene Weiterentwicklung dem HRD, verstärkt als Berater, Kompetenzcenter und Architekt

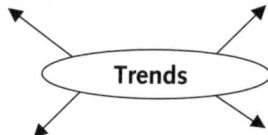

Wirtschaft und Technologie

- Globalisierung
- Arbeitsmarktfähigkeit (Employability) statt Arbeitsplatzsicherheit
- Virtualisierung der Unternehmen
- Mix »Bricks & Clicks«: Old und New Economy wachsen zusammen

Politik

- EU
- Deregulierung und Polarisierung
- Arbeitsmarkt – Sozial- und Bildungspolitik sind zentrale Faktoren
- Arbeitsrecht und Arbeitnehmervertretung im Umbruch
- Finanzierbarkeit des Wohlfahrtsstaats als Leitfrage

Trends

Gesellschaft

- Wertepluralismus
- Generation X in der Arbeitswelt
- Work-life-Balance
- Sinnsuche und Hedonismus statt formale Karriere als Fokus

Arbeitsmarkt und Demographie

- Neue Segmentierung der Mitarbeiter, High Skill Worker – Symbolic Analysts (Problemlöser), Teleworker (Technomaden, Infobroker) – Patchwork Jobber – persönliche Dienstleister
- Mehr Ältere, Migranten und Frauen
- Polarisierung
- Loyalität vs. Unternehmertum als Anforderung an Mitarbeiter

Abbildung 2: Trends im Unternehmensumfeld

für dezentrale, selbstgesteuerte Weiterbildung zu fungieren und damit pointierter auf neue Bedarfe zu reagieren.

Differenzierung ist angesagt – zu unterscheiden ist, wo Weiterbildner bei der Entwicklung ihrer Strategien und Konzepte von stabilen internen Märkten ausgehen können oder wo es sinnvoller ist, sich auf eher unberechenbare, weil ständig im Umbruch befindliche interne Märkte einzustellen. Je nachdem werden Inhalte, Methoden der Wissensentstehung und -vernetzung und die Organisation von Weiterbildung unterschiedlich aussehen.

Die nachfolgende Graphik (Abb. 3) gibt einen Überblick über die Positionierungsvarianten von HRD. Sie kombiniert Vielfalt und Beliebigkeit (= Unberechenbarkeit) möglicher Entwicklungen: Sind beide Variablen wenig ausgeprägt, ist die Komplexität gering; Lernen ist inhaltlich und prozessual

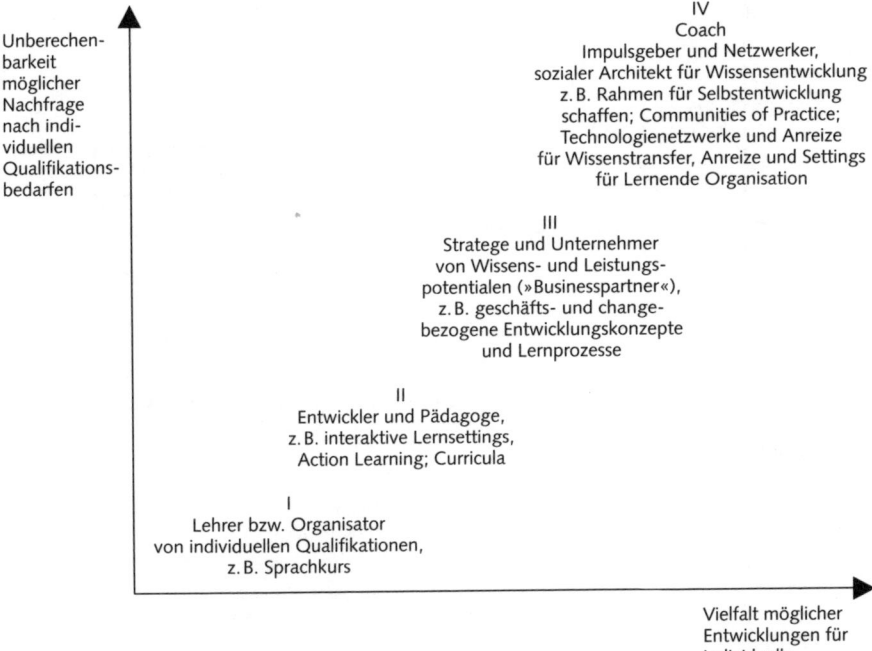

Abbildung 3: Positionierungsvarianten Human Resources Development

einfach zu gestalten. Mit wachsender Komplexität wird die Rolle und Aufgabe der HRD-Verantwortlichen anspruchsvoller und die inhaltliche und prozessuale Steuerung von Lernen herausfordernder.

Die nächste Graphik (Abb. 4) verdeutlicht die Rollenvielfalt der Entwicklungsverantwortlichen, Stäbe und Führungskräfte. Zeichnet man die Entwicklung nach und stellt fest, worin der Wertschöpfungsbeitrag von individuellen Qualifikationskonzepten liegt, so wird deutlich, daß die zunehmende Integration mit der Unternehmensentwicklung auch die Übernahme neuer, anspruchsvoller Rollen im HRD erforderlich macht.

Die Funktionen und Rollen der HRD-Verantwortlichen sind nicht austauschbar, jede vorige ist aber in der nachgeordneten mit enthalten. Die Matrix verdeutlicht für jede Entwicklungsphase, daß sich Lernen je nach Integrationsbedarf von individuellem Lernen und Systementwicklung anders mit der Organisation verknüpft und daß HRD dafür auch jeweils eine andere Ver-

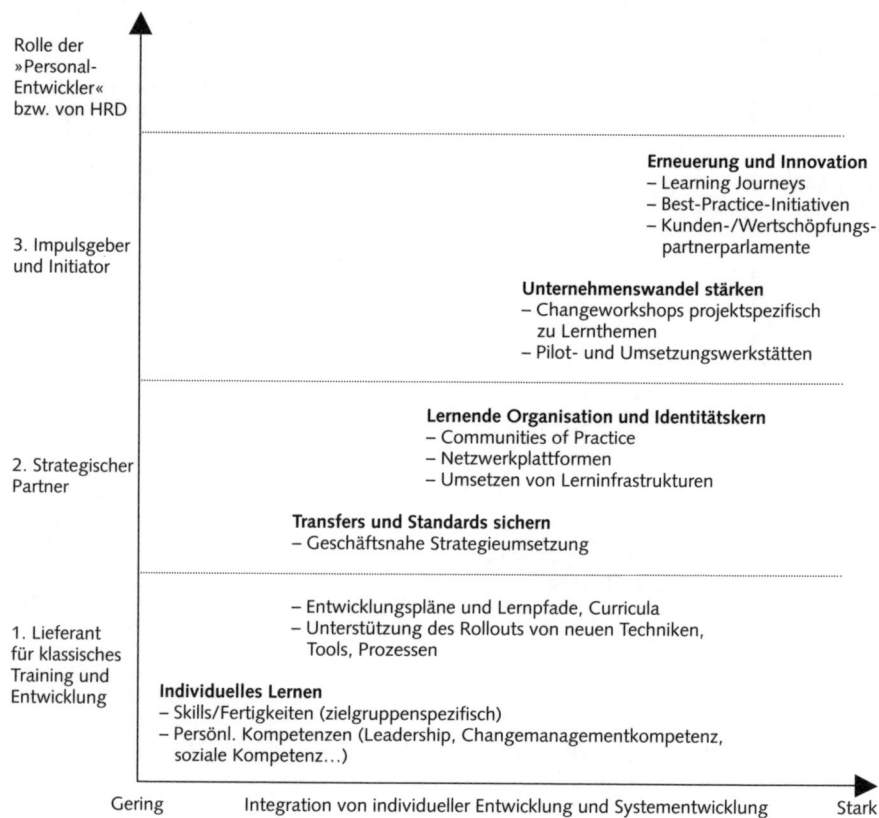

Rolle der
»Personal-
Entwickler«
bzw. von HRD

Erneuerung und Innovation
– Learning Journeys
– Best-Practice-Initiativen
– Kunden-/Wertschöpfungs-
  partnerparlamente

3. Impulsgeber
und Initiator

Unternehmenswandel stärken
– Changeworkshops projektspezifisch
  zu Lernthemen
– Pilot- und Umsetzungswerkstätten

Lernende Organisation und Identitätskern
– Communities of Practice
– Netzwerkplattformen
– Umsetzen von Lerninfrastrukturen

2. Strategischer
Partner

Transfers und Standards sichern
– Geschäftsnahe Strategieumsetzung

– Entwicklungspläne und Lernpfade, Curricula
– Unterstützung des Rollouts von neuen Techniken,
  Tools, Prozessen

1. Lieferant
für klassisches
Training und
Entwicklung

Individuelles Lernen
– Skills/Fertigkeiten (zielgruppenspezifisch)
– Persönl. Kompetenzen (Leadership, Changemanagementkompetenz,
  soziale Kompetenz…)

Gering   Integration von individueller Entwicklung und Systementwicklung   Stark

Abbildung 4: Entwicklungsphasen von Lernen in Unternehmen

antwortung und Rolle übernimmt. Damit korrespondierend nimmt bei wachsender Integration von Person und System in Lernprozessen die aktive Mitgestaltung von Führungskräften, Mitarbeitern oder jeweiligen Communities zu. Sie werden von Kunden/Konsumenten zu »Prosumenten« (Mitproduzent *und* Konsument), so wie es bei anspruchsvollen Dienstleistungen für das Gelingen notwendig ist.

5. Managemententwicklung – State of the Art

Zu Beginn unseres Beitrages stellten wir fest, wie sehr Managementkompetenz und -qualität entscheidend für den Erfolg sind. Nach den Ausführungen über das Lernen und die Organisation des Lernens folgen nun zum Abschluß die Ergebnisse eines Forschungs- und Best-Practice-Projekts von Neuwaldegg zum Thema »Managemententwicklung«.

Ausgangspunkt des Projekts waren die Fragen: Wie gehen große Unternehmen mit dem wachsenden Bedarf an hochkompetenten Managern um? Wie wirken sich Trends wie etwa Globalisierung, Virtualisierung, Dezentralisierung und radikale Ökonomisierung auf die Entwicklung von Führungskräften aus?

Die Aufgabe von Führungskräften besteht heute immer weniger darin, möglichst umfassende und genaue Daten über das Unternehmen und dessen Umfeld zu sammeln, als vielmehr darin, Unsicherheiten zu meistern und die Mitarbeiter zum Handeln zu bewegen. Welche Ideen und Ansatzpunkte gibt es vor diesem Hintergrund bei der Gestaltung von Management-Development-Programmen?

Management Development (kurz MD) wird in dreifachem Sinn verwendet:

- Management Development als *Prozeß der Karriereentwicklung*;
- Management Development als *Funktion und Aufgabe* im Unternehmen zur *Gestaltung und Steuerung* dieser Prozesse;
- Management Development als *Prozeß der Qualifizierung* (Weiterbildung, Training).

Die Managemententwicklung richtet sich in der Praxis oft an junge Führungskräfte und Potentialträger. Ältere Führungskräfte geraten oft aus dem Blickfeld – zu Unrecht: Einerseits wird damit ihr implizites Erfahrungswissen nicht zur Multiplikation (im Unternehmen) genutzt, andererseits fehlen für sie dann Korrektive und Lernräume, die auch ihnen Experimentieren und Weiterentwicklung ermöglichen. Neben der Zielgruppenorientierung spielen in MD-Konzepten die konsequente Themenorientierung und das »Andocken« an die aktuelle Unternehmenssituation mit ihren Lernbedarfen eine zentrale Rolle.

Im Rahmen dieses Abschnitts konzentrieren wir uns auf die letzte der drei genannten Definitionen, auf MD als Prozeß der Qualifizierung. Dabei beobachten wir Trends, die im folgenden näher beleuchtet werden. Sie sind Ergebnis des obengenannten Projekts einer qualitativen Best-Practice-Studie, die wir mit führenden internationalen und deutschen Unternehmen durchgeführt haben.

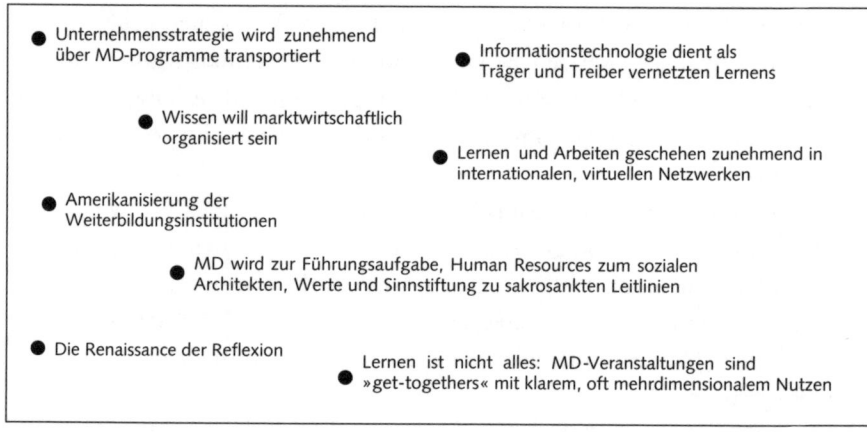

Abbildung 5: Die MD-Trends im Überblick

5.1 Verbreitung der Unternehmensstrategie über MD-Programme

Management-Development-Programme werden konsequent zur Verbreitung der Unternehmensstrategie genutzt; das Top-Management wird dabei oftmals intensiv miteinbezogen (Corporate Universities, Strategic Dialogues ...).

Die folgende Abbildung zeigt, daß es deutschen Managern vor allem am Blick für das große Ganze und am strategischen Denken mangelt. Mit ihrem Fachwissen hingegen liegen sie international an der Spitze. Sie sind mehr als international üblich bereit, sich auf Veränderungen einzustellen. Das verliert jedoch aufgrund der mangelnden strategischen Orientierung an Wert, weil die Gesamtausrichtung an der Unternehmensstrategie zu wenig im Fokus ist – von Führungskräften ebenso wie von HRD-Verantwortlichen.

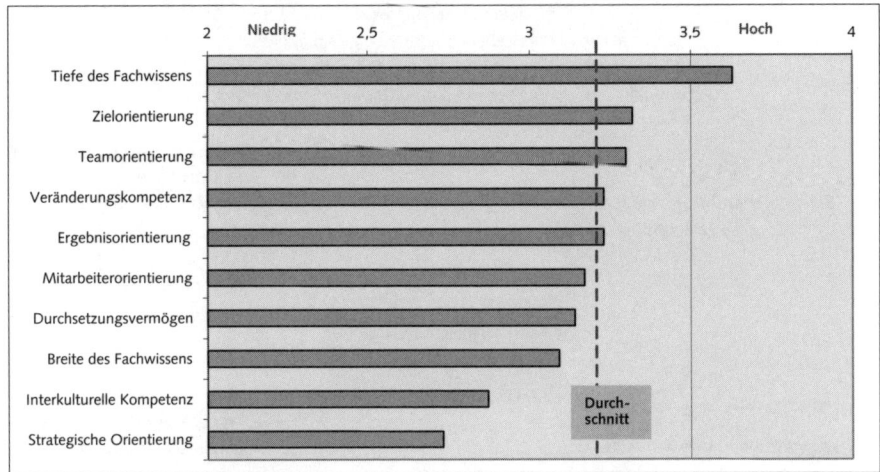

Abbildung 6: Ergebnis der Kompetenzanalyse von 3600 Topmanagern (Werte unter 3,0 gelten als verbesserungswürdig; Quelle: Egon Zehnder International, in: Wirtschaftswoche 35, 2003, S. 59)

5.2 Marktwirtschaftliche Organisation von Wissen

Human-Resources-Abteilungen verstehen sich zunehmend als Förderer eines effizienten Marktes zwischen Unternehmen und Mitarbeitern mit dem Ziel, daß beide Seiten füreinander attraktiv sind und bleiben. Dabei ist HRD darauf angewiesen, selbst ein angemessenes Selbstverständnis als Marktgestalter und Architekt zu entwickeln. Hauptaufgabe ist dabei die Schaffung von Transparenz und gleichen Marktbedingungen sowie die Definition von Währungen für Kompetenzen und von Anreizen für beide Seiten, wenn es um Lernen geht. In der folgenden Abbildung (S. 306) stellen wir die Bedingungen für einen funktionierenden Marktplatz für »Human Capital« dar.

5.3 IT als Träger und Treiber vernetzten Lernens

Das Intranet ist ein wichtiges Kernelemente interner Wissensvermittlung und Vernetzung. Dabei stehen zwei Funktionen im Vordergrund:

- die Supportfunktion zur Steuerung der internen Management-Development-Prozesse mittels Skill-Datenbanken und »Intranet Yellow Pages«;

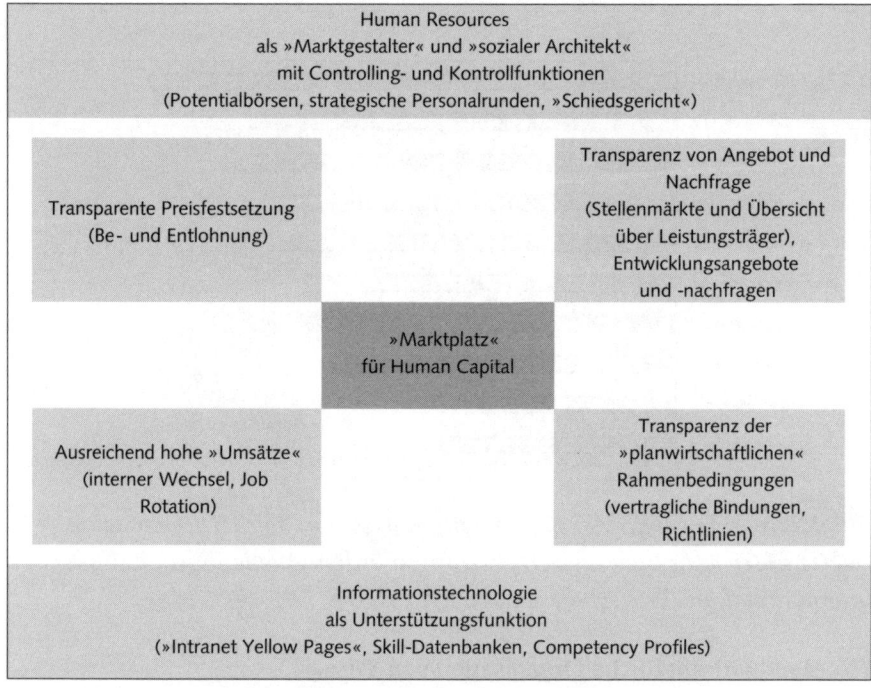

Abbildung 7: Human Resources als »Marktgestalter«

■ die Trägerfunktion für verteiltes, synchrones bzw. asynchrones, virtuelles Lernen.

Im Intranet werden Kompetenzprofile der Mitarbeiter, deren bisherige Bewertungen und Daten über Weiterbildungsveranstaltungen, die sie besucht haben, in Skill-Datenbanken zusammengefaßt. Meist hat jeder Mitarbeiter »Schreibzugriff« auf sein eigenes Profil, während die Manager »Lesezugriff« haben und so Profile abfragen und sich ein Bild über zu entwickelnde Kompetenzen machen bzw. Mitarbeiter für ihren Bereich rekrutieren können.

Informationstechnologie ist auch zum aktiven Träger des Lernens geworden. Das Aneignen von Lerninhalten, das Üben sowie Feedback werden damit von Trainern und Seminarraum unabhängig und sind rund um die Uhr möglich. Die Entwicklung der e-Learning-Module ist mit hohen Investitionskosten verbunden (Story, graphische Oberflächen, Symbolismen etc.). Dem steht jedoch große Vorteile gegenüber, z. B.: Einheitlichkeit, Einsetzbarkeit weitgehend unabhängig von Zeit und Raum, Vermeidung von Reisekosten und anderen durch Absenz hervorgerufenen Opportunitätskosten sowie die mögliche Verknüpfung unterschiedlicher Lernformen. Der wesentliche Nachteil: e-Learning wird allzuoft zu »e-Scaping«. Berührungsängste und vor allem der fehlende soziale Kontakt während der Trainingssitzungen sind hohe Barrieren. Viele Anwender brechen daher Trainings vorzeitig ab (Croft-Baker 2001).

Wissensentwicklung und Lernen sind immer an Selbstentwicklung und an Interaktion gebunden. Um so wichtiger ist daher die »touch and feel«-Interaktion beim Lernen im virtuellen Raum: Konstanter Kontakt mit Coaches und Tutoren, deren kontinuierliches Feedback sowie interaktives Team-Lernen »face to face« werden zu wichtigen Erfolgsfaktoren für das Gelingen von e-Learning-Initiativen. »Gemischte Lernlösungen, welche die gute Zugänglichkeit und die Flexibilität eines Zugriffs online mit einer direkten Interaktion mit Kollegen und Experten von Angesicht zu Angesicht verbinden, werden wohl zum vorherrschenden Modell werden.« (Training Foundation 2002: eLearnity-Report).

5.4 Lernen und Arbeiten im internationalen, virtuellen Netzwerk

Reale Projekte und Cases werden international aufgesetzt und nur punktuell in Präsenzveranstaltungen abgewickelt und reflektiert. Management-Development-Programme werden vielfach zum »Spüren« und Erleben der Multinationalität und -kulturalität des Unternehmens genutzt. Grundsatz bei der Entwicklung der MD-Programme ist: Lernen *im* Geschäft, nicht neben dem Geschäft.

Es ist ein sinnvoller Bestandteil von MD-Programmen, sogenannte *Business Impact Projects* zu initiieren. Diese Projekte werden von den Teilnehmern selbst definiert (bzw. vom Top-Management vorgeschlagen), in kleinen Teams bearbeitet und implementiert. Wesentliche Voraussetzung für Auswahl und Erfolg dieser Projekte ist ein »Business Impact«, d.h. diese Projekte sollen *während der Laufzeit* des Programms meßbare, wertschöpfende Ergebnisse bringen. Das Lernen kommt dabei nicht zu kurz: Mit Hilfe von Trainern wird laufend über das eigene Handeln nachgedacht und das damit Gelernte reflektiert. – Ein Marketplace im Intranet sorgt für Publizität und Marketing, die intendierte Geschäftsrelevanz sorgt quasi für eine Selbstfinanzierung der Programme.

5.5 »Proud to be American« –
Amerikanisierung der Weiterbildungsinstitutionen

Des weiteren läßt sich eine hohe Internationalisierung (bzw. Amerikanisierung) der akademischen Trägerorganisationen beobachten: Kooperiert wird überwiegend mit US-Eliteuniversitäten (z. B. Harvard, Wharton, Duke) bzw. europäischen Business Schools amerikanischen Zuschnitts (INSEAD, IMD Lausanne).

Corporate Universities werden an amerikanischen Vorbildern ausgerichtet. Ob sich amerikanische Business Schools nach der Abschwächung des MBA-Booms eine neue Ertragsquelle erschließen, ob Case Studies als Lernmethode wieder an Popularität gewinnen und ob internationales Management und Leadership-Know-how durch diese Institutionen am besten vermittelt werden können, bleibt offen. Tatsache ist, daß die Reputation der Business Schools in Europa dazu dient, der internen Management-Ausbildung zu Popularität zu verhelfen, um so Top-Führungskräfte zur Teilnahme zu motivieren. In den meisten Fällen sind die Programme der Corporate University nicht Voraussetzung für einen weiteren Karriereschritt. Teilnehmer kehren nach Abschluß des Programms in ihre bisherige Funktion zurück. Dennoch ist aufgrund der Nominierung durch Geschäftsleitungsebenen, bzw. aufgrund des Rufes dieser Business Schools, ein baldiger Karriereschritt zu erwarten.

5.6 MD als Führungsaufgabe, HR als sozialer Architekt,
Werte und Sinnstiftung als sakrosankte Leitlinien

In diesem Gesamtszenario des Wandels stellt sich auch das Anforderungsprofil für Managerinnen und Manager neu dar – gefragt sind Manager, die führen können und die ihre Mitarbeiter dabei fördern, gute Manager zu werden. Wer dies nicht kann, bleibt oft nicht mehr lange im Unternehmen. »Einige Unternehmen schätzen hochkompetente Mitarbeiter, die aber nicht die richtige Einstellung haben oder aus anderen nicht das beste herausholen können, als echtes Risiko für die Gesamtorganisation ein.« (Institute for Strategic Leadership 2003, S. 1 f.)

Wertesysteme als gemeinsame Paradigmen und Verhaltenskodizes gewinnen in der steigenden Markt- und Unternehmensdynamik immer mehr an Bedeutung und werden maßgeblich zur Leistungsbeurteilung herangezogen: »Jene Unternehmen mit einer starken Kultur – einem Set von Kernwerten, die sakrosankt und nicht verhandelbar sind – werden die sein, die global in Führung gehen.« (Levine 2000)

5.7 Die Renaissance der Reflexion

Vorbei sind die »schnellen Jahre« der New Economy; dem allgemeinen Aufbruch in neuen Sinn und nachhaltige Wirksamkeit folgen auch Manager; das Nachdenken über das eigene Handeln und dessen Wirken wird als hilfreich erlebt.

5.8 MD-Veranstaltungen als »get-togethers«

Immer mehr setzen sich neben dem Lernen im engeren Sinne auch andere Zielsetzungen durch, die offen und klar kommuniziert werden: Networking, »belohnt« werden, mit anderen in Berührung kommen (»touch & feel«), Auszeit nehmen, reflektieren, sich erholen können, Theorie in Praxis umsetzen und die eigene Wirkung steigern. »Lernen kann für Manager formell oder informell geschehen, aber informelles Lernen wird oft nicht bemerkt oder gefördert« (Training Foundation 2002: eLearnity-Report).

5.9 Bilanz aus der Best-Practice-Studie

Zentraler Erfolgsfaktor ist weder die Originalität der einzelnen Maßnahmen und Instrumente noch der technologische Vorsprung; wesentlich ist die *durchgängige, stimmige und konsequente Implementierung der einzelnen Instrumente in einer radikal-marktwirtschaftlichen Perspektive*, gemäß derer sich Person und Organisation als Tauschpartner gegenüberstehen.

Schlüsselkriterium sind *Selbstorganisation* und *Eigenverantwortung* für die eigene Entwicklung; die individuelle Antriebsenergie ist ausschlaggebend für Weiterentwicklung. Programme, die Manager »an der Hand führen«, verschwinden immer mehr.

6. Was war vorher verwickelt?
Die (psycho-) logischen Ebenen (nach Dilts)

Management Development im engeren Sinne – das Training – beschäftigt sich mit Lernen und Entwickeln auf mehreren Ebenen. Skills sind (wieder) wichtig; die Arbeit an den Fähigkeiten, Haltungen und »Glaubenssätzen«

(Psycho-) Logische Ebene nach Dilts	Organisations- bzw. Management-»Issue«	Leitfragen bzw. Implikationen für Management Development bzw. Trainings
Sinngebung **Spirituelle Aspekte** *Wofür/für was* tue ich es? Beziehen sich auf die Tatsache, daß wir Teile eines größeren Systems sind, das über uns als einzelne hinausreicht	**Mission** **Vision** **Unternehmenszweck** Konkreter Sinn Eigener Beitrag	**Wofür bin ich da?** Was kann mein Beitrag sein? Welchen Unterschied mache ich?
Identität *Wer* tut es? Identität determiniert den allgemeinen Zweck und formt Glaubenssätze und Werte mittels unseres Selbstempfindens	**Corporate** **Identity** Rollen, Leitbilder, Idole, Zugehörigkeiten, Loyalitäten	**Wer bin ich?**
»Glaubenssätze« *Warum* tue ich es? Liefern die Bestärkung (Motivation und Legitimation), die eine Fähigkeit unterstützt oder untergräbt	**Leitsätze** **Spielregeln** Werte, Glaubenssätze, Überzeugungen	**Was ist mir wichtig?**
Fähigkeiten *Wie* tue ich es? Lenken Verhaltensweisen und geben ihnen durch eine mentale Landkarte, durch einen Plan bzw. eine Strategie eine Richtung	**Strategien** **(Kern-)** **Kompetenzen** Fertigkeiten (Lern-) Strategien	**Welche Kompetenzen** **habe ich?** Wie entwickle ich mich?
Verhalten *Was* tue ich? Spezifische Aktionen und Reaktionen, die der/die Betreffende in der Umgebung produziert	**Produkte** **Leistungen** Handlungen Aussagen	**Was sind unsere Leistungen?** Was tue ich? Was wirkt?
Kontext *Wo, wann*, mit *wem* tue ich, was ich tue? Äußere Möglichkeiten oder Einschränkungen, auf die ein Mensch reagieren muß	**Kunden** **Märkte** Stakeholder, z. B. Mitarbeiter	**Wer sind unsere (internen** **und externen) Kunden?** Wie gestalte ich mein Umfeld? In welchem Kontext bewege ich mich?

(Überzeugungen) und die Reflexion und Bewußtmachung der eigenen Rollen, Identitäten und des eigenen »großen Lebensentwurfs«, all dies führt zur Entwicklung von Menschen, weit über ihre Rolle als Manager hinaus.

Eine mögliche Strukturierung der unterschiedlichen Ebenen zeigt Dilts mit seinem Modell der (psycho-) logischen Ebenen. Diesem Modell folgend, sind Management-Development-Programme um so effektiver, je stringenter und »stimmiger« sich diese Ebenen aufeinander beziehen und miteinander im Einklang stehen – und zwar aus der Perspektive der Involvierten (s. S. 310).

7. Ausblick auf die Beiträge im Buch

■ *Frank Boos, Alexander Doujak: Pausen sind mehr als Zwischenräume*
Frank Boos und Alexander Doujak beschreiben in ihrem Beitrag die Funktion und Nützlichkeit von Pausen aus einer etwas »anderen« Sicht.

■ *Thomas Cerny, Philipp Rafelsberger: Nebeneffekte von Trainings*
Im allgemeinen Verständnis sollen Trainings die Qualifikation und Befähigung von Individuen erweitern und vertiefen. Abseits dieser Intention gibt es aber noch zahlreiche »Nebeneffekte« von Trainings, die nur teilweise beabsichtigt sind; das heißt, daß Trainings immer mehr und anderes bewirkt als ursprünglich beabsichtigt. In ihrem Beitrag gehen die Autoren auf häufige Nebenwirkungen ein, nehmen zu kritischen Aspekten Stellung und beleuchten deren konstruktives Potential.

■ *Frank Boos, Cornelia Hummer: Es ist nie zu spät für ein glückliches Berufsleben. Arbeit mit älteren Führungskräften*
Im ersten Teil dieses Beitrags analysieren die Autoren die Schwierigkeiten, die Organisationen mit dem Thema Alter und älteren Mitarbeitern haben. Ausgehend von der Hypothese, daß Organisationen dieses Thema immer weniger auslagern können (z. B. durch Altersteilzeit) und sich zunehmend mit den damit verbundenen Ängsten und Abwertungen beschäftigen müssen, beschreiben sie neue Wege. Im zweiten Teil des Artikels stellt Frank Boos in einem Interview das Führungskräfteprogramm »Innovation durch Erfahrung« bei den Firmen Quelle und Neckermann vor. In diesem ungewöhnlichen Programm erhalten ältere Führungskräfte die Möglichkeit,

innovativ zu werden und indirekt an der Veränderung der Wahrnehmung von Alter im Unternehmen mitzuwirken sowie daran, die Ressourcen und Potentiale von Alter und Erfahrung auszuschöpfen.

Pausen sind mehr als Zwischenräume

Frank Boos, Alexander Doujak

1. Ouvertüre: eine (musikalische) Einleitung

> »Es gibt keine Stille mehr« (John Cage, Komponist)
>
> »Verweile, versenke dich in die Sekunde, halte sie fest und lebe wie in einer Ewigkeit in ihr« (Arvo Pärt, Komponist).

Die Auseinandersetzung mit dem Gestaltungselement »Pause« hat in der Musik eine lange Tradition. So setzte z.B. Mozart im »Don Giovanni« erstmals längere Pausen ein und stieß damit bei den Musikern auf Widerstand. Auch Franz Schubert hat sich mit der »Spannungspause« eingehend auseinandergesetzt. Bahnbrechend in der musikalischen Auseinandersetzung mit Pausen war Anton Webern, bei dem die Pause »nicht mehr die Abwesenheit von Musik [war], sondern ein gleichberechtigtes Element von Musik wurde« (vgl. Spahlinger u. Eggebrecht 1999).

In der modernen Musik spielt die Pause eine wichtige Rolle. Musik wird verstanden als ein ständiges Kontinuum, in dem immer wieder der Hintergrund hervortritt und mit dem Vordergrund verflochten ist. Die Pause verbindet und trennt zugleich, sie stellt die einzelnen Elemente in einen Raum und läßt für Momente seine Unendlichkeit oder Gebrochenheit ahnen. Die Pause zwingt das Ohr, schockiert es und macht es trotzdem frei. Die Pause ist ein Phänomen, durch das Zeit und Raum gleichsam verschmelzen, wie in klingender Musik. Und doch ist sie etwas ganz anderes als diese, denn sie schafft einen Leerraum, der jeden Zuhörer auf sich selbst zurückwirft, jeden mit sich allein läßt (vgl. Wallmann 1993).

2. Pausen in Management, Beratung und Training

In den Pausen, in dieser scheinbaren Absenz von Aktivitäten, passiert viel, besonders unter dem Gesichtspunkt des Lernens. Ein Beispiel: Um den Vorsitzenden bzw. dessen Vortrag über die neue Strategie richtig interpretieren zu können, suchen die Teilnehmer Kollegen, deren Urteil sie schätzen und denen sie vertrauen. In der Pause werden jene Fragen gestellt, die in der Öffentlichkeit keinen Platz haben. Hier kann der Prozeß der Assimilation erfolgen, das Lernen von Kollegen sozusagen nebenbei.

Als Manager, Berater oder Trainer ist man versucht zu glauben, das Wesentliche passiere nur in unserer Anwesenheit. Nur wenn wir etwas vortragen, interpretieren oder intervenieren, verändere sich etwas. Keine Veränderung ohne unsere Anwesenheit!

Diese Annahme wird auch noch dadurch gefördert, daß wir in der Regel für unsere Anwesenheit bezahlt werden. Systemisch geschult, wissen wir jedoch: Die Veränderung macht das System (der Kunde, die Mitarbeiter, das Unternehmen) selbst. Das heißt: In vielen Fällen hilft es nicht, wenn wir dabei sind. Ein Beispiel aus der Beratung eines Familienunternehmens: Erst als die Berater die Unternehmerfamilie im Seminarraum allein ließen, konnte diese sich entscheiden und die Verantwortung für die nächsten Schritte sinnvoll verteilen. – In der Regel vollzieht sich Veränderung wohl in unserer Abwesenheit, und es geht darum, unsere An- und Abwesenheit sinnvoll zu »takten« und die Pausen auf beiden Seiten nicht als Nichtstun zu deuten.

Auch bei Kongressen, Seminaren und Trainings gibt es Pausen, für die oft Entschuldigungen gesucht werden. Manchmal sind sie dort notwendige Übel: Puffer für zu lang geratene Referate, Phasen, in denen scheinbar nichts geboten wird – und folglich von Gewissensbissen begleitet. Dabei sind diese Pausen nicht nur notwendig, sondern sinnvoll. Offiziell angekündigte Pausen – z. B. in Seminarprogrammen – dienen der Orientierung. Teilnehmer können sich in ihren körperlichen und sozialen Bedürfnissen darauf einstellen. Unerwartete Pausen – z. B. ein kurzes Innehalten des Redners während einer Ansprache oder das Schweigen in einer Gruppe – können die Bedeutung des Inhalts unterstreichen und eine emotionale Vertiefung bewirken.

3. Die (soziale) Funktion von Pausen

Pausen sind physisch wichtig. Tagsüber möchte sich unser Organismus in Abständen von 90 bis 120 Minuten ungefähr 20 Minuten lang erholen. (Der Bereich natürlicher körperlicher und seelischer Rhythmen ist gut erforscht. Man spricht von »ultradianen Rhythmen«, die sich mehrmals täglich wiederholen und die u. a. auch unsere Leistungsfähigkeit beeinflussen; vgl. Rossi u. Simmons 1997.) Wenn wir uns diese Pausen nicht gönnen, kommt es zum ultradianen Streßsyndrom, das in der Alltagssprache als »normaler Leistungsstreß« bezeichnet wird. – Diese Rhythmen und die dazugehörigen Pausen spielen auch in der Sexualität eine große Rolle. Und in der Lernforschung werden als dysfunktionale Effekte von übermäßig lang andauernder Aktivität – also dem Fehlen von Pausen – retro- und proaktive Hemmungen beschrieben. (Retroaktive Hemmung: Die zwischen Lernen und Reproduktion eingeschobenen neuen Lernprozesse erschweren die Reproduktion des ersten Stoffs. Proaktive Hemmung: Bereits gelernter Stoff reduziert die Reproduktion eines später gelernten Stoffs; vgl. Görlich et al. 2004.)

Im Rahmen einer Vergleichsstudie des *Center for Research on Innovation and Society (CRIS)* verglichen deutsche Wissenschaftler amerikanische und deutsche Universitäten miteinander. Dabei schnitten amerikanische Universitäten in puncto Innovationskraft deutlich besser ab. Ein Hauptgrund dafür sind viele »Pausen«, wie z. B. die »Brownbag-Lunches« (nach der braunen Tüte, in der die Wissenschaftler ihre Sandwiches mitbringen, benannt), die als informelle Gelegenheiten zu Gedanken- und Informationsaustausch – fernab von offiziellen Gremien – Raum für Innovation bieten (vgl. Spiewak 2001).

In einem Studienprojekt über die Arbeit internationaler Organisationen (vgl. Lühr 2002) wird deutlich, daß Pausen vielfältig genutzt werden. »In der Kaffeepause gehen die Diskussionen weiter. Der aus Europa stammende Vertreter des Kongo unterhält sich mit einem Kollegen über die Situation im Lande, in der Cafeteria vergleichen Delegierte aus den USA und Asien ihre Heimatuniversitäten, am Stehtisch verhandeln Richter und Anwälte den Fall des von angolanischen Regierungstruppen erschossenen Rebellenführers Jonas Sawimbi weiter.«

Pausen können als »rooms out of control« gesehen werden, die sich der jeweiligen Strukturhoheit entziehen. Sie gehören dazu, ohne dazuzugehören, sie sind etwas anderes im Rahmen des Gleichen. Die Musterunterbrechung birgt eine große Chance für Innovation, mit erfrischter körperlicher wie sozialer Energie geht es weiter. Im Informellen der Pause entsteht Vertrauen leichter; was in der »Öffentlichkeit« nicht gesagt wird, kann im »Privaten« der Pause gesagt werden.

Pausen dienen zur Entspannung, zum Nachklingen-, zum Ausklingenlassen – Atempausen, vergleichbar mit der Stille innerhalb der Musik. Ohne Pause gibt es keine Dynamik. Pausen sind also nicht nur ein Zwischenraum, sondern selbst ein Ereignis, das zur Strukturbildung notwendig ist. Pausen sind Aktivitäten, an denen alle teilnehmen. Zudem respektieren Pausen die Autonomie und überlassen die Verantwortung für die Gestaltung der Zeit und der Kommunikation dem einzelnen.

4. Die Gestaltung von Pausen

Die Gestaltung von Pausen ist ein Paradox, da sie ja eigentlich der gestaltungsfreie Raum sind. Doch so wie man nicht *nicht kommunizieren* kann, kann man auch Pausen nicht *nicht gestalten*. Die Nichtgestaltung von Pausen ist eine Entscheidung – ebenso wie deren bewußte Gestaltung.

Welches sind also Schritte zur Gestaltung von Pausen? Wir möchten dies in einem *Dreischritt* beschreiben:

- ■ Ein erster Schritt ist die *bewußte Wahrnehmung von Pausen*. Prozeßgestalter sind oft versucht, nur die selbstgestalteten Sequenzen – wie z. B. Workshop-Einheiten – als wichtig und wirkungsvoll anzusehen. Wirken durch Nichtstun, durch Unterbrechen, durch Einführen von offen strukturierten, selbstorganisierten Situationen – also »rooms out

---

Analysefragen für Manager, Berater, Trainer

Wie sehe ich intuitiv die Funktion von Pausen?

Welche Effekte von Pausen habe ich bisher in meinem Kontext beobachtet?

Welche Pausen habe ich bisher nicht bewußt wahrgenommen?

Welchen Pausenrhythmus habe ich bisher gestaltet?

Welche Pausenlängen habe ich bisher für adäquat gehalten?

---

of control« – stehen selten auf der Agenda der Change-Berater und Prozeßverantwortlichen.

■ *Pausengestaltung erster Ordnung (die Interventions-Pause)*: Die Pause wird bewußt gesteuert, wie z.B. durch körperliche Entspannungsübungen in einem Seminar. Auch Outdoor-Übungen können in diesem Zusammenhang als Pausen vom Management oder vom Beratungsalltag gesehen werden. Als Manager, Berater oder Trainer kann man oft den Kontext der Pause gestalten, nicht aber die eigentlichen Aktivitäten. Gestaltungsfragen könnten demnach sein: Welches ist der geeignete Raum/Ort für die Pause? (Bleiben die Teilnehmer im Raum, oder geht man ins Freie? Gibt es einen Abend an der Bar, der viele Möglichkeiten zu informellen Gesprächen bietet, andererseits eine »plenare« Situation erschwert? Usw. usf.)

Gestaltungsfragen erster Ordnung für Manager, Berater, Trainer

Welche Wirkung sollten die Pause haben?

Wie lange sollte sie dauern?

Welcher Ort ist adäquat?

Könnte eine Leitfrage für die Pause dienlich sein?

■ *Pausengestaltung zweiter Ordnung (die Pausen-Intervention)*: Nicht die Pause selbst wird gestaltet, sondern der Rhythmus des Pausierens und Nichtpausierens. Eine Faustregel: Alle 90 bis 120 Minuten Pausen einlegen!

Gestaltungsfragen zweiter Ordnung für Manager, Berater, Trainer

Im Rahmen des Gesamtdesigns: Welcher Rhythmus ist adäquat?

Welche Unterschiede/Gemeinsamkeiten sollten die Pausen haben?

Ist die Pausenstruktur allen Teilnehmern kommuniziert?

»Und jetzt kommt etwas, bei dem alle mitmachen können: die Pause« – so die Ansage eines Zirkusdirektors im Zirkus. ... *und jetzt können Sie sich eine Lesepause gönnen – oder auch nicht.*

Nebeneffekte von Trainings

Thomas Cerny, Philipp Rafelsberger

1. Einleitung

Trainings sollen sich auf die Befähigung von Individuen auswirken (siehe den einführenden Aufsatz zu Training von Barbara Heitger und Christian Baudisch). Abseits dieses Haupteffekts lassen sich jedoch viele Nebeneffekte beobachten, die teilweise beabsichtigt sind, teilweise unbewußt nebenherlaufen. Unsere Kernhypothese lautet: Es gibt diese Nebeneffekte, und sie sind mächtig. Es ist Teil eines professionellen Vorgehens, sie bereits bei der Auftragsklärung zu berücksichtigen, zu erfragen und im Projektverlauf kontinuierlich mit zu diagnostizieren.

In diesem Artikel wollen wir auf häufige Nebenwirkungen eingehen, zu kritischen Aspekten Stellung beziehen und konstruktives Potential beleuchten. Unser Anliegen ist eine Erhöhung des Grades an Bewußtheit und damit an Achtsamkeit im Umgang mit diesen Faktoren.

Nebeneffekte durch Trainings können sein:

- Es werden die Relationen der Teile eines Systems verändert.
- Das Training wirkt sich direkt auf die Entwicklung der Organisation aus.
- Es werden Anstöße für ein anderes Anliegen gegeben.
- Es wird ein persönliches Assessment durchgeführt.
- Die sozialen Spielregeln der Organisationskultur werden verändert, bzw. es werden Personen oder Gruppen hervorgehoben oder anerkannt.
- Der soziale Unterschied zwischen Gruppen wird bewahrt.

Man kann Nebeneffekte ganz grundsätzlich danach unterscheiden, ob sie bewußt geplant und installiert oder ob sie in einer Trainingssituation oder Nachbesprechung nachträglich erkannt wurden.

Aus Auftraggebersicht läßt sich bewußt ein ganz bestimmtes, vielleicht verdecktes Zusatzziel verfolgen. Im Hinblick auf eine Weiterbildung können z. B. durch die Gestaltung bestimmter Trainings Impulse zur Unternehmensentwicklung gesetzt werden. Das führt sehr oft – durchaus im Sinne des Klienten – zur späteren Durchführung von Maßnahmen, die zu Anfang noch nicht als sinnvoll erkennbar waren.

Manchmal erkennt der Trainer einen zusätzlichen Nutzen in einem vordergründigen Fachseminar: z. B. das latente Anliegen des Systems nach Vernetzung der Bereiche. Somit bekommt ein Training gleichzeitig Integrationscharakter.

Die bei Seminaren nebenbei vereinbarte kollektive gegenseitige Anrede mit »du« hat teilweise kulturprägende Funktion. Und sollte einmal ein hoher Vorgesetzter beim Seminar dabei sein, der eigentlich nur einen Infoblock gestalten wollte, plötzlich jedoch Rückmeldungen der Teilnehmer zu seiner Person, zur Situation in einem Projekt bzw. sogar zur Situation in der Firma bekommt, dann wird das Training zur ungeplanten Unternehmensentwicklung, die sich aus einer solchen offenen Kommunikationssituation ergibt.

Im folgenden gehen wir näher auf die oben nur kurz skizzierten Nebeneffekte ein und führen dann einige grundlegende Gedanken und allgemeine Betrachtungen in Verbindung mit konkreten Handlungsempfehlungen bzw. weiterführenden Fragestellungen an.

2. Arten von Nebeneffekten

2.1 Relationen verändern

Sehr oft werden in Trainings Nebeneffekte sichtbar, die die Beziehungen der Teilnehmer zueinander verändern.

2.1.1 Networking

So kann z. B. dem Management ein Führungskräftetraining als sinnvoll erscheinen und kann von ihm gebucht werden. Durch das gemeinsame Tun, durch unstrukturierte Arbeitszeit wie auch durch das gemeinsame Verbringen von Zeit vor und nach dem Training und in Pausen kommt es zur Netzwerkbildung. Personen und Personengruppen, die sonst nur auf elektronischem Weg miteinander verkehren, kommen miteinander in intensiveren

Kontakt, sie entwickeln wechselseitig Verständnis füreinander, gewinnen Vertrauen und vernetzen sich üblicherweise auch über das Training hinaus.

Ein Beispiel: Ein internationaler Elektronikkonzern sah sich mit der Situation konfrontiert, daß hervorragende Mitarbeiter in unterschiedlichen Abteilungen viele Entwicklungen *parallel* vorantrieben, wo eine *Bündelung* der Kräfte ungeheure Synergien hätte auslösen können. Die Konkurrenz zwischen den Experten einerseits, vor allem aber die starren, trennenden Organisationsstrukturen hatten dies aber bisher erfolgreich verhindert. So wurden Themenworkshops ins Leben gerufen, die allen Beteiligten die Möglichkeit zur Darstellung der eigenen Errungenschaften boten und schon dadurch die Zusammenführung von versprengtem Wissen ermöglichten. Weit nachhaltiger jedoch halfen diese Themenworkshops dabei, bestehende »Mauern« abzubauen – als Nebeneffekt wurde die angestrebte informelle Überwindung der Abteilungsgrenzen erreicht.

2.1.2 Zusätzliche Aufträge für das Training

Manchmal gibt es Ziele des Auftraggebers, die über den Trainingsauftrag hinausgehen: z. B. die Verbesserung von Beziehungen zwischen einzelnen Teilnehmern oder die Steigerung der Kundenorientierung. Hierbei ist die Grenze zwischen ethischem und unethischem Handeln fließend und muß von jedem Trainer selbst geklärt werden: Wo geht es um der individuellen und kollektiven Weiterentwicklung förderliche Interventionen, wo eher um Instrumentalisierung der Funktion des Trainers zur Manipulation einzelner im Sinne des Auftraggebers? In der »Conclusio« dieses Artikels finden Sie allgemeine Hinweise, die beim seriösen und professionellen Umgang mit auch dieser Frage hilfreich sind. Die gezielte Auswahl von Übungen ermöglicht jedenfalls neben der Verfolgung der Seminarziele auch das Erreichen von »Meta-Zielen«.

Ein Beispiel: Im Vorgespräch zu einer Reihe von Kommunikationsseminaren für ein mittelständisches Unternehmen im IT-Bereich kristallisierte sich heraus, daß der Auftraggeber den Hintergedanken hatte, die Verbesserung der Beziehungen zwischen ganz bestimmten Personen, die an den Seminaren teilnehmen sollten, zu erreichen. Indem in Rollenspielen bestimmte Zusammenstellungen von Paaren arrangiert wurden, konnten reale Schwierigkeiten angesprochen und mit Unterstützung der Gruppe reflektiert werden. Methoden wie zirkuläres Fragen oder die Darstellung durch Repräsentanten hatten besonderen Erfolg. Viele Beziehungen wurden nach dem Training – sowohl von den Betroffenen selbst als auch von Kollegen – als nachhaltig gereift erlebt. Das Seminar hatte, als Nebeneffekt, als Eisbrecher gewirkt.

Ein weiteres Beispiel: Der Projektleiter eines IT-Implementierungsprojekts, in das mehrere verschiedene Firmen eingebunden waren, wußte von der sachlich-technisch fixierten Ausrichtung seiner Entwicklungs- und Beratungsmitarbeiter, die gegenüber jedweder Weiterentwicklung von Fähigkeiten und Verhaltensweisen, die man mit der rechten Hirnhemisphäre verbindet, sehr skeptisch eingestellt waren. Man wählte deshalb für Veranstaltungen, in deren Mittelpunkt die gemeinsame Aufnahme und Erörterung von Informationen stand, den neutralen Titel »Teamtage zur Halbzeit«. Dabei wurden Übungen eingestreut, deren Fokus auf der Einnahme unterschiedlicher Sichtweisen sowie der Reflexion der eigenen Haltung lag. Der erwünschte Effekt zeigte schließlich, von vielfachem Feedback bestätigt, eine deutliche Erhöhung der Kundenorientierung der einzelnen Projektmitarbeiter.

2.2 Unternehmensentwicklung durch Rückspiegelungen

Dieser Abschnitt zeigt, wie sich der Nebeneffekt direkt auf die Entwicklung der Organisation auswirken kann.

Kamingespräche finden üblicherweise abends statt und dienen meist zur themenspezifischen Information der Teilnehmer durch einen Entscheidungsträger. Manchmal wird die Anwesenheit des Chefs genutzt, um Ansichten zu Themen rückzuspiegeln. Die Inhalte der Rückspiegelung beziehen sich mitunter auf die klassischen Elemente der Unternehmensentwicklung wie Strategie und Vision, Kultur sowie Strukturen. Durch die Umkehr der Kommunikation (in der Rückspiegelung) bei solchen seminarbegleitenden Kamingesprächen kann es zu nachhaltigen Auswirkungen kommen, die der Entwicklung der Organisation sehr förderlich sind. Wenn es in einem Training z. B. um strategische Führung geht und die erlernten Methoden zur Bearbeitung aktueller Themen eingesetzt werden, könnten Erkenntnisse daraus Inhalt der Rückspiegelung sein.

Ein Beispiel: Bei einem international tätigen IT-Systemanbieter wurde ein neuer Bereichschef engagiert. Bereits vor der Besetzung waren Führungsseminare für alle Ebenen geplant. Es wurde vereinbart, daß der Bereichschef in einem Kamingespräch seine Vorstellungen zum Thema »Führung« erläutern solle. Beim eigentlichen Seminar war wegen der bevorstehenden Ankunft eine deutliche Anspannung spürbar. Es wurden Fragen erarbeitet, die beim Kamingespräch eingebracht werden sollten. Der neue Chef beantwortete alle Fragen und begann plötzlich, selbst Fragen zur Ist-Situation des Unternehmens zu stellen – das Training wurde dadurch unbewußt zu einem Element der Unternehmensentwicklung! Das Element der Rückspiegelung wurde in diesem Fall durch den neuen Chef geschickt in umgekehrter Richtung eingesetzt: nämlich von Mitarbeitern an die Führungskraft.

Es stellen sich folgende Fragen:

■ Was bewegt Entscheidungsträger dazu, sich mit Beiträgen der Mitarbeiter zu Strategie, Vision, Kultur oder Strukturen auseinanderzusetzen?

■ Welche Auswirkungen hat die kurzzeitige Anwesenheit des Entscheidungsträgers auf Gestaltung und Form des Trainings?

Das Potential solcher Maßnahmen: Wechselseitige interaktive Kontaktaufnahme sowie Vertrauensbildung werden ermöglicht, eine Plattform zum Austausch von Informationen und zur Klärung von Themen, die für alle Beteiligten relevant sind, wird geschaffen. Die Gefahren: Werden Rückspiegelungen im Interesse des Trainers oder der Teilnehmer angestoßen, ohne daß dies mit dem Auftraggeber vorher abgesprochen wurde, kann das als Verletzung der Unparteilichkeit empfunden werden.

2.3 »Auslöser für weitere Schritte«

Trainings können – als Nebeneffekt – Anstöße für andere Anliegen geben.

Aus Diagnosephase und Gesprächen zur Klärung des Auftrags entstehen Beraterhypothesen über die Nützlichkeit nachgefragter Maßnahmen. Diese Hypothesen so an den Klienten zu vermitteln, daß sich daran sinnvolle Projekte anschließen, stellt für jeden Trainer und Berater eine Herausforderung dar. Denn oft besteht anfänglich weder die Bereitschaft, sich einem – zeitlich oder finanziell – umfangreicheren Prozeß zu stellen, noch die zu intensiverer inhaltlicher Auseinandersetzung. Eine extreme Ausgangssituation besteht beispielsweise, wenn der Klient die Haltung hat: »Schnell etwas reparieren lassen« oder »Heutzutage macht man wohl solch ein Seminar«, eine Haltung, die oft latente Bedürfnisse nach In-Ruhe-gelassen-Werden bzw. Ängste vor der Aufdeckung latenter oder unterdrückter, unangenehmer oder zumindest anstrengender Themen verbirgt.

Ein Beispiel: Die Personalabteilung eines Unternehmens der Telekomindustrie gab den Auftrag zu einem Teamtraining für seine Bereichsleiter, das als Incentive angepriesen wurde und großen Anklang fand. Viele Führungskräfte gewannen dabei deutlich mehr Verständnis für die Möglichkeiten der Weiterentwicklung ihrer Mitarbeiter. Sie gaben den Widerstand gegen jede Form nicht-fachlicher Fortbildung auf und wurden letztlich sogar zu entschiedenen Förderern solcher Bildungsmaßnahmen.

2.4 Assessment

Als Nebeneffekt eines Trainings wird eine Selektion durchgeführt, eine personelle Entscheidung getroffen.

Die verdeckte Durchführung von Selektion während des Trainings, eine Art verdecktes Assessment – also ohne Wissen der Teilnehmer –, wird von uns strikt abgelehnt. Lernen erfordert Experimentierräume. Assessments sind demgegenüber Prüfungs- und Bewährungssituationen. Wenn solche Elemente in Trainings integriert werden, ist Transparenz über Vorgehen und Entscheidungsgrundlagen für alle Beteiligten unumgänglich.

2.5 Signalwirkung auf die Unternehmenskultur durch die Form des Trainings

Die sozialen Spielregeln der Unternehmenskultur können als Nebeneffekt von Trainings verändert werden, bzw. es werden beim Training Personen oder Gruppen anerkannt und besonders hervorgehoben.

Die Wahl der Form und des Umfelds eines Trainings wirkt sich – bewußt wie unbewußt – selbstverständlich auf die einzelnen Teilnehmer, manchmal sogar auf die ganze Unternehmenskultur aus. Oft sind die dadurch ausgelösten Effekte nachhaltiger zu spüren als die vermittelten Trainingsinhalte.

So kann z. B. durch die Wahl eines besonders schicken und noblen Ambiente für die Durchführung des Trainings ein Incentive-Aspekt erzielt werden, der dem einzelnen Teilnehmer das Maß seiner Wertschätzung durch das Unternehmen signalisiert. Indem das Selbstbewußtsein solcherart gestärkt wird (»Ich muß ja wohl ziemlich gut und wichtig sein!«), verändern sich einerseits Engagement und Identifikation in positiver Weise, andererseits beeinflußt dies auch die Haltung zur eigenen Funktion als Führungskraft oder als Mitarbeiter. – In anderer Weise wirkt sich natürlich auch die Wahl eines alternativen Ambiente prägend auf die Unternehmenskultur aus.

Nebeneffekte dieser Form können »nach oben« genauso wie »nach unten« wirken. Beschließen die Teilnehmer eines Trainings plötzlich von sich aus, einander allgemein mit »du« anzureden, so wird das zumindest auf die Atmosphäre zwischen ihnen eine Auswirkung haben. Kommt ein Vorstand selbst kurz zu einem Training und ist dann mit allen »per du«, so setzt er damit einen Kulturstandard ganz anderer Dimension.

Ein Beispiel für die Bedeutung der Wahl der Form des Trainings: Ein Transportunternehmen der öffentlichen Hand wollte die Führungskräfte eines Bereichs durch ein Training zur stärkeren Übernahme von Eigenverantwortung anregen, stieß aber bereits bei der bloßen Äußerung dieses Ansinnens auf erbitterten Widerstand – bis hin zur angekündigten Teilnahmeverweigerung. Also wurde statt eines spezifischen Trainings ein Vortrag eines bekannten Schweizer Sportstars mit anschließender Gelegenheit zu moderierter Diskussion angekündigt. Der Vortrag des Stars lockte tatsächlich alle Widerspenstigen herbei. Beseelt von den Worten des großen Vorbilds, fanden sie sich plötzlich zu eifriger Selbstreflexion bereit – das Thema »Eigenverantwortung« war vom Tabu befreit.

Ein Beispiel für die Bedeutung von Anerkennung: Ein aufgrund der schwachen Wirtschaftslage in Bedrängnis geratenes großes Unternehmen der Werbebranche gab ein Entwicklungsprogramm für Führungskräfte der unteren Ebenen in Auftrag. Schüttelten anfangs noch viele Beobachter den Kopf über die hohe Investition, so erwies sich bald, daß die in schlechten Zeiten gegenüber den Mitarbeitern gezeigt Aufmerksamkeit und Wertschätzung eine hohe und loyale Bindung ans Unternehmen erzeugt hatte, die der Abdrift von Know-how entgegenwirkte und das Verständnis für andere, unerfreulichere Entscheidungen der Vorstände förderte.

Als Gradmesser für Nutzen wie für Risiko erweist sich bei diesen Nebeneffekten die Feinabstimmung von Form und Inhalt. Inhaltliche Qualität verliert an Potential, wenn Äußerlichkeiten vernachlässigt werden, und genauso läuft eine übertriebene Betonung der Form, der »Fassade«, ständig Gefahr, unauthentisch zu wirken. Die Chance liegt im bewußten und angemessenen aktiven Gestalten von Akzenten.

2.6 »Mittel, das Gesicht zu wahren«

Ein Nebeneffekt von Trainings kann sein, daß der soziale Unterschied zwischen Gruppen gewahrt wird.

Oft steht die gelungene Differenzierung, das Etikett, für den sozialen Unterschied zwischen Menschen. Symbole für soziale Unterschiede gibt es überall in unserer Gesellschaft: Markenkleidung, Automarken, Mitgliedschaften in Institutionen und so weiter. Auf unseren Bereich angewandt: Wie das Training gestaltet ist (welches »Etikett« es hat), hat Auswirkung auf seine Imagewirkung für mögliche Teilnehmer.

Es gibt nun zwei Möglichkeiten: 1) Die Differenzierung (Etikettierung des Trainings) bewegt eine bestimmte Gruppe zur Teilnahme (es handelt sich um klassische Werbung!), oder sie ermöglicht 2) erst die Teilnahme einer bestimmten Gruppe!

Ein Beispiel: Ein Führungskräfteentwicklungsprogramm für die dritte und vierte Führungsebene eines Konzerns zeigte große Wirkung: »Die Teilnehmer schwärmen davon und verändern ihr Verhalten sehr zum Vorteil!« lautete das Feedback einer Führungskraft. Die Reaktionen machten die zweite Führungsebene neugierig, deshalb lud man den Trainer zu einem Gespräch ein. Die Führungskräfte zeigten sich sehr interessiert, was die Inhalte betraf – keiner wollte aber das Training buchen. So schlug der Trainer einen »exklusiveren« Workshop vor, bei dem – neben den Inhalten der Führungskräfteentwicklung – vor allem strategische Themen der Abteilung bearbeitet werden sollten. Dieses Angebot nahmen sie sofort an, denn auf diese Weise konnten die sozial-hierarchischen Unterschiede aufrechterhalten bleiben! Die Merkmale der Differenzierung waren in diesem Fall die *Bezeichnung als Workshop* (Führungskräfte dieser Ebene besuchen meist keine Trainings!) sowie der *höhere Preis* und ein *anderer Veranstaltungsort* (»Wir brauchen etwas anderes!«).

Der Nutzen dieses Nebeneffekts: Anspruchsvolle und sensible Inhalte werden akzeptabel und anschlußfähig, soziale Barrieren bezüglich der Trainingsinhalte können durch passende Modifikationen gelöst werden – die Teilnehmer bewahren Gesicht bzw. Image. Gefahr besteht, wenn eine bloße Änderung der »Verpackung« als solche entdeckt und dadurch die Maßnahme unglaubwürdig wird.

Um Nebeneffekte dieser Art konstruktiv gestalten zu können, achten Sie auf diesbezügliche Merkmale der Unterscheidung in Systemen. Die Kriterien können von System zu System und von Kontext zu Kontext völlig unterschiedlich sein. Fragen, die bei der Klärung helfen, sind:

- Was ist der Gruppe wichtig in bezug auf die Form der Maßnahme? Wie unterscheidet sie sich von »Nachbargruppen«?
- Was sollen andere Gruppen – z. B. direkte Vorgesetzte, direkte Mitarbeiter – über die Maßnahmen erfahren?
- Was sollten direkte Mitarbeiter auf die Frage antworten: »Was geschieht dort, und in welchem Rahmen findet das statt?«

3. Conclusio

Die Beispiele haben vielleicht aufgezeigt, daß es unmöglich ist, ein Training ohne Nebeneffekte zu veranstalten. Die Befähigung der einzelnen Personen zu verbessern ist zwar das zentrale Ziel, jedoch macht es Sinn, die ohnehin auftretenden Nebeneffekte nutzbringend zu berücksichtigen.

Ein Grundsatz der systemischen Beratung ist: »Als Berater hat man darauf zu achten, nicht Personen, sondern die hinter den Personen wirkende Kommunikationsstruktur des Systems erkennen zu wollen« (Königswieser u. Exner 2002, S. 24); dieser Grundsatz ist auch für Trainer gültig. Ein Training ist immer auch eine Intervention, die in einem sozialen, sachlichen und zeitlichen Kontext stattfindet. Dieser kann nicht einfach weggedacht werden – er wirkt ständig. Wir sehen diesbezüglich Klärungsbedarf zwischen dem Trainer, dem Auftraggeber, dem/den Vorgesetzten und den Teilnehmern des Trainings. Dabei halten wir Transparenz in bezug auf getroffene Vereinbarungen gegenüber den Beteiligten für ein sehr nützliches Grundprinzip. Ein Beispiel hierfür ist, ob und in welcher Form es ein Feedback des Trainers an Vorgesetzte gibt. Je klarer Vereinbarungen kommuniziert wurden, desto besser wird die erwünschte Wirkung einer Maßnahme planbar.

Weil die Nebeneffekte eines Trainings auf die Organisation insgesamt wirken, sehen wir den Grenzbereich zwischen Beratung und Training als sehr weit an. Wo Trainings in einem gewohnten Kontext stattfinden – alle Erwartungen der relevanten Umwelten sind bzw. bleiben voraussichtlich stabil und sind mit allen verhandelt (z. B. bei Standardfirmentrainings) –, können wir als Trainer relativ sorglos mit den Nebeneffekten umgehen. Bei allen anderen Fällen halten wir es für sinnvoll, daß sich Trainer, ähnlich wie Berater, an die zentralen Merkmale von Beratung (Titscher 1997) halten (Professionalität, Unabhängigkeit, Externalität). In diesem Zusammenhang möchten wir

– in Form von Ratschlägen – vor allem drei Fallen ansprechen, in die Trainer nur allzuleicht »tappen« können.

1. Vermeiden Sie, Teil eines nicht durchschauten Machtspiels zu werden – führen Sie deshalb vorab eine Diagnose durch (Stakeholder und ihre Perspektive bzw. Relationen zueinander).
2. Oft werden insbesondere von Auftraggeberseite die »Probleme« an bestimmten Personen oder Gruppen festgemacht. Betrachten Sie in der Beziehung zum Auftraggeber jedes Problem als Problem der Organisation. Achtung: In der Beziehung zu den Teilnehmern des Trainings wechseln Sie selbstverständlich wieder den Fokus auf die Person, da Sie in dieser Relation wieder als reiner Trainer agieren!
3. Wenn Sie bei der Auftragsklärung sozusagen als Berater agieren, bedenken Sie: Als Berater sollten Sie nicht darüber entscheiden, was wie durch wen geändert oder beibehalten wird. Intervenieren Sie nicht entsprechend Ihren Vorstellungen, wie etwas besser, nachhaltiger oder menschlicher sein könnte! Ebenso: Ergreifen Sie nicht Partei – weder für den Initiator, die Teilnehmer noch den Auftraggeber eines Projekts!

Wir empfehlen weiter, die folgenden Fragestellungen zu klären und transparent darüber zu kommunizieren. Beachten Sie bei jeder Fragestellung: »Was macht einen Unterschied für welche relevante(n) Umwelt(en) des Trainings aus? Wie wirkt dieser Unterschied? Wer sind denn die relevanten Umwelten? Anmerkung: Auch Teilnehmer sind Umwelt des Trainings. Nun zu den Fragestellungen, die zu klären sind:

1. Wer ist als Teilnehmer anwesend, wer nicht – und warum?
2. Welche organisationsinternen Personen (Vorgesetzte, Personalleiter etc.) sind beim Training in einer Sonderrolle anwesend – und warum?
3. Sind Vorgesetzte bzw. Personen, die Macht haben, beim Training als Teilnehmer anwesend?
4. Wie soll der Trainer nach dem Training Feedback an Vorgesetzte oder an den Auftraggeber geben?
5. Welche Rollen hat der Trainer im Klientensystem noch inne?
6. Was geschieht an sachlich, zeitlich und sozial Relevantem vor der ersten Trainingseinheit, zwischen den Trainingseinheiten und danach?

Welche trainingsspezifische Kommunikation (z. B. Einladungen, Worte zum Auftakt, Teilnahmebestätigungen, Mitarbeitergespräche etc.) findet statt?

Einige, aus unserer Sicht, nützliche Empfehlungen für Trainer wollen wir geben, um häufige unerwünschte Nebeneffekte zu vermeiden:

1. Vermeiden Sie als Trainer, gleichzeitig Coach zu sein!
2. Geben Sie kein Einzelfeedback über Teilnehmer. An niemanden, auch nicht an die Teilnehmer!
3. Geben Sie, für alle transparent, kollektives Feedback!
4. Achten Sie auf die Wirkung von Gesprächen, die während des Trainingsprozesses zwischen Ihnen und relevanten Personen stattfinden! Es empfiehlt sich, die Teilnehmer darüber zu informieren!

Alle Nebeneffekte haben etwas gemeinsam: Sie eignen sich als Mittel zum Verführen, zur bewußten Führung von Teilnehmern in für sie unbewußte Gefilde. Und das Ergebnis von Verführung fühlt sich ja möglicherweise nicht für jeden Beteiligten gleich gut an. Auftraggeber und Trainer laufen daher Gefahr, als manipulativ zu gelten. – Sie könnten deshalb folgende Aussagen von Heinz von Foerster und von Fritz B. Simon bedenken:

■ Handle stets so, daß du die Anzahl deiner Möglichkeiten vergrößerst!
■ Man kann jedem Erwachsenen die Verantwortung für seine Handlungen zumuten.

Es ist nie zu spät für ein glückliches Berufsleben. Arbeit mit älteren Führungskräften

Frank Boos, Cornelia Hummer

1. Ausgangssituation und Perspektiven

Die wachsende Bedeutung älterer Arbeitnehmer ist anhand der Entwicklung der Erwerbsbevölkerung und deren Altersstruktur klar ersichtlich. Die Zahl der älteren Bürger steigt an, die der Jüngeren schrumpft (siehe Abb. 1). Dies wird in wenigen Jahren massive Auswirkungen auf den Arbeitsmarkt und die Arbeitssituation in Unternehmen haben.

Ältere Mitarbeiter spielen in Zukunft eine immer wichtigere Rolle. In den USA zeichnet sich bereits ab, in welche Richtung der Trend geht. Während

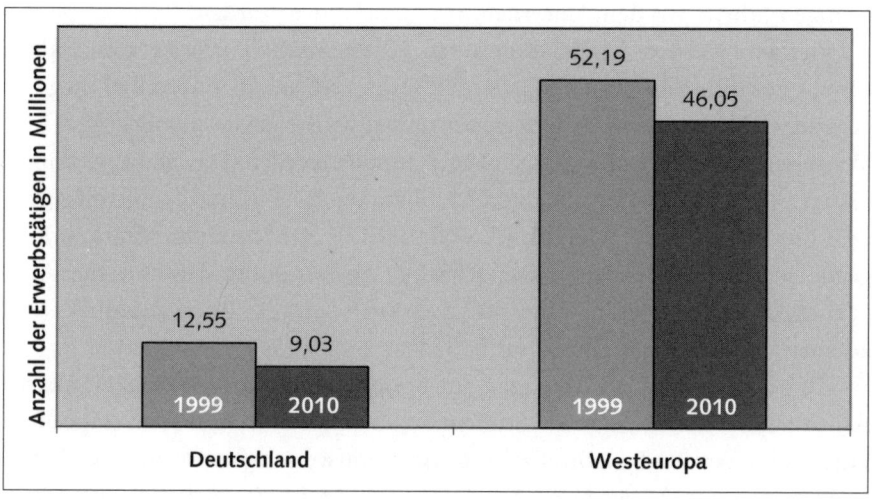

Abbildung 1: Prognostizierte Entwicklung der Erwerbstätigen im Alter von 30–39 Jahren bis zum Jahr 2010 (Prognos World Report 2001, in: Managermagazin 10/01, S. 266)

die Hälfte aller EU-Bürger über 55 Jahre eine Pension bezieht, steht jeder zweite Amerikaner zwischen 60 und 65 Jahren noch im Berufsleben, bei den 65- bis 70jährigen ist es immerhin noch jeder Dritte. Statistiken zeigen, daß ein überdurchschnittlich hoher Anteil dieser älteren Arbeitnehmer über eine gute Ausbildung verfügt und finanziell abgesichert ist, d. h. es ist nicht die finanzielle Notwendigkeit, die ältere Menschen in den USA länger am Arbeitsplatz hält. In Deutschland hingegen, so zeigen Umfragen, ist nur jeder Dritte bereit, später als mit 65 Jahren in Pension bzw. Rente zu gehen (Hoffmann u. Leendertse 2001).

Zumindest in Europa scheint in den Unternehmen das Bewußtsein für dieses Thema noch nicht sehr ausgeprägt und der Stellenwert älterer Mitarbeiter noch wenig anerkannt zu sein. Das zeigt sich unter anderem an der Zahl der Weiterbildungsmaßnahmen für ältere Mitarbeiter: Laut einer repräsentativen Umfrage des Statistischen Bundesamtes ist nur 1 % der über 55jährigen an Weiterbildungsmaßnahmen beteiligt. Bei den 50- bis 55jährigen sind es lediglich 5 % (Hoffmann u. Leendertse 2001). Ein Grund dafür liegt sicher darin, daß älteren Mitarbeitern häufig die Fähigkeit zum Lernen und zur Flexibilität abgesprochen wird. Zudem sehen viele Unternehmen nicht viel Sinn darin, ältere Mitarbeiter auszubilden, wenn bereits abzusehen ist, daß sie in wenigen Jahren aus dem Unternehmen ausscheiden werden.

Vielfach werden Mitarbeiter über 50 gedanklich bereits zum »alten Eisen« gezählt. Eine Studie des AARP zeigt, daß sie als unflexibel, negativ gegenüber Veränderungen eingestellt und resistent gegen das Erlernen und Verstehen neuer Technologien wahrgenommen werden. Das heißt, woran es älteren Mitarbeitern der gängigen Meinung nach fehlt, ist vor allem folgendes: Flexibilität und Dynamik (AARP 2000, S. 4). Besondere Stärken hingegen werden in Bereichen wie Routine, Souveränität, Diplomatie, Ausgeglichenheit, Disziplin, Überzeugungskraft und Führungsqualifikation gesehen (vgl. die Aufstellung auf S. 331).

Zu beachten ist, daß Aussagen zur beruflichen Leistungsfähigkeit älterer Arbeitnehmer auf empirischen Studien beruhen, die in vielen Fällen eingeengte Fragestellungen und methodische Mängel aufweisen (zur Kritik an diesen Studien siehe u. a. Maier 1997, Naegele 1992). Meist wird lediglich abgefragt, wie die Leistungsfähigkeit älterer Mitarbeiter *wahrgenommen* wird, und nicht die tatsächliche Leistungsfähigkeit gemessen bzw. beurteilt. In jenen Untersuchungen, in denen die Leistungsfähigkeit älterer Arbeitnehmer auf der

---

Besondere Stärken älterer Mitarbeiter (Klemp u. McClelland 1986) sind:

- planendes, kausales Denken;

- Suche nach neuen Informationen, um die Situation besser einschätzen und mit ihr effektiv umgehen zu können;

- synthetisches Denken (kreative Integration zahlreicher Informationen);

- Ausübung von Einfluß/Beeinflussung von Entscheidungen in einer Gruppe;

- symbolische Einflußnahme (durch Übernahme von Vorbildfunktionen und durch Hervorhebung der Gruppenidentität);

- Selbstsicherheit.

Grundlage des tatsächlich erzielten Leistungsergebnisses bestimmt wurde (siehe dazu den Überblick von Maier 1997), fanden sich keine eindeutigen Zusammenhänge zwischen Leistungsfähigkeit und Lebensalter. Zudem wird zwar nach möglichen Einbußen und Verlusten der Leistungsfähigkeit gefragt, hingegen nicht nach möglichen Gewinnen (im Sinne der Entwicklung von bereichsspezifischer Expertise). »Jene empirischen Analysen, die sich sowohl auf Verluste als auch auf Gewinne konzentrieren, ergeben hingegen ein sehr viel differenzierteres Bild der beruflichen Leistungsfähigkeit.« (B. Hofmann 1996)

Bezüglich der Art, wie ältere Führungskräfte wahrgenommen werden, ist folgendes festzuhalten (B. Hofmann 1996; Schletz u. Fraunhofer IAO 2001):

- Je jünger der Vorgesetzte, desto stärker ist seine Tendenz, von abnehmender beruflicher Leistungsfähigkeit im höheren Erwachsenenalter auszugehen.

- Jene Vorgesetzten, die enge berufliche Kontakt zu älteren Arbeitnehmern haben, weisen eher auf Konstanz oder nur geringfügige Abnahme der beruflichen Leistungsfähigkeit bei älteren Arbeitnehmern hin.

- Die Einschätzung, ab wann ein Mitarbeiter als »älterer« Mitarbeiter einzustufen ist, hängt von seiner hierarchischen Position ab. Je höher die Hierarchieebene, desto mehr werden ältere Mitarbeiter akzeptiert.

Schon aus Eigeninteresse gäbe es für Unternehmen gute Gründe, ältere Mitarbeiter stärker zu nützen. Dennoch geschieht es nur selten, wofür neben dem Kostenargument (höhere Lohn- und Gehaltskosten) eine Reihe von Barrieren verantwortlich sind, die wir hier in Form von Hypothesen festhalten wollen:

- Alter ist kein Ding oder Zustand, sondern die Bezeichnung einer Relation, nämlich der von Jung und Alt. Was alt ist und welche Schlußfolgerungen man daraus zieht, hängt damit immer vom Beobachter ab, der sich auch selbst beobachten kann. Wenn man Altersfragen in Organisationen nachhaltig beeinflussen möchte, muß daher auch an der Wahrnehmung des Alters gearbeitet werden.
- Alter ist ein Thema, mit dem man im Lauf der Geschichte immer wieder unterschiedlich umgegangen ist. Einmal wurde mehr der einen (Ehrfurcht vor dem Alter), dann wieder der anderen Seite (Aufbruch zu Neuem) der Vorzug gegeben. Die Phase des Jugendkults und der Aufbruchsstimmung, die in den 60er Jahren begonnen und in der New Economy ihren Höhenpunkt gefunden hat, dürfte gerade zu Ende gehen. Mitteleuropa befindet sich im Übergang: Die New Economy von morgen ist die *Grey Economy*. In Übergangsphasen und daher auch bei diesem Thema kommt es leicht zu Bewertungen und Abwertungen, weshalb viele das Thema vermeiden und tabuisieren.
- Das Alter konfrontiert uns mit der eigenen Gebrechlichkeit, unseren Grenzen und unserer Endlichkeit. Dies sind sehr private Themen, die nicht leicht anzusprechen sind, weshalb Altersthemen gerne aus den Organisationen hinausdefiniert und in die Freizeit und Privatsphäre verwiesen werden.
- Das Alter verbindet man mit der Defizitannahme, daß im Alter »alles weniger wird«. Altern heißt dann *weniger tun können*, heißt *sich beschränken müssen* und *abhängig werden*. Ein Bild für das Altern ist, so gesehen, ein Tortenstück, das immer kleiner wird – und wer möchte sich schon ohne Not mit einem solchen Thema beschäftigen? (Zu einer differenzierteren Betrachtungsweise siehe Guardini 2001.) Wie bei anderen Defiziten, z. B. Arbeitslosigkeit, hat sich die Gesellschaft Organisationen »gesucht«, die sich auf das Alter spezialisieren können (Pensionistenvereine, Altersheime u. a.).

All dies hat dazu geführt, daß Unternehmen bislang wenig Anlaß sahen, sich mit diesem Thema zu beschäftigen, außer in Form von Modellen für die Altersteilzeit. Das Thema »Alter« wurde quasi »outgesourct«. Als Motto galt wohl: »Bei uns arbeitet die Jugend, denn ihr gehört die Zukunft«. Man betrieb Hochschulmarketing, konzentrierte die immer knapperen Ressourcen auf PE-Maßnahmen für junge High Potentials. Für ältere Mitarbeiter – und »alt« begann immer früher (Sennet 1998) – gab es hingegen kein Geld.

Das wird sich in Zukunft ändern. Nicht unbedingt deswegen, weil das Management plötzlich geläutert ist und man aus den Folgen des New Economy Hype oder des Jugendkults wichtige Einsicht gewonnen hätte, sondern weil das Umfeld in Umbruch ist und das Alter zurück in die Organisationen kommt. Die Menschen leben länger, sie bleiben länger gesund, arbeitsfähig und aktiv, und die Nöte unseres Pensions- und Rentensystems zwingen zu Umstellungen wie der Anhebung des Pensions- bzw. Rentenalters. Österreichs Sozialpartner haben darauf bereits mit einem speziellen Beratungsangebot – »Alter macht Zukunft« – für Unternehmen reagiert, um mit ihnen gemeinsam maßgeschneiderte Lösungen für ältere Arbeitskräfte in Betrieben zu erarbeiten (vgl. Netzwerk Vertrauensberater 2004).

Die Auswirkungen der skizzierten Entwicklung auf die strategische Positionierung und die Identität von Organisationen sind heute noch nicht gänzlich abzusehen. Durch die Veränderung zweier wichtiger Umwelten von Organisationen – sowohl Kunden als auch Mitarbeiter werden älter – stehen Organisationen vor der Alternative, diesen Wandel aktiv zu gestalten und zu nutzen (z. B. durch Programme für ältere Führungskräfte, Strategien, die diese Zielgruppe in den Mittelpunkt stellen, etc.) oder geschehen zu lassen. Klar ist: Das Älterwerden von Mitarbeitern, Führungskräften und auch Kunden hat Folgen für die Identität von Organisationen.

Der Wiedereintritt des Alters in die Unternehmen hat bereits begonnen. Eine Reihe von Unternehmen haben dies aus sehr unterschiedlichen Anlässen aufgegriffen und Initiativen entwickelt, die zeigen, daß – trotz schwieriger Voraussetzungen – die Arbeit mit älteren Mitarbeitern im Unternehmen für alle von Vorteil sein kann. Hier soll im folgenden von einem Prozeß berichtet werden, in dem ein altes Unternehmen – die Quelle AG hat ihren 75. Geburtstag erfolgreich gefeiert – mit einem relativ alten Kundenstock einen anderen Weg im Umgang mit alten Führungskräften eingeschlagen hat und dabei sensationelle Erfolge erzielen konnte.

Wie so häufig stand auch hier am Anfang der Innovation die Notwendigkeit zur Veränderung, begleitet vom Willen des Personalleiters, Dr. Georg Sutter, neue Wege zu gehen. Nach dem Vergleich mehrerer Angebote durch den Kunden erhielten wir (Beratergruppe Neuwaldegg, Dr. Frank Boos und Prof. Alfred Zauner) den Zuschlag und entwickelten das Konzept, das bisher insgesamt dreimal praktisch umgesetzt wurde, gemeinsam mit Herrn Dr. Sutter und Frau Ruda, Frau Ende und Frau Wieland (von Neckermann). Einige Eckpunkte wie die Notwendigkeit, das Defizitmodell zu überwinden (u. a. deswegen der Titel des Programms »Innovation durch Erfahrung«), waren bereits zu Beginn klar, anderes haben wir erst in der Durchführung gelernt. Darüber soll das folgende Interview Aufschluß geben.

Der Titel dieses Beitrags wandelt ein Zitat von Milton Ericson ab: »Es ist nie zu spät für eine glückliche Kindheit.« Ericson wollte damit zum Ausdruck bringen, daß man auch im hohen Alter an seiner Kindheit arbeiten kann, daß das Bild der (eigenen) Vergangenheit verändert werden kann. Ähnlich erlebten auch wir, daß Führungskräfte in diesem Programm begannen, ihr Verhältnis zum Unternehmen und ihre Einstellung zu ihrem Berufsleben anders zu betrachten.

2. »Innovation durch Erfahrung«

CH (Cornelia Hummer): Wie ist das Programm »Innovation durch Erfahrung« aufgebaut?

FB (Frank Boos): Das Programm erstreckt sich über ein knappes Jahr mit 15 Seminartagen und der Arbeit an Projekten zwischen und während diesen Tagen. Es hat sich herausgestellt, daß es sinnvoll ist, mit vier Projektgruppen zu arbeiten. Diese Projektgruppen haben die Aufgabe, sich als Projektteam zu konstituieren, ihr frei gewähltes Thema als Projekt zu definieren, Projektmanagementtools einzusetzen, aber auch Dinge wie Befragungen, Analysen usw. durchzuführen. Die Projekte werden von der Gruppe selbständig bearbeitet und im Rahmen einer Großveranstaltung den betroffenen Abteilungen, Vorgesetzten und Vorständen präsentiert. Dabei werden nicht nur Konzepte entwickelt, sondern die Themen möglichst nahe an die Umsetzungsphase geführt.

CH: Welche Führungskräfte nehmen an diesem Programm teil?

FB: Die Teilnehmer sind Führungskräfte des mittleren Managements mit mindestens zehn Jahren Berufserfahrung in der Firma. Ihr Durchschnittsalter liegt über 45 Jahre, und sie haben teilweise seit vielen Jahren keine Fortbildung besucht, die nicht mit ihrem Fach verbunden war. Die Hypothese, mit der wir damals gestartet sind, war, daß diese Führungskräfte in ihrer täglichen Arbeitspraxis immer wieder Erfahrungen der Zurücksetzung und Abwertung gemacht haben, und dem wollten wir gegensteuern. Sie sind typische Führungskräfte der mittleren Ebene, die nicht im Rampenlicht stehen, kaum Vorstandskontakt haben und diesen auch nicht unbedingt immer suchen. Sie sind aber für das Unternehmen von ausgesprochen großer Bedeutung, weil sie dem Unternehmen gegenüber sehr loyal sind und weil sie wissen, wie das Unternehmen »tickt«. Deshalb gibt es auch keine Kaminabende mit Vorständen oder Bereichsleitern, sondern das Programm bietet gleichsam eine »geschützte Höhle«, wo sie Dinge entwickeln können, die sie für richtig halten.

Mittelmanager tragen vor allem Folgendes zum Unternehmenserfolg bei (Quy Nguyen Huy 2001, S. 73):

- Sie haben wertvolle, unternehmerische Ideen und sind fähig und willens, sie auch umzusetzen, sofern sie die Chance dazu bekommen.
- Sie sind oft besser als viele Topmanager in der Lage, jene informellen Netzwerke des Unternehmens zu nützen, die wirksame und nachhaltige Veränderung erst möglich machen.
- Sie sind »näher dran« an den Emotionen und Bedürfnissen der Mitarbeiter und können so besser absehen, welche Auswirkungen bestimmte Maßnahmen im Unternehmen haben werden.
- Sie balancieren die Spannung zwischen Verändern und Bewahren.

CH: An welchen Themen (Projekten) wurde gearbeitet?

FB: Die Auswahl und Bearbeitung der Themen liegt in der Verantwortung der Gruppe. Nach einem gemeinsamen Brainstorming einigen sich die Projektgruppen auf jeweils ein Thema, das sie bearbeiten. Es hat sich immer wieder herausgestellt, daß eine oder zwei Gruppen im Laufe des Programms ihr

Thema teilweise oder gänzlich ändern müssen. Meist aus dem Grund, weil an diesem Thema schon im Unternehmen gearbeitet wurde. Es gehört aber zum Programm, mit diesen Rückschlägen fertig zu werden und sie zu bearbeiten.

Die Themen, die u. a. bislang bearbeitet wurden, waren mitarbeiterbezogene Projekte: etwa die »Motivationsinsel« für Mitarbeiter, die Darstellung des Ablaufs eines Kundenauftrags durch das Unternehmen mit den entsprechenden Ansprechpersonen für neue Mitarbeiter im Intranet oder ein Gesundheitsprojekt. Kundenbezogene Projekte hatten Themen wie den Einsatz von Werbemitteln in neuen Medien, eine CD-Tankstelle für Quelleshops oder Programme für bestimmte Zielgruppen wie Kinder oder Pensionisten bzw. Rentner. Es gibt aber auch kostenwirksame Projekte wie den Umgang mit Ganzretouren (Sendungen, die vom Kunden ungeöffnet wieder an das Unternehmen zurückgeschickt werden) oder die Nutzung von vorhandenen Informationen über Kunden in Kombination mit neuen Medien.

CH: Was bewirken oder bringen diese Projekte dem Unternehmen?

FB: Ein gutes Beispiel sind die Ganzretouren: Bei Quelle haben die Kunden das Recht, bestellte Waren kostenlos zurückzuschicken. Ein Teil der Retouren kommt ungeöffnet zurück, d. h. der Kunde bestellt, erhält die Ware und schickt sie, ohne sie zu öffnen, wieder zurück. Das sind die sogenannten »Ganzretouren«. Es ist eigentlich völlig unverständlich, warum der Kunde etwas bestellt und dann nicht annimmt. Die Kosten, die das Unternehmen für diese Ganzretouren tragen muß, gehen in die Millionen. Dieses Thema war mehrfach analysiert worden, aber man hat es, obwohl man mit den Erklärungen unzufrieden war, immer wieder fallengelassen. Die gängigen Erklärungen lagen außerhalb des Unternehmens — bei der Zustellung und beim Kunden –, und man hatte sich damit abgefunden. Die Projektgruppe griff das Thema auf und untersuchte vor allem die unternehmensinternen Gründe wie Zuständigkeiten unterschiedlicher Abteilungen, Leistungsdruck und anderes und konnte einen Vorschlag entwickeln, der dem Unternehmen hilft, sehr viel Geld zu sparen.

CH: Das klingt sehr spektakulär und erfolgreich, doch was hat das mit einem Programm dieser Art zu tun?

FB: Viel, weil man ohne das Wissen erfahrener Führungskräfte erstens nicht darauf gekommen wäre, daß das Thema bisher nicht umfassend – d. h. alle betroffenen Abteilungen übergreifend – analysiert wurde. Zweitens haben diese Praktiker aufgrund ihrer langen Erfahrung die bis dahin gängige Erklärung, die Problemursachen lägen außerhalb des Unternehmens, nicht geglaubt. Und drittens wußten sie durch ihre Erfahrung, wo sie zu suchen hatten, wodurch sie eine Reihe von Verbesserungspunkten aufzeigen konnten. – *They're close to day-to-day operations, customers, and frontline employees – closer than senior managers – so they know better than anyone where the problems are* (Quy Nguyen Huy 2001, S. 73).

CH: Welche Ressourcen stehen den Gruppen für ihre Projekte zur Verfügung?

FB: Im wesentlichen ihre Zeit, ihre Kontakte, ihr Know-how, die Gruppe und wir als Berater. Es gibt ein kleines Budget, aber um größere Aktionen wie Kundenbefragungen, Innovationen oder den Bau von Prototypen durchführen zu können, muß die Gruppe dafür sorgen, daß die zuständigen Stellen – das ist manchmal der Vorstand – die Mittel freigeben. Das Schaffen von Akzeptanz für die eigenen Vorschläge wird in der Gruppe geplant und ist Teil des Programms. Es ist immer wieder beeindruckend, wie es in der großen Gruppe gelingt, das Netzwerk zu aktivieren. Einer der Teilnehmer kennt immer jemanden innerhalb oder außerhalb des Unternehmens. Da gibt es einen Kontakt zum Einkauf, der etwas günstig beschaffen kann, zur EDV, die etwas programmiert, zu Vodafone, der Deutschen Bahn, der World of Music, um mit ihnen gemeinsam ein neues Produkt zu entwickeln. Das ist ein weiteres Beispiel dafür, daß die Mehrzahl der Innovationen im Unternehmen im mittleren Management entstehen (vgl. Senge u. Käufer 2000).

CH: Was lernen die Teilnehmer konkret im Zuge der Projektarbeit?

FB: Um das beantworten zu können, muß ich zuerst kurz das Lernprinzip erklären. Man kann zwei Formen des Lernens unterscheiden, die klassische Art der Informations- und Wissensvermittlung durch Vortrag und Lesen und

---

Was die Teilnehmer selbst darüber sagen, was ihnen das Programm »Innovation durch Erfahrung« gebracht hat:

- Kontakte im Netzwerk;

- persönliche Weiterbildung (Projektmanagement);

- Abbau von Schwellen;

- Informationen aus anderen Fachbereichen;

- Wertschätzung;

- Motivation;

- Frustrationsabbau;

- Erkennen von »eigenen« Grenzen;

- Verständnis für Zusammenhänge;

- Magengeschwüre;

- Entspannung vom Tagesgeschäft;

- Menschlichkeit;

- Erleichterungen im eigenen Tagesgeschäft durch Horizonterweiterung;

- bessere Ein-/Wertschätzung der Mitarbeiter.

---

die des Ausprobierens, Beobachtens und Reflektierens. Erstere geht, bildlich gesprochen, davon aus, daß Inhalte wie Wasser in leere Behälter gegossen werden. Je mehr letztere gefüllt werden, desto mehr wird gelernt (zum »Trichtermodell« siehe Warharnek 1997, S. 88). Die zweite Form des Lernens geht davon aus, daß die Behälter schon von Beginn an voll sind und daß, um Lernen zu ermöglichen, Platz nötig ist, also Raum zur Verfügung gestellt werden muß, damit dort Dinge entwickelt werden können. Man kann diese zweite Form des Lernens auch mit der Art und Weise vergleichen, wie Niklas Luhmann (einer der bedeutendsten und kreativsten deutschsprachigen Sozialwissenschaftler) seine Bücher schrieb: Er legte zehn Kärtchen neben seine Schreibmaschine, auf denen teilweise auch alte, bekannte Begriffe standen, und arrangierte ihre Anordnung neu, wodurch völlig neue Ideen und Überlegungen entstanden.

CH: *Nun aber noch mal zu dem, was die Teilnehmer lernen ...*

FB: Ja, auf diesen Prinzipien aufbauend gibt es *ein wenig Lernen* der ersten Art durch Wissensvermittelung zu Projektmanagement, Gruppenprozessen, Netzwerken oder Feedback. Es gibt *viel Lernen* der zweiten Art, indem wir ein Setting einrichten und damit einen Raum schaffen, in dem viel ausprobiert, beobachtet und rückgemeldet wird, all dies auf ganz unterschiedliche Art und Weise:

- Zum einen in der Großgruppe: Jeder Teilnehmer hat mehrfach die Gelegenheit, vor den 30 bis 40 Kollegen aufzutreten. Dazu gibt es Feedback. So müssen die Projektgruppen Sequenzen im Programm gestalten (z.B. den Einstieg bei einem Follow-up), in denen die ganze Gruppe miteinbezogen und aktiviert werden soll. Die Teilnehmer lernen somit, Kommunikation zu gestalten.

- Zum anderen erfahren sie in der Innenwirkung ihrer Projektgruppe die Wirkung von Rollen, Phasen der Teamentwicklung und Gruppendynamik. Sie lernen auch in der Außenwirkung im Entwickeln und Präsentieren von Ideen in der Großgruppe wie auch im Unternehmen, aber auch im Umgang mit Widerständen und Rückschlägen. Die Dynamik zwischen den Projektgruppen ist geprägt von einer Mischung aus Kooperation und Wettbewerb. Sie lernen also *in* Gruppen und *von* Gruppen und erkennen die enormen Möglichkeiten, aber auch die Grenzen von Gruppenarbeit.

- Zum dritten lernen sie im Unternehmen, wie Kontakte auf- und ausgebaut und besser genützt werden können. Zudem müssen die Teilnehmer am Ende des Projekts die Großveranstaltung gestalten, moderieren und dort aktiv auftreten. Das erfordert Planung, Vorbereitung, Ideen und Mut. Da werden Räume völlig abgedunkelt, da interviewen Roboter Vorstände, da sprechen einzelne Teilnehmer zum erstenmal vor vielen Menschen...

- Aber viel wichtiger als alles andere ist, daß sie lernen, wieder Mut zu fassen und sich selbst zu vertrauen. Durch die Vielzahl der Übungsmöglichkeiten und die stetige Reflexion können die Teilnehmer über sich hinauswachsen.

CH: Daher auch der Titel des Beitrags?

FB: Ja, mich hat die Rückmeldung eines Teilnehmers dazu angeregt. Er war über 60 Jahre alt und stand ein halbes Jahr vor seiner Pensionierung, als er bei der abschließenden Reflexion über das ganze Programm sagte: »Mich hat das sehr gewundert, daß ich nach so vielen Jahren jetzt zu einem so teuren Training geschickt wurde. Heute bin ich froh und dankbar. Es war eine der wichtigsten Erfahrungen in meinem ganzen Berufsleben und sicherlich die beste in den letzten zehn Jahren.«

An dieser Stelle kann man sich natürlich fragen, was das Unternehmen davon hat, wenn eine Führungskraft diese Erkenntnis für sich gewinnt, jedoch bald aus dem Unternehmen ausscheiden wird. Zum einen ist das Programm eine sinnvolle Methode, das vorhandene Erfahrungswissen an andere (Kollegen des Programms) weiterzugeben. Zum anderen hat die Teilnahme solcher Führungskräfte Signalwirkung im Unternehmen: »Sie sind bis zu ihrem letzten Arbeitstag wichtig und nützlich.« Dies beobachten und bewerten auch diejenigen, die nicht am Programm teilnehmen. Insofern ist es der Versuch, auf die Wahrnehmung von Alter im Unternehmen positiv Einfluß zu nehmen.

CH: Hat sich seit der ersten Durchführung etwas am Programm geändert?

FB: Das Programm spricht sich herum, und die späteren Gruppen müssen sich irgendwie zu den Erfolgen der vorangegangenen Gruppen in Bezug setzen. Eine große Veränderung war auch, daß »Innovation durch Erfahrung« jetzt in zwei Unternehmen, Quelle und Neckermann, gemeinsam durchgeführt wird (mit gemischten Projektgruppen und übergreifenden Themen) und dadurch eine andere Dynamik entsteht.

Auf der Ebene der Programmgestaltung selbst gab es folgende wichtige Veränderungen:

- Die abschließende Großveranstaltung wird sorgfältiger vorbereitet, und in die Kontaktierung des Topmanagements wird mehr Zeit investiert. Die Teilnehmer sind sehr sensibel, was Anerkennung oder auch Abwertung betrifft.
- Anfangs wurden die Projektgruppen noch von Mitarbeitern der Personalentwicklung unterstützt. Diese Unterstützung gibt es jetzt nur auf

Anfrage, weil die Gruppen wesentlich selbständiger agieren, als wir ursprünglich angenommen haben.

■ In die Gruppe der älteren Teilnehmer werden bewußt einige jüngere Kollegen (ab 30 Jahre) aufgenommen. Dies hat sich insbesondere für das Selbstverständnis der Gruppe als hilfreich erwiesen.

CH: *Wie würdest du das Modell zusammenfassend beschreiben?*

FB: Ich möchte vier Hauptpunkte nennen:

■ Es geht darum, Wert für Unternehmen und teilnehmende Führungskräfte zu schaffen, wobei keine klassischen Personalentwicklungsmaßnahmen wie Curricula für Potentials geboten werden. Die Teilnehmer lernen, alles selbst zu machen und ihre Fähigkeiten einzusetzen, Hand anzulegen und Neues zu riskieren, indem sie z. B. eine Großveranstaltung selbst durchführen. Die Vorgesetzten der teilnehmenden Führungskräfte werden von Beginn an miteinbezogen und um ihren Rat und ihre Unterstützung gefragt.

■ Es wird eine vielfältige Mischung aus Einzel-, Gruppen- und Großgruppenarbeiten eingesetzt, die in der Themenauswahl offenbleibt. Die Teilnehmer lernen den Nutzen und die Grenzen dieser unterschiedlichen Arbeitsformen kennen und gewinnen an Sicherheit, sich innerhalb dieser Settings zu bewegen.

■ Das Ganze hat einen zeitlichen Rahmen von 15 Seminartagen innerhalb von maximal 12 Monaten. Eine zu lange Durchlaufzeit läßt Energie und Aufmerksamkeit absinken, bei weniger als acht Monaten bleibt nicht genug Zeit, um die Themen differenziert zu bearbeiten.

■ Der konkrete Nutzen für das Unternehmen ist:
  – Internes Know-how wird anderen zugänglich gemacht.
  – Im Unternehmen vorhandene Probleme werden sichtbar gemacht und Lösungsvorschläge erarbeitet (kunden-, mitarbeiter- und kostenbezogen).
  – Die internen Netzwerke werden systematisch genutzt und verbessert (innerhalb und außerhalb des Unternehmens).
  – Die Veränderungsbereitschaft wird gefördert, und die Führungskräfte werden motiviert.

– Die Fähigkeit der Führungskräfte, Probleme zu lösen, wird verbessert.
– Die vorhandenen Ressourcen können besser genutzt werden.

CH: Vielen Dank für das Interview.

FB: Danke für die Fragen.

Worauf man bei der Arbeit mit älteren Führungskräften achten sollte:

- Beginnen Sie früh, sich um diesen Personenkreis zu kümmern (das Thema kommt sicher).

- Lassen Sie sie in Gruppen arbeiten, in der die Mitglieder einander unterstützen, so daß sie Enttäuschungen verarbeiten können.

- Mischen Sie die Gruppe vor allem im Alter (keine Projekte nur mit Älteren!).

- Holen Sie sich Unterstützung und Beratung (es kommt leicht zu Abwertungen, die verarbeitet werden wollen).

- Fordern Sie die Älteren mit kniffligen Aufgaben (und trauen Sie ihnen etwas zu).

- Denken Sie daran: Alter ist kein Zustand, sondern die Beschreibung einer Beziehung.

- Alter ist kein Defizit; im Alter kann man nicht weniger, sondern man kann anderes.

- Auch ältere Mitarbeiter brauchen Fortbildung und Anerkennung bis zum letzten Tag in Ihrer Organisation.

- Von alten Mitarbeitern können Sie sich trennen, das Alter in Organisationen werden Sie nicht los.

Literatur

AARP Work Link Team Program Development and Services (2000): American Business and Older Employees. A summary of findings. http://research.aarp.org/econ/amer_bus_findings.pdf, Stand 27.03.2004.

Argyris, C. u. D. A. Schön (1978): *Organizational Learning. A Theory of Action Perspective*. Reading, Mass. (Addison-Wesley).

Croft-Baker, N. (2001): Eight Companies Keep E-Learning from E-Scaping. *The New Corporate University Review*, S. 12–14.

Dr. Heimeier & Partner, Management- und Personalberatung BDU (2001): Karriere-Situation von Managern über 50. Ergebnisse einer Befragung von mehreren Tausend Managern in 11 europäischen Ländern. Personal-Praxis, Nr. 192, http://www.heimeier.de/binaer/praxisbrief192.pdf.

Görlich, S., M. Rüger, A. Schäfer u. M. Siegert (2004): Zeitmanagement. http://www.iim.uni-giessen.de/osinet/paedagog/instrukt/studtech/zeitmana.htm, Stand 13.01.2004.

Guardini, R. (2001): *Die Lebensalter. Ihre ethische und pädagogische Bedeutung*. Mainz (Matthias Grünewald Verlag).

Heitger, B. u. A. Doujak (2002): *Harte Schnitte, neues Wachstum. Die Logik der Gefühle und die Macht der Zahlen im Changemanagement*. Frankfurt a. M. u.Wien (Redline Wirtschaft bei Ueberreuter).

Hoffmann, M. u. J. Leendertse (2001): Kristalline Intelligenz. http://wiwo.de/WirtschaftsWoche/Wiwo_CDA/0,1702,1237,00.html, Stand 20.11.2001.

Hofmann, B. (12/1996): Berufliche Leistungsfähigkeit im Erwachsenenalter. http://www.seniorweb.uni-bonn.de/brett/altern/lernulei/beruf.htm, Stand 20.10.2003.

Institute for Strategic Leadership (2003): Leadership Development Best Practice. http://www.leadership.ac.nz/toolkit/Leadership_Development_Best_Practice.pdf, Stand 23.09.2003.

Jarmai, H. (2001): Wie positioniert sich Personalarbeit? *Hernsteiner* 1, S. 14–16.

Katzensteiner, T. (2003): Scheu vorm Risiko. *Wirtschaftswoche* 35, S. 59–62.

Kirchmann, W. (1998): *Veränderungsmanagement mit älteren Mitarbeitern und Führungskräften*. München (Utz, Wiss.).

Klemp, G. O. u. D. C. McClelland (1986). What Characterizes Intelligent Functioning among Senior Managers? In: R. J. Sternberg u. R. K. Wagner (Hrsg.): *Practical Intelligence: Nature and Origins of Competence in the Every Day World*. Boston (Cambridge University Press).

Königswieser, R. u. A. Exner (8. Aufl. 2004): *Systemische Intervention. Architekturen und Designs für Berater und Veränderungsmanager*. Stuttgart (Klett-Cotta).

Levine, S. R. (2000): The Value-Based Edu-Leader. In: S. Chowdhury (Hrsg.): *Management 21C. Führung, globales Business und Organisation im 21. Jahrhundert*. München u.a. (Financial Times Prentice Hall), S. 83–94.

Low, J. u. T. Siesfield (1998): *Measures That Matter.* Boston (Ernst & Young)

Lühr, J. (2002): Die hohe Kunst der nachgestellten Diplomatie. *Süddeutsche Zeitung,* 9.12.2002.

Maier, G. (1997): *Das Erleben der Berufssituation bei älteren Arbeitnehmern.* Frankfurt a. M., Wien u. a. (Lang).

Müller, H. u. E. Buchhorn (2001): Mit 45 Jahren zu alt? *Managermagazin* 11, S. 324–339.

Naegele, G. (1992): *Zwischen Arbeit und Rente. Gesellschaftliche Chancen und Risiken älterer Arbeitnehmer.* Augsburg (Maro-Verlag).

Netzwerk Vertrauensberater (2004): *Alter macht Zukunft.* Eine Initiative der OÖ Sozialpartner, Broschüre.

Nonaka, I. (1997): *Die Organisation des Wissens.* Frankfurt a. M. u. a. (Campus).

Peters, T. (1994): *The Tom Peters Seminar. Crazy Times Call for Crazy Organizations.* New York (Vintage).

Quy Nguyen Huy (2001): In Praise of the Middle Managers. *Harvard Business Review* 9, S. 73–79. (Dt.: [2002]: Ein Loblied auf die mittleren Manager. *Harvard Business Manager* 2, S. 72–80.)

Ridderstråle, J. u. K. A. Nordström (2000): *Funky Business. Wie kluge Köpfe das Kapital zum Tanzen bringen.* München u. a. (Financial Times Prentice Hall).

Rossi, E. u. D. Simmons (4. Aufl. 1997): *20 Minuten Pause. Wie Sie seelischen und körperlichen Zusammenbruch verhindern können.* Paderborn (Junfermann).

Rüpprich, B. (2001): Arbeitsstrukturen für ältere Arbeitnehmer. Strategien und praktische Hinweise, unter besonderer Berücksichtigung der Situation von Führungskräften. *Politische Studien,* Sonderheft 2, S. 56–69.

Schletz, A., Fraunhofer IAO (Institut Arbeitswirtschaft und Organisation) (2001): *Ältere Mitarbeiter als Leistungsträger erfolgreicher Innovationsprozesse.* 3. Berliner PE-Konferenz, 25.01.2001 (Powerpoint-Handout von der Konferenz).

Senge, P. E. u. C. O. Scharmer (1997): Von ›Learning Organizations‹ zu ›Learning Communities‹. In: H. von Pierer u. B. von Oetinger (Hrsg.): *Wie kommt das Neue in die Welt?* Reinbek b. Hamburg (Rowohlt), S. 141–157.

– u. K. Käufer (2000): Führungsgemeinschaften. In: S. Chowdhury (Hrsg.): *Management 21C. Führung, globales Business und Organisation im 21. Jahrhundert.* München u. a. (Financial Times Prentice Hall), S. 247–272.

Sennett, R. (1998): *Der flexible Mensch. Die Kultur des neuen Kapitalismus.* Berlin (Berlin).

Spahlinger, M. u. H. Eggebrecht (1999): Zeitlosigkeit. Mitschrift einer Radiosendung. http://www.dradio.de/dlr/sendungen/musik-geschichte/index.html, Stand 13.01. 2004.

Spiewak, M. (2001): Flucht der Forscher. Die besten deutschen Wissenschaftler arbeiten in Amerika. *Die Zeit,* 17. Mai 2001, S. 15.

Statistisches Bundesamt Deutschland: http://www.destatis.de/basis/d/bevoe/ bevoegra2.htm, Stand 20.10.2003.

Stein, P. (2001): Auswirkungen der mittel- und längerfristigen demografischen Entwicklung auf die zukünftige Arbeitsmarktsituation älterer Arbeitnehmer. *Politische Studien*, Sonderheft 2, S. 29–38.

Stewens, C. (2001): Ausblick auf die Arbeitssituation im Jahre 2002 unter besonderer Berücksichtigung der älteren Arbeitnehmer. *Politische Studien*, Sonderheft 2, S. 11–18.

Stille, F. (09/2001): *Lebenslanges Lernen in führenden Hightech-Unternehmen der USA.* Abschlussbericht einer Studie des CRIS [Center for Research on Innovation and Society] International im Auftrag des Bundesministeriums für Wirtschaft und Technologie. Santa Barbara u. Berlin.

Sutcliffe, M. u. K. Weber (2003): Wenn Wissen schadet. *Harvard Business Manager,* August 2003, S. 66–79.

Titscher, S. (1997): *Professionelle Beratung.* Wien (Ueberreuter).

The Training Foundation (2002): *Leadership and Management Development – Europe 2002.* eLearnity-Report vom 6. November 2002. Gloucestershire (The Training Foundation).

Wagner-Link, A. (2001): 50plus. Ballast oder Leistungspotential. Die Kompetenzen älterer Arbeitnehmer. *Politische Studien*, Sonderheft 2, S. 70–83.

Wallmann, J. (1993): Flügelschlag eines Schmetterlings. *Positionen*, 16, S. 12–15.

Warhanek, C. (1997): *Trainings.* Wien (Ueberreuter).

Herausgeber und Autoren

Die Herausgeber

Dr. Frank Boos
geb. 1953 in Erlangen

Geschäftsführender Gesellschafter der Beratergruppe
Neuwaldegg, Wien, 1996–2001; Leiter des Bereichs
Organisation und Personal der Prochema GmbH,
Wien.
Tätigkeitsschwerpunkte: systemische Organisations-
beratung, Begleitung komplexer Veränderungs-
prozesse in unterschiedlichen Kulturen, Organisation
und Beraterausbildung; zahlreiche Publikationen.

Dr. Barbara Heitger
geb. 1958 in Münster/Westfalen

Geschäftsführende Gesellschafterin der Beratergruppe
Neuwaldegg (1990), Vorstand der Forschergruppe
Neuwaldegg; Lehrbeauftragte an verschiedenen
Universitäten.
Tätigkeitsschwerpunkte: Unternehmensentwicklung,
Beraterausbildung, Coaching; Herausgeber- und
Redaktionstätigkeit (Managerie, Zeitschrift für
Organisationsentwicklung); zahlreiche Veröffent-
lichungen zu systemischer Beratung, Unternehmens-
entwicklung, Changemanagement.

Die Autoren

Prof. Dr. Dirk Baecker
geb. 1955

Dr. rer. soc., Professor für Soziologie an der Universität Witten/Herdecke.
Forschungsschwerpunkte: allgemeine Soziologie, soziologische Theorie, Organisationsforschung und Managementlehre; Veröffentlichungen u. a.: *Organisation und Management* (Suhrkamp 2003), *Vom Nutzen ungelöster Probleme* (mit Alexander Kluge, Merve 2003), *Wozu Soziologie?* (Kulturverlag Kadmos 2004); siehe auch http://www.uni-wh.de/baecker und http://homepage.mac.com/baecker.

Mag. Christian Baudisch
geb. 1967 in Wien

Systemischer Organisationsberater und Management-Coach.
Tätigkeitsschwerpunkte: strategische Ressourcenentwicklung, Management- und Beraterausbildung, Innovation und Energiearbeit.

Mag. Robert Bautzmann
geb. 1964 in Melk/Donau

Selbständiger Organisationsberater.
Tätigkeitsschwerpunkte: Projektmanagement und
Beratung von Projekten, Veränderungsprozesse ergebnisorientiert und systemisch beraten, Moderation
erfolgskritischer Arbeits- und Planungssequenzen,
Coaching von Teams und Projektmanagern, Beratung
in multiprofessionellen Kontexten (z. B. Gesundheits-
wesen).

Thomas Cerny
geb. 1967 in Graz

Berater bei der Beratergruppe Neuwaldegg,
Trainer; Elektrotechniker und Betriebswirt;
gründete nach seiner Tätigkeit in der Computer-
dienstleistungsbranche ein Unternehmen im Bereich
Finanzdienstleistungen und Seminare; seit 1998
Organisationsberater mit den Schwerpunkten:
Führungskräfteentwicklung und Begleitung in
Veränderungsprozessen; fand durch Prof. Fritz B.
Simon und Dr. Gunthard Weber Zugang zur
systemischen Beratung; Veröffentlichung:
Talente nutzen, erfolgreich sein (Hanser 2002).

Dr. Alexander Doujak
geb. 1965 in Klagenfurt

Seit 1995 Mitglied der Beratergruppe Neuwaldegg,
Wien, seit 1998 geschäftsführender Gesellschafter;
Ausbildung an der Wirtschaftsuniversität Wien,
Studienaufenthalte in Boston (MIT, Harvard);
langjähriges Vorstandsmitglied der International
Project Management Association, ab 1988 Mitarbeit
in Unternehmensberatungsprojekten; danach leitende
Managementtätigkeit im Medienbereich (Marketing-
projekte, Verlagsleitung); Gründungsmitglied
Innovationscenter IT und Changemanagement.
Beratung mit den Schwerpunkten: Strategie- und
Unternehmensentwicklung, Changemanagement,
IT und Changemanagement sowie Weiterbildung
von Beratern und Beratungsorganisationen;
Co-Autor von Harte Schnitte, Neues Wachstum
(Ueberreuter 2002, mit Barbara Heitger).

Dr. Thomas Endres
geb. 1963 in Stockheim, Unterfranken

Chief Information Officer (CIO) und Leiter des
Konzern-Informationsmanagements der Deutschen
Lufthansa AG; verantwortet die strategische
IT-Ausrichtung des Aviation Konzerns; Gründungs-
mitglied Innovationscenter IT und Change-
management, Mitglied des Aufsichtsrats der
Lufthansa Systems Group.
Tätigkeitsschwerpunkte: Digitalisierung der Arbeits-
welt mit Konzernportal und IT Shared Services,
Technologie- und IT-Securitymanagement.

Dipl.-Ing. Alexander Exner
geb. 1947 in Wien

Geschäftsführender Gesellschafter der Beratergruppe
Neuwaldegg, Wien; Mitglied der Forschergruppe
Neuwaldegg, Wien; Aufsichtsratsvorsitzender und
Mitglied des Strategieteams der Palfinger AG,
Salzburg.
Tätigkeitsschwerpunkte: Unternehmensführung,
strategische Unternehmensplanung, Personal,
Organisation, systemische Organisationsberatung,
Begleitung komplexer Veränderungsprozesse und
Beraterweiterbildung.

Mag. Hella Exner
geb. 1948 in Wels

Selbständig.
Tätigkeitsschwerpunkte: Coaching, Weiterbildung
in Coaching, Supervision, Konfliktbewältigung in
Unternehmen, systemische Organisationsberatung.

Dr. Wolfgang Fürnkranz
geb. 1959 in Wien

Selbständiger Organisations- und Management-
berater, Supervisor, Coach, Trainer; Universitätslektor
am Institut für Siedlungssoziologie der TU-Wien und
an der Donauuniversität Krems; Leiter und Lehrbeauftragter der Lehrgänge »Supervision, Coaching
und Organisationsentwicklung (MAS)« sowie
»Unternehmerisches und soziales Management«
der ARGE Bildungsmanagement; seit 1999 Netzwerkpartner der Beratergruppe Neuwaldegg.
Tätigkeitsschwerpunkte: Wissensmanagement,
Projektmanagement, Qualitätsmanagement,
Changemanagement, Führungskräfteentwicklung.

Dipl.-Geogr. Ulrike Gamm
geb. 1960 in Winterberg, Deutschland

Gesellschafterin der »Konfliktkultur – Kulturkonflikt
OEG«; Netzwerkpartnerin der Beratergruppe
Neuwaldegg, außerordentliches wissenschaftliches
Mitglied der Fakultät für Interdisziplinäre Forschung
und Fortbildung (IFF).
Tätigkeitsschwerpunkte: Mediation und Konflikt-
beratung, internationale Personalentwicklung
(Begleitung von internationalen Teams, Expatriate
Coaching, interkulturelle Trainings).

Mag. (FH) Cornelia Hummer
geb. 1980 in Wagna, Steiermark

Wissenschaftliche Projektassistentin bei der Berater-
gruppe Neuwaldegg.
Tätigkeitsschwerpunkte: Interviews, Diagnosen,
Analysen, Evaluationen – Projektassistenz –
Unterstützung von Innovations- und Forschungs-
projekten.

Mag. Heinz Jarmai
geb. 1950 in Wien

Geschäftsführender Gesellschafter der Beratergruppe
Neuwaldegg, Wien.
Tätigkeitsschwerpunkte: Beratung zur Unternehmens-
führung und -entwicklung, Personalentwicklung und
Management Development; systemische Beraterwei-
terbildung; Forschung und Veröffentlichungen zu
Unternehmenssteuerung und Changemanagement.

Torsten Jung
geb. 1968 in Saarbrücken

Berater der Beratergruppe Neuwaldegg, vorher für
8,5 Jahre bei PricewaterhouseCoopers; Zusatzausbildungen in systemischer Beratung, Projekt- und
Prozeßbegleitung, Coaching, Meditation und Energiearbeit.
Tätigkeitsschwerpunkte: HR-Transformation – strategische Neuausrichtung des Personalwesens, Entwicklung integrierter Konzepte zur Nutzung von B2E-
Infrastruktur im Rahmen von HR-Shared Services,
Post Merger Integration, systemische Begleitung
komplexer Veränderungsprozesse.

Mag. Joana Krizanits
geb. 1952 in São Paulo

Selbständige Unternehmensberaterin, Netzwerkpartnerin der Beratergruppe Neuwaldegg, Lehrbeauftragte.
Tätigkeitsschwerpunkte: Entwicklung für Menschen
und Systeme, Unternehmensentwicklung und
-beratung, Strategieentwicklung, Corporate
Entrepreneurship, komplexe Entscheidungsprozesse,
internationale Führungskräfteentwicklungspro-
gramme, Beraterausbildung, Coaching, Forschung.

Marlies Lenglachner
geb. 1948 in Graz

Systemische Unternehmensberaterin, Coach, Mediatorin, Konfliktberaterin; Lehrpsychotherapeutin; Gründerin der Corporate Development Lenglachner & Partner KEG, Wien; a.o. Mitglied und Lehrbeauftragte am IFF OE der Uni Klagenfurt, Lehrbeauftragte an der Uni Witten/Herdecke. Tätigkeitsschwerpunkte: lösungsfokussierte systemische Unternehmensentwicklung, Changemanagement, Leadership Development, Führungskräfte-Coaching, Wirtschaftsmediation, Familienunternehmen im Generationswandel begleiten.

Dipl.-Kfm. Michael G. Moeller
geb. 1969 in Kaufbeuren im Allgäu

Berater bei der Beratergruppe Neuwaldegg, Wien; Lehrbeauftragter für Change- und Projektmanagement verschiedener Institute und Hochschulen. Tätigkeitsschwerpunkte: systemische Strategieberatung, Gestaltung und Begleitung von Unternehmensentwicklungsprozessen, Beratung IT-getriebener Transformationsprozesse (Digital Transformation), Führungskräfteentwicklung.

Mag. Michael Patak
geb. 1962 in Wien

Geschäftsführender Gesellschafter der Beratergruppe Neuwaldegg, Mitglied der Forschergruppe Neuwaldegg; Lehraufträge an der Wirtschaftsuniversität Wien und der Universität Klagenfurt; Studium der Betriebswirtschaft an der Wirtschaftsuniversität Wien.
Tätigkeitsschwerpunkte: Begleitung von Veränderungsprozessen, Beratung von Profit- und von Non-Profit-Organisationen, Führungskräftetraining, Projektmanagement, Teamentwicklung, Konfliktmoderation, Coaching, Gestaltung von Großveranstaltungen.

Mag. Eva-Maria Preier
geb. 1960 in Mistelbach, Niederösterreich

Unternehmensberaterin und Coach, Netzwerk-
partnerin der Beratergruppe Neuwaldegg, Wien.
Tätigkeitsschwerpunkte: Begleitung von Entwick-
lungs- und Veränderungsprozessen, Management-,
Team-, Personalentwicklung, Beraterausbildungen,
Konfliktlösungen, Coaching.

Philipp Rafelsberger
geb. 1964 in Rom

Freier Unternehmensberater; Kooperationspartner
der Beratergruppe Neuwaldegg, Wien; Gründungsmitglied der Personalentwicklerplattform TIMEout.
Tätigkeitsschwerpunkte: systemische Organisationsberatung, Begleitung komplexer Veränderungsprozesse in unterschiedlichen Kulturen, Konzeption
und Durchführung von Lehrgängen zur Berater- und
Trainerweiterbildung, Managemententwicklungs-
programme, Team- und Leadershipentwicklung,
Erlebnispädagogik, Arbeit mit großen Gruppen.

Mag. Dr. Manfred Polzer
geb. 1954 in Liezen

Leiter AK-Consult; Leiter der Organisations-
entwicklung der Arbeiterkammer Oberösterreich;
Netzwerkpartner der Beratergruppe Neuwaldegg.
Tätigkeitsschwerpunkte: Organisationsdiagnosen,
Begleitung von Unternehmensentwicklungs- und
Veränderungsprozessen, Beratung an der Schnittstelle
von Management und betrieblicher Interessen-
vertretung, Projektmanagement.

Dipl.-Ing. Horst Schubert
geb. 1964 in Klagenfurt

Leiter des globalen Supportcenters der SAP AG für
den deutschen Sprachraum; Gründungsmitglied
Innovationscenter IT und Changemanagement.
Tätigkeitsschwerpunkte: Führung, Kooperationen,
Konfliktmanagement.

Mag. Dr. Joachim Schwendenwein
geb. 1964 in Graz

Bei mobilkom austria verantwortlich für
Organisation Development, Personnel Development
& Recruting, Service Team für Marketing, Vertrieb
& Customer Service; Lektor an der Abteilung
Organisationsentwicklung des IFF sowie am Zentrum
für soziale Kompetenz der Uni Graz; Mitglied in der
ÖGGO (Österreichische Gesellschaft für Gruppen-
dynamik und Organisationsberatung) und in der
ÖVS (Österreichische Vereinigung für Supervision).
Tätigkeitsschwerpunkte: Strategieimplementierung,
Begleitung von Veränderungsprozessen, Neuaus-
richtung HR.

Prof. Dr. Ruth Simsa
geb. 1962 in Wien

A.o. Universitätsprofessorin am Institut für Allgemeine Soziologie und Wirtschaftssoziologie der
Wirtschaftsuniversität Wien; Leiterin des Instituts
für Interdisziplinäre Nonprofit-Forschung,
WU-Wien (www.npo.or.at); Führungskräftetrainerin,
Organisationsberaterin und Coach (Lehrtrainerin
der ÖGGO).
Forschungsschwerpunkte: Organisations- und Grup-
pensoziologie; Management und gesellschaftliche
Funktionen von Nonprofit-Organisationen; Zivil-
gesellschaft (2000 Senator Wilfling Förderungspreis
für wissenschaftliche Leistungen der WU-Wien).

Paul R. Lawrence / Nitin Nohria:
Driven
Was Menschen und Organisationen antreibt
Mit einem Vorwort von Edward O. Wilson
Aus dem Amerikanischen von Maren Klostermann
343 Seiten, gebunden, ISBN 3-608-94239-4
Was treibt Menschen bei ihren Entscheidungen? Wie hat sich die
»Natur« des Homo sapiens evolutionär herausgebildet? Und was
prägt seit der Eiszeit die grundlegenden Verhaltensmuster allen
Zusammenlebens und -arbeitens?
Die Harvard-Forscher Paul Lawrence und Nitin Nohria verknüpfen
für die Beantwortung dieser Fragen den neuesten Stand des Wissens
in Biologie und Kognitionswissenschaft mit ihren Erfahrungen aus
der Organisationsforschung. In der Evolutionsgeschichte – so ihre
These – bildeten sich vier Antriebskräfte heraus, mit denen sich die
Eigenart menschlichen Verhaltens erklären läßt. Die Balance dieser
vier Grundtriebe »acquire«, »bond«, »learn« und »defend« entscheidet
nicht zuletzt über die Anpassungsfähigkeit und Überlebenschance von
Menschen und Organisationen.
Ein wichtiges Buch für Führungskräfte, Unternehmensberater und
Organisationsentwickler sowie für alle, die verstehen möchten, wie sich
Verhalten in Organisationen erklären läßt.

Reinhart Nagel / Rudolf Wimmer
osb international:
Systemische Strategieentwicklung
Modelle und Instrumente für Berater und Entscheider
383 Seiten, gebunden, ISBN 3-608-94053-7
Reinhart Nagel und Rudolf Wimmer beschreiben in diesem Buch
den Ansatz der systemischen Strategieentwicklung, in dem die
Auseinandersetzung mit der Unternehmenszukunft als Daueraufgabe
eines eigenständigen strategischen Managementprozesses verstanden
wird. Ein wichtiges Buch für alle, die Strategie als gemeinschaftliche
Führungsleistung als Manager leben und umsetzen oder sie als interne
und externe Berater unterstützen wollen.

Klett-Cotta

Karl E. Weick / Kathleen M. Sutcliffe:
Das Unerwartete managen
Wie Unternehmen aus Extremsituationen lernen
Aus dem Amerikanischen von Maren Klostermann
212 Seiten, gebunden, ISBN 3-608-94238-6

Zu den größten Herausforderungen, vor denen Unternehmen stehen,
gehört der Umgang mit dem Unerwarteten. Obwohl traditionelle
Managementpraktiken darauf angelegt sind, unerwartete Bedrohungen
zu vermeiden, machen sie die konkrete Situation häufig nur noch
schlimmer.
Karl Weick und Kathleen Sutcliffe haben sich intensiv mit Unternehmen
und Organisationen, die mit einem Höchstmaß an Zuverlässigkeit arbeiten
müssen, auseinandergesetzt. Diese High Reliability Organizations, kurz
HROs, haben bestimmte Handlungsabläufe entwickelt, an denen sich
alle Organisationen orientieren können, um unerwartete Ereignisse und
Entwicklungen besser zu verstehen und kreativ zu bewältigen.
Dieses Buch zeigt Beratern und Topmanagern, wie sie ein kollektives
Umfeld von Aufmerksamkeit und Wachheit schaffen und die Fähigkeit
fördern, Fehler zu entdecken und zu korrigieren, bevor sie zur Krise
eskalieren. Die Autoren veranschaulichen ihren praktischen und
lösungsorientierten Ansatz mit zahlreichen Fallbeispielen.

Stephan A. Jansen:
Management von Unternehmenszusammenschlüssen
Theorien, Thesen, Tests und Tools
568 Seiten, ca. 125 Abbildungen, gebunden, ISBN 3-608-94392-7

Stephan Jansen analysiert Unternehmenszusammenschlüsse als
ein zyklisches Phänomen der Konsolidierung von Märkten und der
strategischen Transformation von Organisationen. Viele Probleme
zeigen sich erst in der Phase nach dem Zusammenschluß.

Klett-Cotta